U0223723

国家出版基金资助项目
"十四五"时期国家重点出版物出版专项规划项目

国家出版基金项目
NATIONAL PUBLICATION FOUNDATION

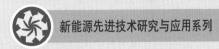

新能源先进技术研究与应用系列

先进核能系统热控技术

Advanced Thermal Control Technologies in
Nuclear Systems

张昊春　艾　青　范利武　李增恩　著

哈尔滨工业大学出版社
HITP　HARBIN INSTITUTE OF TECHNOLOGY PRESS

内 容 简 介

本书系统地归纳、整理和总结了作者近年来在先进核能系统热控技术方面的研究工作，开展了复杂工质强化换热机理研究，论证了多种热排出方案，优化了冷却器的性能与构型，并开发了不同环境、有限空间、高热流密度、复杂结构等多约束条件下的轻质高效废热排出系统设计技术。

本书可供核科学与技术、动力工程及工程热物理及相关领域从事先进核能系统热控技术工作的科研人员、工程技术人员，以及高等院校相关专业的高年级本科生和研究生参考。

图书在版编目(CIP)数据

先进核能系统热控技术/张昊春等著. —哈尔滨：哈尔滨工业大学出版社,2024.6

(新能源先进技术研究与应用系列)

ISBN 978 - 7 - 5767 - 1342 - 8

Ⅰ.①先… Ⅱ.①张… Ⅲ.①核能发电—热控制 Ⅳ.①TM613

中国国家版本馆 CIP 数据核字(2024)第 073589 号

策划编辑 王桂芝
责任编辑 谢晓彤 赵凤娟 周一瞳
出版发行 哈尔滨工业大学出版社
社 址 哈尔滨市南岗区复华四道街 10 号 邮编 150006
传 真 0451 - 86414749
网 址 http://hitpress. hit. edu. cn
印 刷 辽宁新华印务有限公司
开 本 720 mm×1 000 mm 1/16 印张 20.5 字数 391 千字
版 次 2024 年 6 月第 1 版 2024 年 6 月第 1 次印刷
书 号 ISBN 978 - 7 - 5767 - 1342 - 8
定 价 118.00 元

国家出版基金资助项目

新能源先进技术研究与应用系列

编审委员会

 **总　序**

　　能源是人类社会生存发展的重要物质基础,攸关国计民生和国家安全。当前,随着世界能源格局深刻调整,新一轮能源革命蓬勃兴起,应对全球气候变化刻不容缓。作为世界能源消费大国,牢固树立和贯彻落实创新、协调、绿色、开放、共享的发展理念,遵循能源发展"四个革命、一个合作"战略思想,推动能源生产和利用方式发生重大变革,建设清洁低碳、安全高效的现代能源体系,是我国能源发展的重大使命。

　　由于煤、石油、天然气等常规能源储量有限,且其利用过程会带来气候变化和环境污染,因此以可再生和绿色清洁为特质的新能源和核能越来越受到重视,成为满足人类社会可持续发展需求的重要能源选择。特别是在"双碳"目标下,构建清洁、低碳、安全、高效的能源体系,加快实施可再生能源替代行动,积极构建以新能源为主体的新型电力系统,是推进能源革命,实现碳达峰、碳中和目标的重要途径。

　　"新能源先进技术研究与应用系列"图书立足新时代我国能源转型发展的核心战略目标,涉及新能源利用系统中的"源、网、荷、储"等方面:

　　(1)在新能源的"源"侧,围绕新能源的开发和能量转换,介绍了二氧化碳的能源化利用,太阳能高温热化学合成燃料技术,海域天然气水合物渗流特性,生物质燃料的化学烟,能源微藻的光谱辐射特性及应用,以及先进核能系统热控技术、核动力直流蒸汽发生器中的汽液两相流动与传热等。

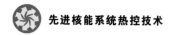

(2)在新能源的"网"侧,围绕新能源电力的输送,介绍了大容量新能源变流器并联控制技术,面向新能源应用的交直流微电网运行与优化控制技术,能量成型控制及滑模控制理论在新能源系统中的应用,面向新能源发电的高频隔离变流技术等。

(3)在新能源的"荷"侧,围绕新能源电力的使用,介绍了燃料电池电催化剂的电催化原理、设计与制备,Z源变换器及其在新能源汽车领域中的应用,容性能量转移型高压大容量电平变换器,新能源供电系统中高增益电力变换器理论及其应用技术等。此外,还介绍了特色小镇建设中的新能源规划与应用等。

(4)在新能源的"储"侧,针对风能、太阳能等可再生能源固有的随机性、间歇性、波动性等特性,围绕新能源电力的存储,介绍了大型抽水蓄能机组水力的不稳定性,锂离子电池状态的监测和状态估计,以及储能型风电机组惯性响应控制技术等。

该系列图书是哈尔滨工业大学等高校多年来在太阳能、风能、水能、生物质能、核能、储能、智慧电网等方向最新研究成果及先进技术的凝练。其研究瞄准技术前沿,立足实际应用,具有前瞻性和引领性,可为新能源的理论研究和高效利用提供理论及实践指导。

相信本系列图书的出版,将对我国新能源领域研发人才的培养和新能源技术的快速发展起到积极的推动作用。

2022 年 1 月

前　言

现有的常规空间电源(如太阳能电源及化学燃料电源等)由于使用寿命较短、工作依赖阳光、能量密度较小等,因此难以满足长距离、无光照的深空探测需求。相较于太阳能电池阵—蓄电池组联合电源,核能是自主能源,不依赖环境也可以正常工作。相较于化学电池,空间核电源工作寿命长、功率密度大。

随着航天技术的发展,航天器的探索范围扩大,功耗增加,对航天器的动力系统要求越来越高。大功率级空间核反应堆具有输出功率高、比冲大、寿命长、抗干扰等优点,成为先进航天器动力源的热门备选。作为先进的能源系统,核反应堆呈现出高度复杂性、多物理场及多尺度等特点。核反应堆系统受能量转换效率及安全传热限制,大量反应热必须通过热控系统排放,对其性能和传热能力的自适应性要求极高。本书主要针对先进核反应堆设计和工作任务需求,开展复杂工质流动传热特性及强化换热机理研究,通过系统论证确定合适的热排出方案,优化不同任务条件下冷却器的性能和构型,开发不同环境、有限空间、高热流密度、复杂结构等多约束条件下的轻质高效废热排出系统设计技术。本书包含的内容具有重要的理论意义和工程应用价值。书中部分彩图以二维码的形式随文编排,如有需要可扫码阅读。

在本书的撰写过程中,哈尔滨工业大学能源科学与工程学院本科生焦文、杨啸、张卿、吉宇、魏前明等在各章内容计算方面提供了不少帮助,能源科学与工程学院博士研究生霍恩波协助进行了资料查询、书稿整理等工作,在此深表感谢。同时,本书还参考了许多著作,在参考文献中详细列出了相关文献。此外,还要感谢国家自然科学基金项目和国家出版基金项目对本书内容及出版相关事项提供的资助。

限于作者水平,书中难免存在疏漏及不足之处,欢迎各位读者批评指正。

作 者
2024 年 3 月

目 录

第 1 章 绪论 ……………………………………………………………………… 001

1.1 先进核能系统概述 ……………………………………………………… 003

1.2 热控技术特点 …………………………………………………………… 008

第 2 章 SAIRS－C 系统堆芯热管热工特性 ……………………………………… 011

2.1 SAIRS－C 系统 ………………………………………………………… 013

2.2 SAIRS－C 系统堆芯热管热工特性介绍 ……………………………… 018

2.3 SAIRS－C 系统燃料组件的热工特性 ………………………………… 037

2.4 SAIRS－C 系统堆芯热管内部熵产特性 ……………………………… 043

第 3 章 大功率空间核反应堆铝液滴辐射器相变及传热特性研究 …………… 055

3.1 液滴辐射器及其发展概况 ……………………………………………… 057

3.2 液滴层单液滴辐射与蒸发特性 ………………………………………… 063

3.3 稀薄液滴层辐射与蒸发特性 …………………………………………… 072

3.4 液滴系统辐射与蒸发特性 ……………………………………………… 086

第 4 章 热管冷却双模式空间核动力系统堆芯热工水力特性 ………………… 093

4.1 双模式空间堆概述 ……………………………………………………… 095

4.2 HP－BSNR 系统堆芯热管热工特性 …………………………………… 099

4.3　HP—BSNR 系统燃料组件的热工特性 ·············· 118

4.4　HP—BSNR 系统推进剂热工特性 ·············· 124

第5章　先进压水堆系统热工水力过程多尺度熵产分析方法 ·············· 133

5.1　流动传热过程熵产分析 ·············· 135

5.2　反应堆内局部水力构件阻力特性分析 ·············· 141

5.3　蒸气直接接触冷凝现象数值模拟 ·············· 153

5.4　自然循环系统模拟及不稳定性分析 ·············· 175

5.5　饱和气液两相流动的熵产特性 ·············· 192

第6章　兆瓦级空间核电源热管式辐射冷却器热工特性研究 ·············· 201

6.1　热管式辐射冷却器发展概况 ·············· 203

6.2　兆瓦级空间核电源热管式辐射冷却器设计分析及计算流程 ·············· 209

6.3　基于穷举法的热管式辐射冷却器优化分析 ·············· 218

6.4　基于遗传算法的热管式辐射冷却器优化分析 ·············· 227

第7章　池式低温堆系统吸收式热泵余热回收技术 ·············· 239

7.1　池式低温堆系统余热回收技术发展概况 ·············· 241

7.2　溴化锂吸收式热泵余热回收系统建模 ·············· 250

7.3　热泵余热回收系统热力结果分析 ·············· 265

7.4　热泵系统运行经济性分析 ·············· 292

参考文献 ·············· 297

名词索引 ·············· 315

第 1 章

绪　　论

本章主要介绍先进核能系统发展的历史、发展的必要性、国内外的
　　发展情况和现阶段亟待发展的先进反应堆堆型等,对空间反应堆
尤其是热管空间反应堆的各种问题进行了总结,并对热控技术、热超材
料、智能热控技术等相关的研究原理和特点进行了总结和介绍。

1.1　先进核能系统概述

核能是高能量密度的国家战略能源,也是唯一清洁、低碳、安全、高效的基荷能源。核能是满足能源供应、保证国家安全的重要支柱之一。核能发电在技术成熟性、经济性、可持续性等方面具有很大的优势,同时相较于水电、光电、风电,具有无间歇性、受自然条件约束少等优点,是可以大规模替代化石能源的清洁能源。随着核能技术的发展,尤其是第四代核能系统技术的逐渐成熟和应用,核能已经超脱出仅仅提供电力的角色,在核能制氢、海水淡化、核能供热及航天航海能源动力等领域具有重大作用。

2011 年福岛核事故发生之后,国际社会对核能的安全性提出了新的、更高的要求。核能最严格的法规和监管体系、纵深防御的预防与缓解理念以及其他能源的竞争正严重挑战着核能的经济性。同时,核燃料的供应、核废物的处理和处置、防止核扩散等方面的问题对核能的可持续发展提出了新的挑战。世界核能界正探索和开发新一代先进核能技术,以期解决当前核能发展中的安全、经济和环保等相关问题。21 世纪初,在美国能源部倡议下,九个国家的高级政府代表讨论第四代核能系统发展中的国际合作,即第四代核能系统国际论坛(Generation Ⅸ International Forum,GIF)。截至目前,共 20 余个核能国家参与此论坛。GIF旨在寻求技术创新和先进的反应堆设计,并寻求新的市场机会(供热、混合能源系统、可调度能源等)来降低成本、提升经济性、提高设计灵活性和热效率、减少放射性废物的体积和毒性,实现第四代核能系统的可持续性、经济性、安全可靠性和防扩散,以及实物保护的目标。GIF 推选了六种候选四代反应堆堆型,分别是超临界水冷堆、超高温气冷堆、钠冷快堆、铅冷快堆、气冷快堆和熔盐堆。国际原子能机构(International Atomic Energy Agency,IAEA)设立了专门的工作组以促进快堆、创新反应堆及燃料循环、小堆的技术开发和应用部署。在 IAEA 合作框架下,各成员国参与了快堆项目的相关工作,包括快堆设计、快堆结构材料、液态金属快堆安全性、模拟仿真等内容,同时在空基、陆基及海基水堆、快堆、熔盐堆、高温气冷堆等小型模块化反应堆(small modular reactor,SMR)方面开展了大量的堆型研发和应用探索。我国能源主管部门出台的《能源技术革命创新行动计划(2016—2030年)》明确提出推动能源技术革命,抢占科技发展制高点。我国在能源政策和能源技术革命的顶层指导下,推动先进核能领域的科技创新,积极部署一体化多用途先进小型堆的示范前期工作,按序推进高温气冷堆和快堆的建设,积极开展先进核能系统的技术科研,促进核能可持续发展。

针对堆内运行温度在700 ℃以上的第四代先进核能系统,现阶段较为成熟的热功转换系统主要包括蒸气轮机系统(基于朗肯循环)和闭式循环燃气轮机系统(基于闭式布雷顿循环)。根据工质的不同,闭式循环燃气轮机亦可分氦气轮机、氮气轮机、超临界二氧化碳轮机及混合工质轮机等。温度越高,热功转换系统效率越高。相比于传统蒸汽循环,高温条件下的热循环发电系统能够更充分地利用700 ℃以上核能系统的高品质热量实现高效发电。蒸气轮机系统技术发展已有百年以上,成熟度最高,但其系统较为庞大和复杂,在运行维护过程中需要不断补充循环水,因此在水资源匮乏的地区不宜采用。目前,火力发电常用的蒸气轮机功率等级均在300 MW以上,多采用超临界及超超临界机组,温度范围为538~610 ℃,压力范围为24~32 MPa,效率为41%~44%。700 ℃超临界是蒸气轮机现阶段发展的瓶颈,其因耐高温高压材料问题而很难在短时间内突破且成本昂贵。闭式循环燃气轮机系统特别适用于中高温热源,可获得较高的热功转换效率,具有热源灵活、工质多样性的技术优势。相比于蒸气轮机,闭式循环燃气轮机功率密度大,因此尺寸小、投资少,并且由于可以少用水,因此在选址上具有很大的灵活性。20世纪中期,以空气为工质的闭式循环燃气轮机曾广泛应用于发电领域,技术成熟度较高。随着高温核能概念的兴起,氦气轮机得到了极大的重视,并完成了非核领域的工业示范。针对出口温度为700 ℃以上的第四代先进核能系统,常用工质闭式布雷顿循环燃气轮机性能比较如下:气体工质(氦气、氮气、空气或混合工质)闭式循环燃气轮机热效率可接近40%;超临界二氧化碳工质效率可接近50%。但从技术成熟度来看,超临界二氧化碳轮机目前还处于中试阶段,缺乏工业示范验证,而且其高温材料问题也是技术难点。

第四代核能反应堆制氢方面的研究核心都是基于高温堆的工艺热。从核反应堆的角度来看,熔盐堆、超高温气冷堆等出口温度均超过700 ℃,所提供的工艺热都可以满足高温制氢过程,其系统效率与反应堆能提供的热能温度有很大的相关性。目前,核能制氢主要有两种途径:热化学循环制氢和高温电解制氢。目前,核能制氢的重点问题是材料在高温高湿环境下的长期稳定性问题。

我国 60% 以上的地区、50% 以上的人口需要冬季供热。目前的供热方式主要为集中供热和分布式供热。其中，集中供热主要来自于燃煤热电联产或燃煤锅炉，每年需要消耗 5 亿 t 煤炭。为缓解用煤导致的严重环境污染和雾霾天气，我国部分地区率先开始"煤改气""煤改电"的工程，但这也导致了天然气资源稀缺、电网负担加重等问题。核能作为清洁能源，在未来会成为重要的供热资源，核能供热的一大优势就是低碳、清洁、规模化。以一座 400 MW 的供热堆为例，其每年可替代 32 万 t 燃煤或 1.6 亿 m^3 燃气，与燃煤供热相比，可减少排放二氧化碳 64 万 t、二氧化硫 5 000 t、氮氧化物 1 600 t、烟尘颗粒物 5 000 t。目前的核能供热主要有两种方式：低温核供热和核热电联产。20 世纪 80 年代，瑞典的核动力反应堆 Agesta 已经实现了连续供热，是世界上第一个民用核能供热核电站的示范。此后，俄罗斯、保加利亚、瑞士等国也开始研发、建造核能供热系统。

　　我国也于 20 世纪 80 年代开始了核能供热反应堆的研发。1983 年，清华大学在池式研究堆上实现了我国首次核能低温供热实验。经过多年的研究和发展，在低温核供热技术层面已经逐渐形成了池式供热堆和壳式供热堆两种主流类型。池式供热堆以游泳池实验堆为原型，壳式供热堆由目前的主流压水堆核电站技术演变而来。核热电联产的最大优势是节能，实现了能源资源的优化配置，热电联产的综合能源利用率可以达到 80%，具有较高的综合能源利用率。其缺点是热电不能同时兼顾，因此需要与核供热协同形成优势互补。中核集团推出了"燕龙"泳池式低温供热堆，中广核集团和清华大学推出了壳式低温供热堆，国家电投推出了微压供热堆。上述核能供热试点目前已经在黑龙江、吉林、辽宁、河北、山东、宁夏、青海等多个省及自治区开展了相关厂址普选和产业推广工作。核能供热战略布局可以有效解决我国北方多地的缺热情况。另外，引入大温差长途输热技术后，我国核能供热将不再受困于远距离输热的限制，因此核反应堆可以安置在核安全距离以外，为城市提供安全、稳定的热能。

　　月球及其以远的深空是继陆、海、空、近地空间之后人类活动的第五疆域。深空探测是指发射航天器至地月距离以远的宇宙空间，对地外天体或空间进行探测的航天活动。自 1958 年以来，人类已完成深空探测任务 260 余次，覆盖太阳系内包括月球、行星、彗星、太阳等不同类型天体，深空探测活动取得了大量科学探测和技术成果，拓展了人类对太阳系和宇宙的认识，推动了空间技术的进步。中国的深空探测起步于月球探测，探月工程"绕、落、回"三步走已经圆满收官，行星探测工程也随着"天问一号"的圆满成功而拉开了序幕。深空探测是人类探索宇宙奥秘和寻求永续发展的重要途径，是拓展人类生存空间、丰富人类认知的重大新兴领域。开展深空探测活动能够极大地丰富人类知识图谱，牵引带动大规模精密制造、新材料、新器件、深空超远距离通信、先进推进、空间核能、智能自主控制等高新技术的发展和应用,深刻改变人类自然观和宇宙观,有力促进人类文明持续发展。深空探测已成为各国科技创新的竞技场,美国、俄罗斯、日本、印度、以色列等国家和欧洲地区均制定了深空探测计划并积极推进实施,人类深空探测已处于新的活跃期。我国应在现有深空探测基础上乘势而上,加速开展月球及其以远的深空探测活动,敢于探盲区,勇于拓新区,通过若干任务实施,推动深空技术、深空科学和深空利用跨越发展。深空探测任务的开展依赖于航天技术的进步和国家综合实力的提高。为促进未来深空探测任务平稳顺利发展,应先期开展若干关键技术研究,并取得突破。其中,深空探测器总体技术、新型能源、深空测控通信、智能自主控制、新型结构与机构、新型科学载荷等技术是亟待突破和掌握的关键技术。

1. 深空探测器总体技术

对于深空探测任务而言,探测器总体技术的特点体现在多任务、多目标、多约束下的深空探测器优化设计技术。其中,如何实现燃料最省、时间最短到达预定目标的轨道设计与控制策略是航天任务设计中首要而关键的一环。相比于近地卫星轨道,深空目标天体繁多,且存在复杂变化的引力场环境。深空探测轨道技术包括多体系统低能量轨道设计与控制策略、不规则弱引力场轨道设计与控制策略、新型推进衍生的轨道设计与控制策略等。此外,小天体探测任务目标选择、复杂序列借力轨道等也是未来深空探测轨道设计与优化技术的重要研究方向。

2. 新型能源技术

高效的能源系统是进行深空探测任务的一项基本保障。核能源具有能量密度高、寿命长的特点,是解决未来深空探测能源问题的一个有效途径,包括同位素衰变能源、核裂变反应堆能源等。核电源具有不依赖太阳、能量自主产生、能量密度高等优点,可大幅提高空间可用电功率水平和推进系统可使用时间,特别适用于难以获取太阳能或具有瞬时大功率能量需求特点的深空探测任务。其主要技术包括空间堆技术、高效热电转换技术、大功率热排散技术、轻质高效辐射屏蔽技术、地面试验验证技术、核安全技术等。

3. 新型深空测控通信技术

深空测控通信技术是天地信息交互的唯一手段,也是深空探测器正常运行、充分发挥其应用效能不可或缺的重要保证。深空探测器的测控通信面临着距离遥远所带来的信号空间衰耗大、传输时间长、传播环境复杂等一系列问题,是深空探测的难点之一。十余年来,为解决深空探测测控通信时延、深空测角及测控弧段等问题,世界主要深空测控通信网均在加大深空站天线口径、提高射频频段、探索深空光通信技术等方面进行了大量技术研究。未来测控通信的发展主要包括高频通信技术、天线组阵技术、光通信技术等。此外,建立深空测控中继站、构建行星际网络及采用量子通信技术等也将是未来深空测控发展的方向。

4. 智能自主控制技术

深空探测器飞行距离远,所处环境复杂,任务周期长,与地球通信存在较大时延,利用地面测控站进行深空探测器的遥测和遥控已经很难满足探测器操作控制的实时性和安全性要求。深空探测器智能自主控制技术通过在探测器上构建一个智能自主管理软硬件系统,自主地进行工程任务与科学任务的规划调度、命令执行、状态监测和故障时的系统重构,完成无地面操控和无人参与情况下的探测器长时间自主安全运行。为实现深空探测器在轨自主运行与管理,必须突破自主任务规划、自主导航、自主控制、自主故障处理等关键技术。

5. 新型结构与机构技术

深空探测器的结构与机构是承受有效载荷、安装设备、在轨操作和提供探测器主体骨架构型的基础。深空探测任务目标的多样性和特殊性决定了需要研发新型的结构与机构,尤其是对于在地外天体表面开展巡视探测的航天器。为实现这一目标,必须研究适应不同天体和目标要求的新型着陆器结构与机构、巡视器结构与机构、钻取采样结构与机构等技术。

6. 新型科学载荷技术

科学有效载荷是直接执行特定航天器任务的仪器设备,关系到科学探测成果的获取和传输。深空探测科学目标具有多样性,如水冰探测、空间环境探测、金属等各类矿物质探测等,决定了需要不同的新型载荷。同时,深空探测器的小型化和轻量化,以及科学探测精细化等特点,对载荷的小型化、轻量化和探测精度提出了新要求。

7. 深空天体资源利用技术

随着人类深空探测活动不断深入,月球、火星等深空天体资源利用尤其是原位利用已成为人类追求的目标。要实现这一目标,必须围绕不同天体的地质构造、物质成分、表面环境等因素,在地面提前开展深空天体资源利用技术研究,包括原位制氢与制氧技术、3D打印技术、原位建造技术等。

随着人类对太空认识的深入,深空探测任务对大功率(数十千瓦至数兆瓦)空间电源的需求也越来越迫切。而传统太阳能电池阵的功率上限为 50 kW,并且难以提供连续稳定的电功率。近年来,空间核反应堆电源因具有不依赖太阳、全天候连续工作、能量密度高、环境适应性好等优点而成为大功率空间电源研究的重点。空间核反应堆电源主要由反应堆、热电转换器和散热器等分系统组成,通过持续的链式裂变反应,产生连续、高能量密度的热量。热量在热电转换器中转换为电功率,剩余热量由散热器排除以保证电源稳定工作。

空间反应堆(space reactor)是用核裂变反应产生的能量为空间飞行器提供能源的一种核反应堆。根据不同的任务需求,通过不同的方式,空间反应堆可以把核能转变为电能和推进动力,这样的装置分别称为空间核电源和核推进。空间反应堆是未来空间活动的重要能源。随着空间技术的发展,大功率卫星、深空探测等都需要大功率、长寿命的空间能源与之相匹配,空间反应堆将成为这些大功率航天器的优选能源。

作为空间核反应堆电源中的核心部件,热电转换器工作方式的设计至关重要,主要包括动态转换和静态转换两种方式。对于动态转换方式,核裂变所产生的热能先被转换成机械能,然后通过交流发电机将机械能转换为电能,目前研究主要集中在朗肯循环、布雷顿循环和斯特林循环。这类转换方式的转换效率可达 20 % 以上,但运动部件引起的可靠性问题是制约其在空间大规模应用的主要原因。静态转换方式不需要机械部件即可直接将热能转换为电能。由于不存在运动部件,因此其可靠性较高,并且比体积和比体重小。可用于空间的常见静态转换主要有温差发电器、热离子热电转换器和碱金属热电转换器(alkali metal thermal to electric converter, AMTEC)。前两类已经成功应用于空间电源(如空间核辅助电源(space nuclear aloiliary power, SNAP)—10A、BUK、TOPAZ 等核反应堆电源),但转换效率低(温差发电器效率为 4%~6.8%,热离子热电转换器效率为 5.5%~10%),若将其用于大功率能量系统,则质量和体积配额较大,不具备大功率的拓展能力。AMTEC 的热电转换效率可达 18%~30%,是一种兼具静态和高热电转换效率的发电器,并且 AMTEC 热端工作温度范围一般在 900~1 300 K,与核反应堆热源匹配度较高。基于 AMTEC 的空间核反应堆电源系统(以下简称空间堆电源系统)在深空探测中有着巨大的应用潜力,受到了广泛的关注。

1.2　热控技术特点

作为用于物理场调控的超材料领域的一个重要分支,复旦大学的 Fan 等于

2008 年基于稳态条件下导热微分方程形式不变的性质,首次将变换光学这一新兴研究理论引入热力学领域,并首次提出了热超材料的概念。进一步由马赛大学 Guennea 等提出的变换光学的类比理论——变换热力学为传统的传热学及热力学领域提供了新兴的研究方向。与变换光学理论在其他领域的应用一致,变换热力学理论通过关联材料热导率分布与空间转换之间的映射来实现热流传递路径及空间偏转的任意调控。通过引入不同的空间变换方式和热导率空间分布形式,多种基于空间变换理论的热超材料器件(如热隐身斗篷、热集中器、热幻像装置等)可以通过热超材料的特定排布得以实现。这些新型的热流操控装置器件可以为传统的热技术(如热收集、热存储、太阳能集热器、红外隐身等)提供新的思路。需要注意的是,传统热设备及相关技术的应用会在相对应的装置外部产生剧烈的热场波动,伴随而来的是不均匀的外场分布。由于上述不均匀的外场分布及热场波动,大量的热能损失不可避免,因此传统的热技术往往不能同时满足高效的热能利用和平稳的外场分布。相比于传统的热调控技术,基于变换光学理论的热器件主要具有两种特性:高效率的目标功能和稳定且均匀的外部物理场分布。正是由于这两个本质上的改变,因此相应的变换热力学及热超材料的研究在热物理及潜在热器件优化领域具有极大的应用价值。然而,作为新兴的研究领域,目前的相关热超材料场调控研究尚处于起步阶段,一些迫切的问题(如变换过程的奇异性、复杂结构器件设计、超材料的选取与制备等)仍然制约着变换热力学及热超材料的实际应用过程。因此,进一步探究基于空间变换理论的热流路径规划及偏转机理、提出任意空间内的热流调控形式、设计广义复杂结构的相关器件研究、提出相关变换热力学器件的设计和优化方案等具有重要的学术价值与应用前景。近年来,基础研究备受关注。作为科技发展最重要的基石,基础研究在科研工作中具有不可取代的地位。基础研究是跻身世界科技强国的必要条件,是建设创新型国家的根本动力和源泉。伴随着全球范围内节能减排的逐步深入以及能源高效利用的大力发展,将基于空间变换理论的热流调控装置、新型结构等新兴热超材料器件应用于工业生产中已成为当代工业技术革新的前沿方向。因此,发展基于空间变换的超材料热调控结构设计理论与场调控技术,实现任意空间内完美的热流操控,将为能源的合理利用、节能减排、优化及设计新型能源设备提出热管理的新方案等方面的发展,提供新的设计思路和方法。因此,基于空间变换理论的超材料设计及热场调控的基础研究具有极为重要的理论意义和工程应用价值。

航天器热控系统是航天器众多重要系统之一。为满足航天器在发射前准备阶段、上升阶段、轨道运行及再入阶段对热参数的要求,控制热环境对航天器的影响,排散因航天器设备工作而产生的废热,为航天员及搭载生物提供适宜的热环境,必须选用各种热控设备和部件,并设计使航天器设备的温度、温变差及密封舱内气体的湿度保持在总体规定的技术指标范围内,确保航天器飞行任务的顺利完成。航天器热控系统与总体及其他系统密切相关,设备散热问题是影响总体布局的重要因素,热控设备和部件的广泛分布也会对总体布局产生影响。热控系统为其他系统创造适合工作的热环境,而这些系统也必须满足热接口的要求。航天器热控系统通常由热控涂层、热管、多层隔热组件、控温仪、电加热器、风扇、流体回路、湿度调节装置、百叶窗和相变控温装置等组成。空间技术等高新领域对智能高效的热控制技术的需求日益提高,而实现智能热控制技术的关键是要实现材料的热物性智能调控,于是热导率可响应外场变化的热智能材料成为研究的焦点。

第 2 章

SAIRS－C 系统堆芯热管热工特性

　　本章主要运用 COMSOL Multiphysics 软件，针对 SAIRS－C 热管空间冷却堆系统的四种典型工况，根据系统堆芯的设计结构建立堆芯热管的二维数值计算模型并验证，结果证明了模型的可靠性，并分别对堆芯热管的压力场及速度场分布进行了模拟，求解出堆芯热管的等效物性参数，以对燃料组件的温度分布进行模拟，验证热管应用于空间核反应堆的合理性。然后建立堆芯热管内气态金属钠的熵产计算模型，实现了通过用户自定义函数(user defined functions，UDF)功能计算熵产率分布来分析传递过程中的能量损耗程度。

2.1　SAIRS－C 系统

2.1.1　热管工作原理

SAIRS－C 系统采用不同于地面核反应堆冷却剂直接接触堆芯元件的冷却方式——热管导热。热管是一种在航天器热控制中应用的高效传热元件,是由美国洛斯阿拉莫斯国家实验室(Los Alamos National Laboratory,LANL)的 George Grover 于 1963 年最先发明的,目前主要分为吸液芯型热管和重力热管两种。

典型的热管一端为蒸发段,另一端为冷凝段,可以根据需求在中间布置绝热段,将热管内部抽成负压后充入工作流体,使紧贴内壁的吸液芯多孔材料中充满工作介质,然后加以密封并应用。热管的工作原理如图 2.1 所示。热源加热热管的蒸发段,使热管内的工作液体受热蒸发,并带走热量。该热量即为工作液体的蒸发潜热,蒸气因温度而造成的压力差由中心气腔流向热管的冷凝段,凝结成液体,同时释放出潜热,在液体与气体之间由一层多孔介质(即吸液芯)提供毛细力,在毛细力的作用下,液体回流到蒸发段,完成循环过程。

图 2.1　热管的工作原理

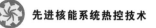

由上述热管的工作原理可知,热管充分依靠热传导及内部工作流体的相变来进行传热,并且由于这种优越的传热机制,因此热管可以迅速将发热物体的热量传递到热源之外,其导热能力胜于目前已知的任何金属。除高导热性能外,热管还具有以下基本特性。

(1)等温性。

热管中心通道内是饱和气体,因此在流动过程中压降和温降都很小。

(2)可变性。

热管通过独立改变蒸发段或冷凝段的加热面积来改变热流密度,可解决一些传热问题。

(3)可逆性。

吸液芯型热管的任意一端受热即可作为蒸发段,另一端即为冷凝段,该特点可用于空间设备的温度展平。

(4)开关特性。

热管内热量只允许向一个方向流动,并且只有当热源的温度高于某一温度时,热管才会开始工作。

(5)恒温特性。

可变导热管可以使冷凝段的热阻随着能量的增加而降低,可以在热源热流密度增加的情况下实现温度的控制。

(6)环境适应性。

热管的形状可以根据工作环境而变化,既可应用于重力场,也可应用于无重力场。

2.1.2 国内外研究现状

本章主要针对堆芯热管的热工水力特性、熵产特性及对堆芯燃料组件的影响进行模拟分析。下面将介绍热管空间冷却堆、热管反应堆热工特性及熵产理论研究现状。

1.热管空间冷却堆研究现状

世界上最先研发空间核动力的国家是美国和苏联,开始于20世纪中期,并且主要应用于国防军事领域。自20世纪60年代起,人们就在航天活动中使用了空间核动力技术。空间核反应堆电源的主要工作过程是:核反应堆内核燃料裂变所释放的热能通过静态或动态的热电转换方式转变成电能,以作为空间设备的动力来源。目前发射并应用成功的核反应堆电源多采用静态热电转化,如美国的SNAP计划、苏联的BUK型空间核反应堆电源等。

目前已有的热管空间冷却堆热电转换系统皆为概念设计方案,主要是堆芯内热管所选用的工质和热电转化方式不同,如采用锂热管冷却堆芯、分段式静态热电偶转换器进行热电转换的热管分区温差转换模块化反应堆(heat pipes segmented thermoelectric module converter,HP-STMC)热管空间冷却堆,以及采用钠热管冷却堆芯、AMTEC 进行热电转换的可升级碱金属热电转换空间核反应堆系统(scalable AMTEC intergrated reactor space power system,SAIRS)热管空间冷却堆。以上两种系统均采用钾热管通过散热器将废热排向太空。此外,还有用于为火星表面的任务活动提供电源,热量通过钠热管被带出堆芯传递到能量转化系统的热管式火星探索反应堆(heatpipe-operated Mars exploration reactor,HOMER);热功率可达 400 kW,热电转换方式采用布莱顿循环的安全可负控裂变发动机-400(safe affordable fission engine under 400 kW,SAFE-400);被设计用作轨道电源、月球或火星表面发电站、核电推进电源,功率范围为 10~100 kW 的 SP-100(space power under 100 kW);最新的以堆芯结构简单的快堆作为热源,采用钠热管进行堆芯冷却,通过自由活塞式斯特林发电机实现热电转换的千万级空间核反应堆电源 Kilopower 等。

2. 热管反应堆热工特性研究现状

热管冷却空间堆的概念最早是于 20 世纪提出的,国外学者在热管反应堆的热工特性模拟方面所做的的研究工作较多。例如:Kapernick 等对堆芯燃料组件的热工特性进行了整体的简单计算分析;Poston 等通过以水为工作介质的热管和斯特林发动机结合的发电实验装置验证了基于热管和斯特林发动机的小型反应堆的可能性;Yeong 等对由热管和中子吸收体构成的复合热管使用商业计算流体力学(computational fluid dynamics,CFD)代码进行了数值模拟,并且利用 Matlab 软件对堆芯进行了一维热工水力分析;Panda 使用有限元模型开发了三维瞬态数值模型来预测钠热管的筛网芯中的蒸气核心,以及壁温、压力和速度;Kuznetsov 等对高温热管建立了数学模型,然后进行传热传质的数值模拟,得到了高温热管工作流体的速度、压力和温度等参数,可以用于设计热控制系统和分析高温热管的效率。

国内进行相关研究的主要有西北核技术研究所的李华琪等对 HP-STMC 的堆芯稳态热工分析,以及针对 HP-STMC 堆芯热管和辐射散热器热管蒸汽流动自主开发的计算程序 SNPS-HPD;西北核技术研究所的胡攀等利用有限元方法,对空间核反应堆电源系统中堆芯燃料组件进行了稳态热分析;西北核技术研究所的田晓艳等基于热管冷却双模式空间堆的模型开发了堆芯稳态热工水力分析程序 STHA_HPBSNR;西安交通大学王成龙等基于有限元方法模拟热管在熔

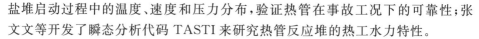

盐堆启动过程中的温度、速度和压力分布,验证热管在事故工况下的可靠性;张文文等开发了瞬态分析代码 TASTI 来研究热管反应堆的热工水力特性。

3.熵产理论研究现状

从热力学角度来看,不可逆过程中都存在熵产,因此可以通过研究熵产确定能量的损失程度。在近些年的研究中,熵理论成为分析流动传热过程不可逆损失的手段之一。

Herwig 等基于熵产分析的方法模拟研究了粗糙壁面管道和槽道流动的阻力特性,其结果与莫迪曲线具有相同的趋势;Kock 和 Herwig 等研究高雷诺数下不可压缩牛顿流体剪切流动,通过比较雷诺平均数值模拟(Reynolds average numerial simulation,RANS)模型与直接数值模拟(direct numerial simulation,DNS)下的熵产结果,得到黏性耗散和温差传热对于耗散进程的影响;Revellin 等针对制冷系统中的纯制冷剂和制冷剂-油混合物的非绝热两相流,基于不同的边界条件提出了不同的熵产表达式;Falad 等假定流体黏度随温度线性变化,推导出流体速度和温度无量纲方程的解析表达式,得到熵产率,并得到非均匀壁面温度通道中的可变黏性流体稳定流动时的传热最小熵产率;Rashidi 等在恒定壁面热流密度的边界条件下的水平管中比较水/ TiO_2 纳米流体的单相和双相建模方法,其中包含不同纳米颗粒大小、所占体积及雷诺数的情况;Kurnia 等分析了具有不同形状截面的盘管和直管内层流流动的传热性能和熵产,结果表明盘管比圆管具有更低的熵产和更高的传热效率,并且在所研究截面中正方形截面的熵产最大,可以为螺旋式换热器的设计提供参考。

我国的张昊春和吉宇等定义了热力学损失系数,对层流下 90°弯管及三通管局部损失特性进行了分析;朱晓静等通过数值模拟研究了超临界水冷堆内部子通道内超临界水湍流混合对流换热的局部熵产,并且详细讨论了边界层内近壁面区域和远离壁面区域的熵产机理;段璐等研究了在直接耗散、湍流耗散和壁面摩擦三种不可逆损失下,出口管径和入口尺寸对旋风分离器熵产的影响;李闯等在传热量一定的约束条件下,以螺旋板换热器尺寸参数为优化变量,以流体的传热和阻力引起的熵产为目标函数,进行多目标优化,并得出帕累托(Pareto)前沿图,最后对 Pareto 前沿解域进行 TOPSIS(technique for order preference by similarity to an ideal solution)决策,选出最优解。

2.1.3 本章主要研究内容

本章主要针对热管空间冷却堆的设计方案之一——SAIRS-C 空间核动力系统堆芯热管在典型工况下的换热及熵产特性进行研究分析。首先根据

SAIRS－C设计方案及热管工作原理建立数值模拟计算模型,并通过查阅文献实验数据进行对比验证,以确保计算结果的合理性和可靠性;然后根据热管的计算结果确定热管的等效物性参数,进行堆芯燃料组件的热工特性模拟,以验证系统堆芯被顺利冷却的可靠性;最后研究堆芯热管熵产特性的影响,分析不同工况下堆芯热管的不可逆程度。本章主要研究内容及技术路线如图 2.2 所示。

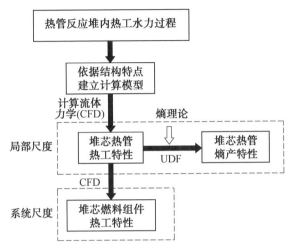

图 2.2　本章主要研究内容及技术路线

(1)建立堆芯热管的二维数值模拟计算模型,进行合理的简化及假设,确定求解边界条件并验证数值模拟计算模型的合理性,对堆芯热管在四种典型工况下通过 COMSOL Multiphysics 软件进行数值模拟,得到工作流体的温度场和速度场分布,以及热管外包壳冷热端平均温差。

(2)由上述内容可以求解出堆芯热管的等效物性参数,将其简化为具有较大数量级导热系数的传热固体,结合堆芯内燃料元件的布置特点,模拟分析典型工况下燃料组件的温度分布情况,以确保热管能够顺利冷却堆芯。

(3)通过堆芯热管内工作流体的压力场和速度场分布,给出局部熵产率计算方程,并且通过 UDF 编程功能,实现在 COMSOL Multiphysics 软件中计算堆芯热管的熵产率分布情况,分析黏性耗散和传热熵产率的分布特性。

2.2 SAIRS－C系统堆芯热管热工特性介绍

2.2.1 SAIRS－C系统堆芯热管数值模型

SAIRS－C热管冷却空间核反应堆系统在正常运行工况下,系统电功率为110 kW,终端电压为直流 400 V,反应堆热功率为 407.3 kW,通过钠热管传递反应堆释放的热量,再通过碱金属热电转换装置将热能转换为电能,最后通过钾热管向深空排放废热。

系统内核反应堆堆芯截面呈六边形,其中共包含 180 根外径为 15 mm 的燃料元件和 60 根外径同为 15 mm 的热管。SAIRS－C 系统堆芯燃料元件与热管情况分布如图 2.3 所示。由图可知,每根堆芯热管周围有 6 根燃料元件,每根燃料元件周围有 2 根热管,所以每根热管需要导出周围 6 根燃料元件一半的热量,即每个燃料组件包含 3 根燃料元件和 1 根热管,堆芯内共 60 个燃料组件。SAIR－C系统堆芯燃料组件结构如图 2.4 所示。

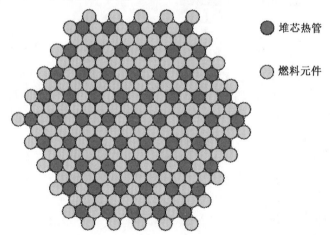

● 堆芯热管

○ 燃料元件

图 2.3　SAIRS－C系统堆芯燃料元件与热管情况分布

当其中一根热管失效时,其燃料组件内的反应热由相邻的另一根热管导出,此时该工作热管所传递的热量是原来的 4/3 倍。此外,考虑到功率分布不均匀等因素的影响,堆芯热管的设计径向功率峰值因子为 1.27。因此,本节将针对单根堆芯热管在平均输出热功率为 6.62 kW、峰值输出热功率为 8.41 kW、相邻热管失效时平均输出热功率为 8.82 kW、相邻热管失效时峰值输出热功率为 11.21 kW的四种典型工况进行模拟和分析。

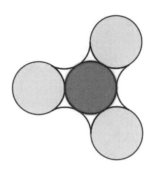

图 2.4　SAIRS－C 系统堆芯燃料组件结构

1. 建立物理模型及选定物性参数

(1)建立物理模型和假设。

堆芯热管主要分为三部分:蒸发段、绝热段和冷凝段。蒸发段完全处于反应堆堆芯内,与燃料元件同向排列分布;绝热段位于系统的屏蔽层,屏蔽层的目的是减小反应堆辐射系统装置性能的影响;冷凝段与碱金属热电转换装置接触,完成能量形式的转换。其中,堆芯热管整体尺寸设计参数见表 2.1,堆芯热管径向截面如图 2.5 所示。

表 2.1　堆芯热管整体尺寸设计参数

参数	数值
热管吸液芯的体积孔隙率	0.69
吸液芯的有效孔径/μm	18.00
中心气腔半径/mm	6.30
吸液芯厚度/mm	0.20
环状液腔厚度/mm	0.60
外包壳厚度/mm	0.40
热管外径/mm	15.00
蒸发段长度/m	0.42
绝热段最大长度/m	1.84
冷凝段长度/m	1.23

为建立并计算堆芯热管的数值模型,需要求解热管包壳外表面热流密度 q,即

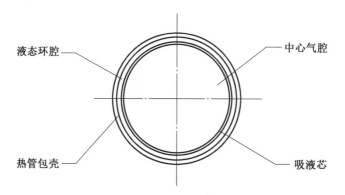

图 2.5　堆芯热管径向截面

$$q = \frac{p_s}{\pi \cdot d_h \cdot H} \tag{2.1}$$

式中, p_s 为热管输出功率; d_h 为热管包壳外径; H 为热管蒸发段长度。

通过上式计算后, 得到了堆芯热管在不同热功率下包壳外表面的热流密度, 见表 2.2。

表 2.2　堆芯热管在不同热功率下包壳外表面的热流密度

热管输出功率 p_s/kW	热管包壳外表面热流密度/($W \cdot m^{-2}$)
6.62	334 647.66
8.41	425 133.96
8.82	445 859.87
11.21	566 676.78

SAIRS-C 系统的堆芯热管采用的工作流体是碱金属钠。由热管的工作原理可知, 热管在实际工作过程中涉及固体导热、对流换热、相变传热等多个传热过程, 多孔介质流动传热及流体相变较复杂。因此, 以为简化计算, 做出以下假设。

①在实际热管内部的吸液芯中流动的液态金属钠比中心气腔内的气态金属钠密度大得多, 流动速度很小, 所以热管内吸液芯的传热流动过程简化为带有等效导热系数的多孔介质纯导热过程。

②假设中心气腔内气态金属钠的流动被认为是可压缩流动, 并且流动状态为层流, 在建立模型时仅考虑毛细传热极限。

③假设固体的物性参数为常数, 液态金属钠的物性参数仅与温度有关, 中心

气腔内的气态金属钠为理想气体,满足理想气体状态方程,除密度外,其他物性参数均为常数。

堆芯热管所涉及的材料见表 2.3。

表 2.3　堆芯热管所涉及的材料

名称	材料
热管包壳	钼铼合金(Mo－14％Re)
环腔	液态金属钠
吸液芯(固体)	钼铼合金(Mo－14％Re)
中心气腔	气态金属钠

SAIRS－C 系统整体结构如图 2.6 所示。由于热管是对称结构,因此为简化计算,通过 AUTOCAD 软件建立最长堆芯热管的二维几何模型如图 2.7 所示。

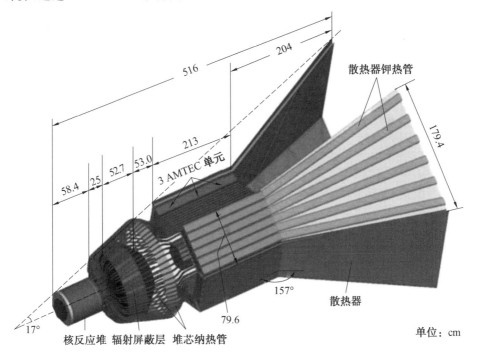

图 2.6　SAIRS－C 系统整体结构

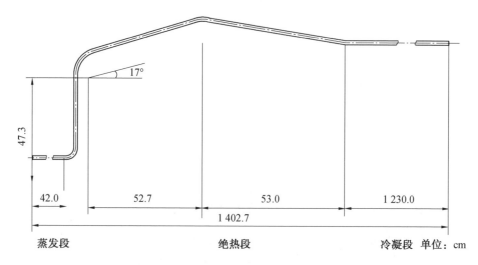

图 2.7　通过 AUTOCAD 软件建立最长堆芯热管的二维几何模型

2.选定材料物性参数

钼铼合金$(Mo-14\%Re)$的主要物性参数见表 2.4。

表 2.4　钼铼合金$(Mo-14\%Re)$的主要物性参数

物性参数	密度/$(kg \cdot m^{-3})$	比热/$(J \cdot kg^{-1} \cdot K^{-1})$	导热系数/$(W \cdot m^{-1} \cdot K^{-1})$
数值	11 090.00	231.00	70.90

液态金属钠的热物性参数可以通过下式计算得到,即

$$\lambda_l = 92.95 - 0.058\ 1T + 11.727\ 4 \times 10^{-6} T^2 \tag{2.2}$$

$$\rho_l = 950.05 - 0.229\ 8T \tag{2.3}$$

$$C_{pl} = 1\ 436.72 - 0.580T + 4.627 \times 10^{-4} T^2 \tag{2.4}$$

式中,λ_l 为液态金属钠导热系数;ρ_l 为液态金属钠密度;C_{pl} 为液态金属钠定压比热容。

上述假设气态金属钠满足理想气体状态方程,故其密度 ρ_g 为

$$\rho_g = \frac{P_g M}{R_s T_g} \tag{2.5}$$

式中,P_g 为气态金属钠的压力;M 为金属钠的摩尔质量;R_s 为理想气体常数;T_g 为气态金属钠的温度。

比热率为

$$C_{m,p} - C_{m,V} = R_s \tag{2.6}$$

式中，$C_{m,p}$ 为气态金属钠的定压摩尔热容；$C_{m,v}$ 为气态金属钠的定容摩尔热容。

气态金属钠的部分物性参数见表 2.5。

表 2.5　气态金属钠的部分物性参数

物性参数	动力黏度/(Pa · s)	定压热容/(J · kg^{-1} · K^{-1})	导热系数/(W · m^{-1} · K^{-1})
数值	1.868×10^{-5}	2 900.00	0.045

吸液芯结构为多孔介质，体积孔隙率 $\theta_{eff} = 0.69$，等效导热系数 λ_{eff} 为

$$\lambda_{eff} = \frac{\lambda_1 [(\lambda_1 + \lambda_s) - (1 - \theta_{eff})(\lambda_1 - \lambda_s)]}{[(\lambda_1 + \lambda_s) + (1 - \theta_{eff})(\lambda_1 - \lambda_s)]} \tag{2.7}$$

式中，λ_1 为吸液芯液体导热系数；λ_s 为吸液芯丝网导热导数。

3. 网格划分及求解条件

(1)网格划分。

将二维几何模型导入 COMSOL Multiphysics 软件内，将单根堆芯热管分割成特定长度的三部分，分别代表热管的蒸发段、绝热段和冷凝段。根据热管的结构及工作原理划分不同的计算域，堆芯热管模型的计算域划分结果见表 2.6。

表 2.6　堆芯热管模型的计算域划分结果

区域	类型
中心气腔区	流体
吸液芯区	多孔介质
热管包壳区	固体

通过用户控制网格功能，将每一个域内的网格进行划分，完整网格包含 183 759 个域单元和 36 517 个边界元，求解的自由度数为 344 085，最小单元质量为 0.177 4，平均单元质量为 0.795 4。堆芯热管模型网格划分的单元网格质量分布如图 2.8 所示，网格质量良好。

(2)设定求解边界条件。

①传热求解件设置。在传热的条物理场中，开启多孔介质传热模块，选定钼铼合金包壳内为固体传热，吸液芯内为多孔介质传热，中心气腔内为流体传热，控制方程为

$$d_z \rho C_p u \cdot \nabla T + \nabla \cdot q = d_z Q + q_0 \tag{2.8}$$

$$q = -d_z \lambda \nabla T \tag{2.9}$$

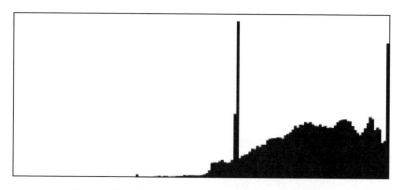

图 2.8 堆芯热管模型网格划分的单元网格质量分布

式中,q 表示热管包壳热流密度;Q 表示单根堆芯热管输出热功率。

传热过程中的边界条件设置如下。

a.在蒸发段的热管包壳上设定边界热源条件,堆芯热管在不同工况下相应的边界热流密度见表2.2。

b.由于热管优异的导热性能与其利用的相变传热机理有关,因此在含有相变传热的蒸发段和冷凝段处的中心气腔与吸液芯的交界面处加上边界热源,其热流密度值为变量,大小由交界面处气体的密度、流动速度及工作流体气液相变释放的潜热数值计算可得。

c.系统整体设计方案中堆芯热管的冷凝段与恒温 1 189 K 的 AMTEC 单元热端相接触,故在冷凝段的热管包壳上设定为定壁温边界条件。

d.其他传热边界条件均为热绝缘。

e.初始温度设定为金属钠的沸点即 1 156.2 K。

②流动求解条件设置。假设气态金属钠的流动状态为可压缩层流,控制方程为

$$\nabla \cdot (\rho u) = 0 \tag{2.10}$$

$$\nabla \cdot \left[-\rho l + \eta(\nabla u) + (\nabla u)^{\mathrm{T}} - \frac{2}{3}\eta(\nabla u)l \right] + F = \rho(u \cdot \nabla)u \tag{2.11}$$

在蒸发段中心气腔和吸液芯的交界面设为压力入口,冷凝段中心气腔和吸液芯交界面处设为压力出口,壁面滑移速度为 0。液态金属钠蒸发后进入气腔,此时气态金属钠是处于饱和流动状态的理想气体,所以由克劳修斯—克拉贝隆方程可知入流和出流压力的表达式为

$$P = p_{\text{sat}}(T) = p_{\text{ref}} \times e^{\frac{h_{\text{fg}} \times M}{R_{\text{s}}}(\frac{1}{T_{\text{ref}}} - \frac{1}{T})} \tag{2.12}$$

流动的初始速度设定为 $v_x = v_y = 0$,初始压力可以通过上述传热物理场中的

初始温度,即金属钠的沸点为 1 156.2 K,由式(2.12)计算对应的初始状态下的饱和气体压力值。

③求解器设置。在非等温流动场中开启黏性扩散模块,采用 PARDISO 稳态求解器及多线程嵌套式剖析预排序算法,相对容差为 0.001,开启全耦合非线性求解器,最小衰减因子为 10^{-4},最大迭代步数为 25。所有计算工作都是在 4 核(Intel)、8 GB 内存的计算工作站上完成的。

2.2.2　数值模型验证

为验证以上所建立计算模型的合理性,以便更加准确地模拟热管的工作过程,并得到更加符合实际稳态工作过程中的数据和结果,采用 KK Panda 等实验热管的测量数据与数值模型 CFD 计算结果进行对比及分析,保证计算结果的可靠性。文献[37]中的实验热管是一个正方形截面的长平热管且竖直放置,需考虑重力影响,蒸发段在最下端,冷凝段在最上端,绝热段在中间处。实验热管的尺寸参数见表 2.7。

表 2.7　实验热管的尺寸参数

参数	数值
吸液芯体积孔隙率	0.7
吸液芯厚度/mm	1.0
截面边长/mm	19.88
热管外包壳厚度/mm	1.6
蒸发段长度/m	0.15
绝热段长度/m	0.2
冷凝段长度/m	0.05

在该热管的蒸发段处给定一个固定功率热源,冷凝段放置在空气环境,采用对流及辐射换热。在实验过程中采用移动热电偶测量长平热管外包壳的温度值,分别在距离蒸发段底端轴向距离为 50 mm、150 mm、250 mm、350 mm、395 mm 的壁面处设置测量点。

该实验热管的固体材料为不锈钢,工作流体材料为碱金属钠,输出热功率为 40 kW·m^{-2}。在 COMSOL Multiphysics 软件内置材料库中查找不锈钢的物性参数,按照上述设定求解边界条件并且将冷凝段包壳的边界条件改为对流换热及辐射传热。实验值与数值计算结果的对比情况如图 2.9 所示,其误差分析情况见表 2.8。

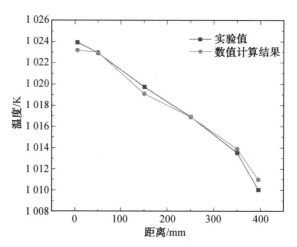

图 2.9　实验值与数值计算结果的对比情况

表 2.8　实验值与数值计算结果的误差分析情况

轴向长度/mm	实验温度值/K	数值计算值/K	绝对误差值/K
5	1 023.94	1 023.20	0.74
50	1 022.94	1 023.00	0.06
150	1 019.75	1 019.10	0.65
250	1 016.92	1 016.90	0.02
350	1 013.53	1 013.90	0.37
395	1 010.06	1 011.00	0.94

　　从以上数据中可知,数值计算结果与实验值绝对误差的最大值为 0.94 K,二者匹配度较好,温度沿轴线的变化趋势也基本吻合。经分析,造成误差的原因可能在于实验热管的绝热段处采用的是保温泡沫进行隔热,虽然泡沫材料的导热系数较小,但不能做到完全绝热,会造成一定的能量损失。综合上述分析可以认为,在合理的误差范围内,数值计算结果与实验值是相符的,证明了上述模型的建立及求解条件的可靠性,因此上述模型可用于模拟堆芯热管的工作情况,得到相对准确的结果。

2.2.3　计算结果与分析

1. 气态金属钠的压力分布

图 2.10～2.12 所示为堆芯热管在四种不同输出热功率下蒸发段、绝热段、冷凝段内气体压力分布云图。可以看出，内部气态金属钠在入口处端部的压力值最大，随后在蒸发段和绝热管不断下降且变化趋势平缓。这是因为气体在入口处被加热而存在温降和压降，有向堆芯热管冷端一侧运动的趋势。在流动过程中，由于存在摩擦损失及受管道形状的影响，因此气体压力值略有下降。进入冷凝段，压力略有上升，但仍小于蒸发段入口处的压力值。在堆芯热管转弯处，由于管道形状发生变化，因此形成了旋涡区和二次流，弯管处的外侧压力值大于内侧压力值。堆芯热管在四种不同输出热功率下内部气体压力变化见表 2.9。

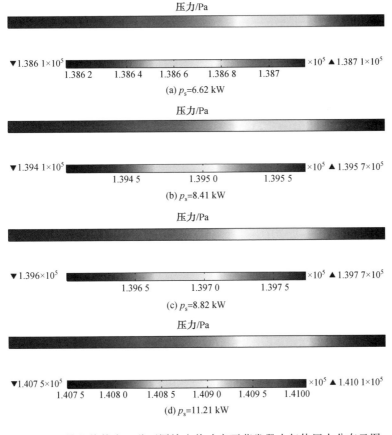

图 2.10　堆芯热管在四种不同输出热功率下蒸发段内气体压力分布云图

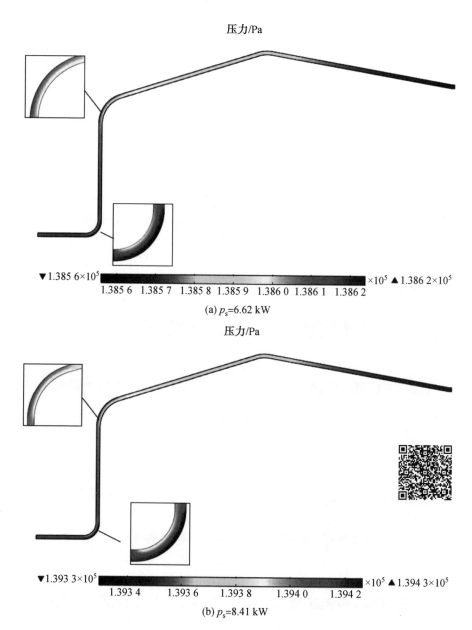

压力/Pa

▼1.385 6×10⁵   ×10⁵ ▲1.386 2×10⁵
1.385 6 1.385 7 1.385 8 1.385 9 1.386 0 1.386 1 1.386 2

(a) p_s=6.62 kW

压力/Pa

▼1.393 3×10⁵   ×10⁵ ▲1.394 3×10⁵
1.393 4   1.393 6   1.393 8   1.394 0   1.394 2

(b) p_s=8.41 kW

图 2.11 堆芯热管在四种不同输出热功率下绝热段内气体压力分布云图

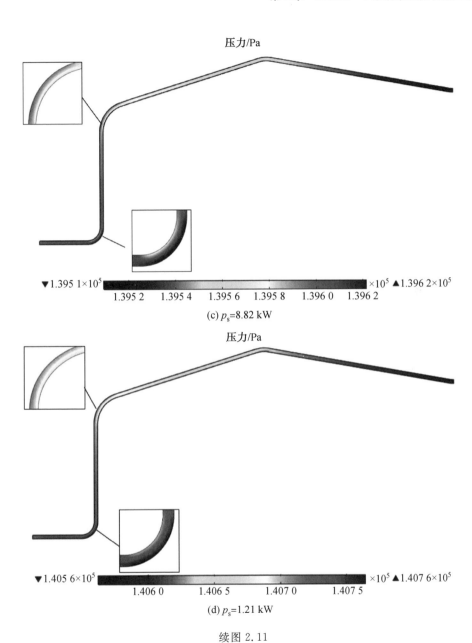

压力/Pa

▼1.395 1×10⁵ ×10⁵ ▲1.396 2×10⁵
1.395 2　1.395 4　1.395 6　1.395 8　1.396 0　1.396 2

(c) p_s=8.82 kW

压力/Pa

▼1.405 6×10⁵ ×10⁵ ▲1.407 6×10⁵
1.406 0　1.406 5　1.407 0　1.407 5

(d) p_s=1.21 kW

续图 2.11

压力/Pa

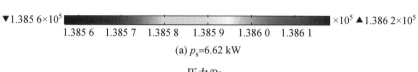

▼1.385 6×10⁵ 1.385 6   1.385 7   1.385 8   1.385 9   1.386 0   1.386 1   ×10⁵ ▲1.386 2×10⁵

(a) p_s=6.62 kW

压力/Pa

▼1.393 3×10⁵ 1.393 4   1.393 6   1.393 8   1.394 0   1.394 2   ×10⁵ ▲1.394 3×10⁵

(b) p_s=8.41 kW

压力/Pa

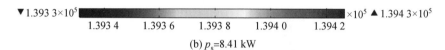

▼1.395 1×10⁵ 1.395 2   1.395 4   1.395 6   1.395 8   1.396 0   ×10⁵ ▲1.396 1×10⁵

(c) p_s=8.82 kW

压力/Pa

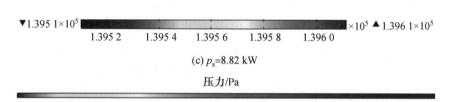

▼1.405 5×10⁵ 1.405 6 1.405 8 1.406 0 1.406 2 1.406 4 1.406 6 1.406 8 ×10⁵ ▲1.407 0×10⁵

(d) p_s=11.21 kW

图 2.12　堆芯热管在四种不同输出热功率下冷凝段内气体压力分布云图

表 2.9　堆芯热管在四种不同输出热功率下内部气体压力的变化

压力值	最大压力值 /kPa	最小压力值 /kPa	出口压力值 /kPa	出入口压差 /kPa	极值压力差 /kPa
6.62	138.71	138.56	138.62	0.10	0.16
8.41	139.57	139.33	139.43	0.14	0.24
8.82	139.78	139.51	139.61	0.16	0.27
11.21	141.01	140.55	140.70	0.31	0.46

　　由表中数据可知,随着堆芯热管输出热功率的增大,最大压力值由 138.71 kPa增大到 141.01 kPa,最小压力值由 138.56 kPa 增大到 140.55 kPa,

出口压力值由 138.62 kPa 增大到 14.07 kPa,出入口压差及极值压力差也随之增加。

2. 气态金属钠的速度分布

图 2.13～2.15 所示为堆芯热管在四种不同输出热功率下蒸发段、绝热段、冷凝段内部气体流速分布云图。可以看出,气态金属钠在绝热段处中心流速较大,速度最大值位于绝热段与蒸发段交界处附近,蒸发段和冷凝段处的中心流速较小,尤其是在接近堆芯热管的端面处速度不断减小甚至为 0。并且由于流体具有黏性,因此在靠近壁面处流速小,通道中心处流速大。气体是从蒸发段内气腔与吸液芯交界面处流入,从冷凝段内气腔与吸液芯交界面处流出,速度方向大致与壁面垂直。

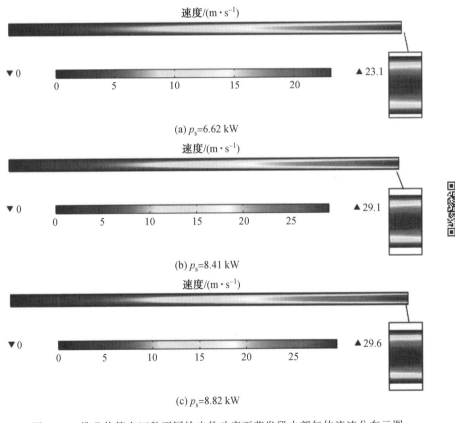

(a) p_s=6.62 kW

(b) p_s=8.41 kW

(c) p_s=8.82 kW

图 2.13　堆芯热管在四种不同输出热功率下蒸发段内部气体流速分布云图

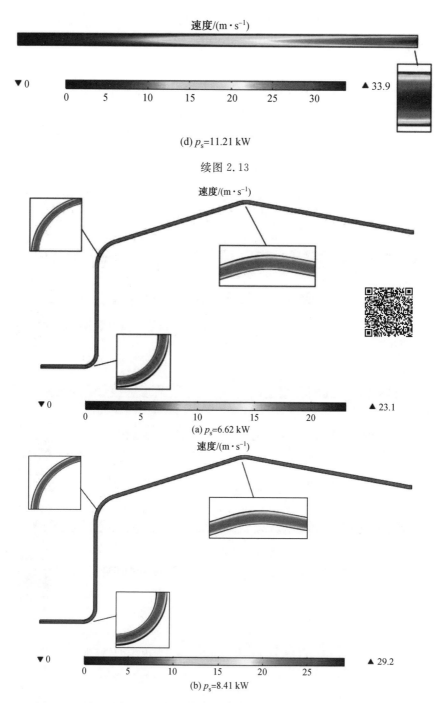

(d) $p_s=11.21$ kW

续图 2.13

(a) $p_s=6.62$ kW

(b) $p_s=8.41$ kW

图 2.14　堆芯热管在四种不同输出热功率下绝热段内部气体流速分布云图

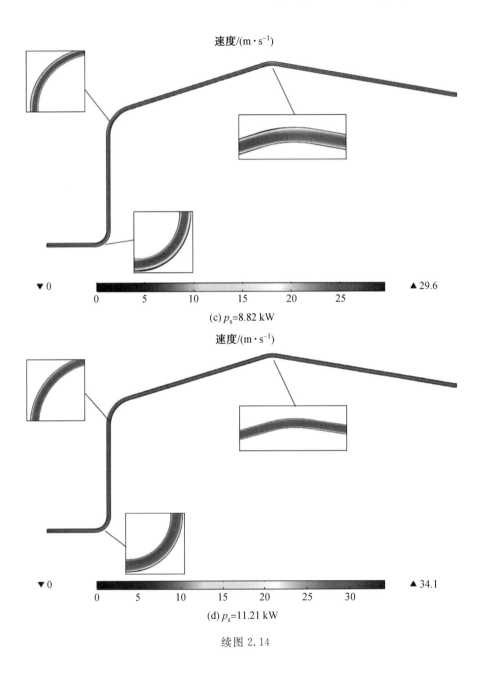

速度/(m·s⁻¹)

▼0　　0　　5　　10　　15　　20　　25　　▲29.6

(c) p_s=8.82 kW

速度/(m·s⁻¹)

▼0　　0　　5　　10　　15　　20　　25　　30　　▲34.1

(d) p_s=11.21 kW

续图 2.14

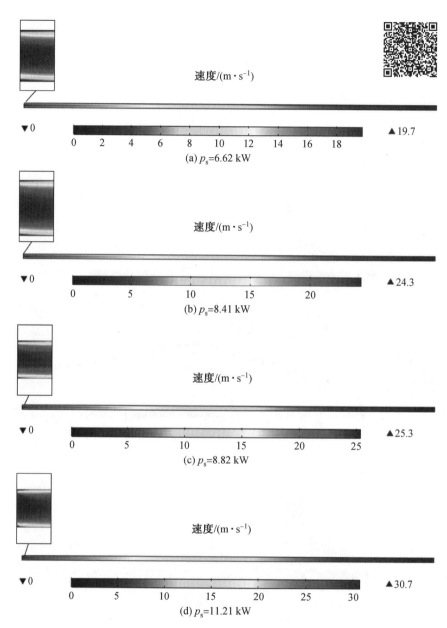

图 2.15 堆芯热管在四种不同输出热功率下冷凝段内部气体流速分布云图

堆芯热管在不同输出热功率下气体中心流速最大值见表 2.10。雷诺数计算公式为

$$Re = \frac{\rho_g d_t v}{\mu} \tag{2.13}$$

式中，d_t 表示中心气腔通道的直径，单位为 m；v 表示流速，单位为 m·s^{-1}；μ 表示动力黏度，单位为 Pa·s。

　　可得堆芯热管在最大输出热功率 11.21 kW 时内部气体流动的最大雷诺数为 1 035，仍属于层流流动，验证了在流动场中设定层流条件的合理性。

表 2.10　堆芯热管在不同输出热功率下气体中心流速最大值

堆芯热管输出热功率/kW	气体流速最大值/(m·s^{-1})
6.62	23.09
8.41	29.13
8.82	29.59
11.21	34.06

3. 热管包壳温度分布

　　以堆芯热管中心轴线弧长为横坐标，绘制出堆芯热管在不同输出热功率下外包壳温度的变化情况，如图 2.16 所示。可以看出，在蒸发段、绝热段、冷凝段内部，温度变化较小，在各自的交界面附近有较大的温降，可以分别求得堆芯热管在不同输出热功率下蒸发段和冷凝段温度分布情况，见表 2.11。

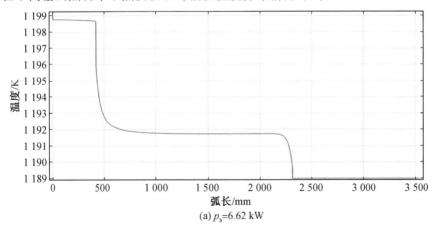

(a) p_s=6.62 kW

图 2.16　堆芯热管在不同输出热功率下外包壳温度的变化情况

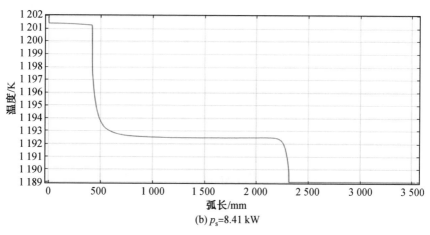

(b) p_s=8.41 kW

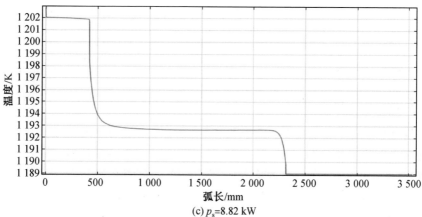

(c) p_s=8.82 kW

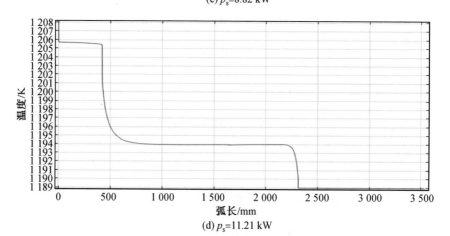

(d) p_s=11.21 kW

续图 2.16

表 2.11　堆芯热管在不同输出热功率下蒸发段和冷凝段温度分布情况

单根堆芯内热管 输出热功率/kW	蒸发段包壳 平均温度值/K	冷凝段包壳 平均温度值/K	蒸发段和冷凝段 平均温差 ΔT/K
6.62	1 198.95	1 189.00	9.95
8.41	1 201.50	1 189.00	12.50
8.82	1 202.02	1 189.00	13.02
11.21	1 206.21	1 189.00	17.21

利用

$$\lambda_{\text{pipe}} = \frac{Q \cdot L}{A \cdot \Delta T} \tag{2.14}$$

式中，λ_{pipe} 为等效热管的导热系数，单位为 $W \cdot m^{-1} \cdot K^{-1}$；$Q$ 为单根堆芯热管的输出热功率，单位为 kW；L 为堆芯热管的轴向长度，单位为 m；A 为堆芯热管的径向截面积，单位为 m^2；ΔT 为热管冷热段平均温差，单位为 K。

可求出堆芯热管在不同工况下的等效导热系数，见表 2.12。可以看出，随着堆芯热管输出热功率的增加，等效导热系数略有下降，是导热系数为 $70.9\ W \cdot m^{-1} \cdot K^{-1}$ 的钼铼合金（$Mo-14\%Re$）的 270 倍以上。由此可见，堆芯热管具有优越的导热性能。

表 2.12　堆芯热管在不同工况下的等效导热系数

单根堆芯热管输出热功率/kW	热管等效导热系数 λ_{pipe} /($W \cdot m^{-1} \cdot K^{-1}$)
6.62	121 327.73
8.41	120 644.51
8.82	118 401.47
11.21	108 080.50

2.3　SAIRS - C 系统燃料组件的热工特性

2.3.1　SAIRS - C 系统燃料组件数值模型

由反应堆内的燃料元件与堆芯热管排布情况可知，每根燃料元件周围有 2 根堆芯热管，而堆芯热管周围有 6 根燃料元件，每个燃料组件之间相互影响，所以在分析堆芯热管对反应堆的冷却能力时,选取一个燃料组件作为计算模型是不准确的。因此,拟从相邻的 3 个燃料组件中分别选取 1 根堆芯热管和 1 个燃料元件作为研究对象,选取燃料组件几何模型如图 2.17 所示。选取其中所选定的三角形部分作为研究对象,燃料元件径向截面如图 2.18 所示。

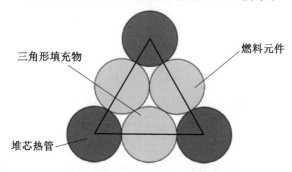

图 2.17　选取燃料组件几何模型

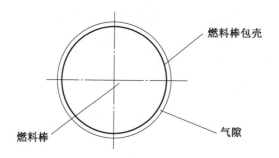

图 2.18　燃料元件径向截面

1. 建立物理模型及选定物性参数

燃料元件模型尺寸及设计参数见表 2.13。由于氦气气隙所占体积很小,并且氦气性质稳定,因此建立几何模型时忽略其对计算结果的影响。

表 2.13　燃料元件模型尺寸及设计参数

参数	数值
燃料包壳外径/mm	15.00
燃料包壳厚度/mm	0.50
气隙厚度/mm	0.05
燃料棒直径/mm	13.90
燃料元件长度/mm	420

为简化模型,将带有弯管通道的堆芯热管简化为具有相同外径及蒸发段、绝热端、冷凝段长度的圆直管,所以燃料组件几何模型横截面如图 2.19 所示。其中,燃料元件长度为 420 mm,堆芯热管长度为 3 490 mm。

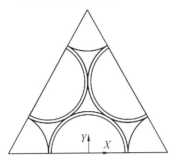

图 2.19 燃料组件几何模型横截面

燃料组件内涉及的部分材料见表 2.14。

表 2.14 燃料组件涉及的部分材料

名称	材料
燃料棒	氮化铀
气隙	低压氦气
燃料元件包壳	金属铼
三角填充物	金属铼

在进行燃料组件热工特性模拟中,将热管等效为一种具有优越导热性能的各向均匀固体材料,其在对应工况下的导热系数见表 2.12。按照体积分数权重来计算等效定压热容,堆芯内的热管总质量为 7.60 kg,故可求出热管的密度,即

$$\rho_{pipe} = \frac{m_{pipe}}{V_{pipe}} \tag{2.15}$$

式中,ρ_{pipe} 为热管的密度;m_{pipe} 为单根热管的质量;V_{pipe} 为单根热管的体积。

查找化工物性手册可知金属铼和氮化铀的主要物性参数,见表 2.15 和表 2.16。

表 2.15 金属铼的主要物性参数

物性参数	密度/(kg·m^{-3})	比热/(J·kg^{-1}·K^{-1})	导热系数/(W·m^{-1}·K^{-1})
数值	21 040.00	136.80	48.00

表 2.16　氮化铀的主要物性参数

物性参数	密度/(kg·m⁻³)	比热/(J·kg⁻¹·K⁻¹)	导热系数/(W·m⁻¹·K⁻¹)
数值	14 310.00	244.00	19.75

2. 网格划分及求解条件设定

将三维几何模型导入 COMSOL Multiphysics,在简化模型的基础上涉及的物理场只有固体传热。通过用户控制网格功能划分,完整网格包含 1 742 716 个四面体单元和 480 311 个三角形单元,求解的自由度数为 248 771,最小单元质量为 0.004 7,平均单元质量为 0.655 2。燃料组件模型网格划分的单元网格质量分布如图 2.20 所示,网格质量较好。

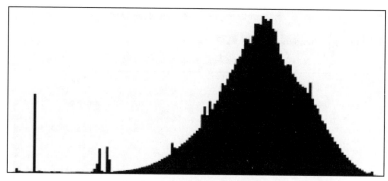

图 2.20　燃料组件模型网格划分的单元网格质量分布

(1)传热求解条件设置。

在固体传热的物理场中,控制方程为

$$\rho C_p u \cdot \nabla T + \nabla \cdot q = Q + Q_{\text{red}} \tag{2.16}$$

$$q = -\lambda \nabla T \tag{2.17}$$

其主要求解条件设置如下。

①将几何模型所包含的 3 根对称燃料元件作为均匀体积热源。堆芯共 180 根燃料元件,输出热功率为 407.3 kW,故在燃料元件轴向功率分布均匀和不均匀的工况下,每半根燃料元件所释放的热功率分别为 1.13 kW 和 1.44 kW。当几何模型内上部的堆芯热管发生失效不能正常工作时,可利用其余两根热管进行导热。

②其他边界设为热绝缘。

③初始温度设定为堆芯热管的冷凝段温度,即 1 189 K。

（2）求解器设置。

采用 PARDISO 稳态求解器及多线程嵌套式剖析预排序算法，相对容差为 0.001，开启全耦合非线性求解器，最小衰减因子为 10^{-6}，最大迭代步数为 50。计算工作都是在 4 核（Intel）、8 GB 内存的计算工作站上完成的。

2.3.2　计算结果与分析

为方便观察，在计算结果云图中隐藏堆芯热管的温度分布，在没有堆芯热管失效的工况下，最高温度出现在距离热管蒸发段端部轴向 291.91 mm 处的截面上；在上部热管失效的工况下，最高温度出现在距离热管蒸发段端部轴向 315.68 mm 处的截面上。堆芯热管不同输出热功率 p_s 下的燃料组件温度分布如图 2.21 所示。

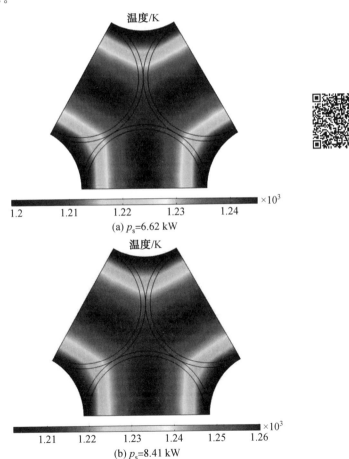

图 2.21　堆芯热管不同输出热功率 p_s 下的燃料组件温度分布

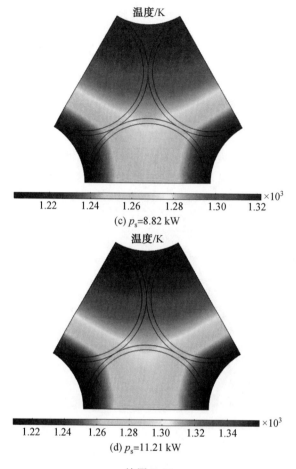

温度/K

1.22　1.24　1.26　1.28　1.30　1.32　×10³

(c) p_s=8.82 kW

温度/K

1.22　1.24　1.26　1.28　1.30　1.32　1.34　×10³

(d) p_s=11.21 kW

续图 2.21

　　在没有堆芯热管失效的工况下,每根燃料元件都可以由周围的堆芯热管均匀冷却,所以燃料元件中心处的温度最高。在燃料组件内单根热管失效的工况下,燃料组件内温度沿失效热管中心线呈对称分布,温度最大值仍出现在燃料棒内部,在失效热管与燃料元件的交界面处附近。这是因为失效热管不能发挥冷却的作用,导致周围热管需要传递更多的热量,而燃料元件靠近失效热管处热量不能顺利地传递到冷端而逐渐累积,所以温度较高。

　　不同输出热功率下燃料组件内温度最大值见表 2.17。随着堆芯热管输出热功率的增加,燃料组件内的温度最大值也在增加,在最大输出热功率 11.21 kW 下,堆芯内的最高温度为 1 359.58 K,远低于堆芯安全温度 2 500 K。由此可见,热管是一种高效的传热元件,其应用于空间核反应堆中可以提高堆芯系统的安全性能。

表 2.17　不同输出热功率下燃料组件内温度最大值

堆芯热管输出热功率/kW	燃料组件内温度最大值/K
6.62	1 245.10
8.41	1 260.31
8.82	1 321.93
11.21	1 359.58

2.4　SAIRS－C 系统堆芯热管内部熵产特性

2.4.1　建立熵产计算模型

前述章节中忽略了液态金属钠的流动及金属钠气液相变对流动的影响,而当流体在管内流动时,由于存在温差、摩擦等因素,因此必然会有一定的熵产,并且这个过程是不可逆的。熵在热力学中是一个状态参数,与系统的温度、压力及其他参数有关,是过程进行方向的判据。随着系统中无序程度的增加,熵值增大。由此可见,熵是系统分子无序程度的度量。在可逆过程中,熵守恒;在不可逆过程中,熵不守恒。其对于理想气体定义为在可逆过程中的热量交换量 $\mathrm{d}Q_{\mathrm{rev}}$ 与热源温度 T 的比值,其定义式为

$$\mathrm{d}S = \frac{\mathrm{d}Q_{\mathrm{rev}}}{T} \tag{2.18}$$

熵产是由热力系统内部热产 $\mathrm{d}Q_{\mathrm{g}}$ 引起的,热产恒为正值,所以由热产引起的熵产亦恒为正值,是一个明确的过程量,其只与热力学过程中的不可逆程度相关,其定义式为

$$\mathrm{d}S_{\mathrm{g}}^{Q_{\mathrm{g}}} = \frac{\mathrm{d}Q_{\mathrm{g}}}{T} \tag{2.19}$$

1. 局部熵产率数学模型

空间堆堆芯热管是一种两相闭式热虹吸管,在工作过程中内部涉及液体的蒸发和气体的冷凝,是一个复杂的传质传热过程。本章不考虑辐射的影响,并且单根热管计算模型内中心气腔的气态金属钠均处于层流状态,所以此时不可逆过程中熵产计算不考虑脉动的影响。建立图 2.22 所示二维流动换热的局部熵产率模型,推导局部熵产率计算公式。

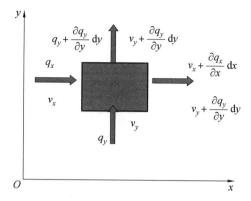

图 2.22　二维流动换热的局部熵产率模型

假设微元体 $\mathrm{d}x\mathrm{d}y$ 足够小并且内部为均匀流体，认为热力学参数与空间无关，在边界处有质量和能量的流入和流出，所以单位时间内该微元体的熵产率 $\dot{S}'''_{\mathrm{pro}}$ 满足

$$\dot{S}'''_{\mathrm{pro}}\mathrm{d}x\mathrm{d}y = \frac{q_x+\dfrac{\partial q_x}{\partial x}\mathrm{d}x}{T+\dfrac{\partial T}{\partial x}\mathrm{d}x}\mathrm{d}y + \frac{q_y+\dfrac{\partial q_y}{\partial y}\mathrm{d}y}{T+\dfrac{\partial T}{\partial y}\mathrm{d}y}\mathrm{d}x +$$

$$\left(\rho+\frac{\partial\rho}{\partial x}\mathrm{d}x\right)\left(v_x+\frac{\partial v_x}{\partial x}\mathrm{d}x\right)\left(s+\frac{\partial s}{\partial x}\mathrm{d}x\right)\mathrm{d}y - \rho v_y s\,\mathrm{d}x +$$

$$\left(\rho+\frac{\partial\rho}{\partial y}\mathrm{d}y\right)\left(v_y+\frac{\partial v_y}{\partial y}\mathrm{d}y\right)\left(s+\frac{\partial s}{\partial y}\mathrm{d}y\right)\mathrm{d}x - \rho v_x s\,\mathrm{d}y -$$

$$\frac{q_x}{T}\mathrm{d}y - \frac{q_y}{T}\mathrm{d}x + \frac{\partial(\rho s)}{\partial t}\mathrm{d}x\mathrm{d}y \tag{2.20}$$

上式包含了伴随能量和质量产生的熵输运，以及微元体内部伴随时间所引起的熵的变化。对上式忽略高阶项和时间项进行化简得

$$\dot{S}'''_{\mathrm{pro}} = \frac{1}{T}\left(\frac{\partial q_x}{\partial x}+\frac{\partial q_y}{\partial y}\right) - \frac{1}{T^2}\left(q_x\frac{\partial T}{\partial x}+q_y\frac{\partial T}{\partial y}\right) + \rho\left(\frac{\partial s}{\partial t}+v_x\frac{\partial s}{\partial x}+v_y\frac{\partial s}{\partial y}\right) +$$

$$\rho\frac{\mathrm{d}s}{\mathrm{d}t} + s\left[v_x\frac{\partial\rho}{\partial x}+v_y\frac{\partial\rho}{\partial y}+\rho\left(\frac{\partial v_x}{\partial x}+\frac{\partial v_y}{\partial y}\right)\right] \tag{2.21}$$

进一步整理可得

$$\dot{S}'''_{\mathrm{pro}} = \frac{1}{T}\nabla\cdot q - \frac{1}{T^2}(q\cdot\nabla T) + \rho\frac{\mathrm{d}s}{\mathrm{d}t} + s\left[\frac{\partial\rho}{\partial t}+\nabla\cdot(\rho v)\right] \tag{2.22}$$

由热力学第一定律可知，微元体的内能为

$$\rho\frac{\mathrm{d}e}{\mathrm{d}t} = -\nabla\cdot q - p(\nabla\cdot v) + \varphi \tag{2.23}$$

式中,右侧分别为传热变化项、压缩做功项和源项。又因为内能和熵的关系为

$$de = T ds - p d \frac{1}{\rho}$$ 　　　(2.24)

则代入化简得

$$\rho \frac{ds}{dt} = \frac{1}{T}(-\nabla \cdot q + \varphi)$$ 　　　(2.25)

　结合连续性方程

$$\frac{\partial \rho}{\partial t} + \nabla \cdot (\rho v) = 0$$ 　　　(2.26)

得到局部熵产率的最终表达式为

$$\dot{S}'''_{pro} = \dot{S}'''_{D} + \dot{S}'''_{C}$$ 　　　(2.27)

式中,$\dot{S}'''_{D}$ 为黏性耗散局部熵产率,单位为 $W \cdot m^{-3} \cdot K^{-1}$;$\dot{S}'''_{C}$ 为温差传热局部熵产率,单位为 $W \cdot m^{-3} \cdot K^{-1}$。

　　在已知速度场和温度场分布的情况下,黏性耗散造成的局部熵产率计算公式为

$$\dot{S}'''_{D} = \frac{\mu}{T} \left\{ 2 \left[\left(\frac{\partial v_x}{\partial x} \right)^2 + \left(\frac{\partial v_y}{\partial y} \right)^2 \right] + \left(\frac{\partial v_x}{\partial y} + \frac{\partial v_y}{\partial x} \right)^2 \right\}$$ 　　　(2.28)

　　在已知温度场分布的情况下,温差传热造成的局部熵产率计算公式为

$$\dot{S}'''_{C} = \frac{\lambda}{T^2} \left[\left(\frac{\partial T}{\partial x} \right)^2 + \left(\frac{\partial T}{\partial y} \right)^2 + \left(\frac{\partial T}{\partial z} \right)^2 \right]$$ 　　　(2.29)

　　局部熵产率 $\dot{S}'''_{pro}$ 可以显示出堆芯热管计算域中每个单元的熵产率,所以在计算热管整体的熵产率数值大小时,需要将其对体积进行积分,即

$$\dot{S}_{pro} = \int_V \dot{S}'''_{pro} dV$$ 　　　(2.30)

2. 熵产计算方法

　　依据上述计算方法,通过 COMSOL Multiphysics 计算软件求解上述计算方程,可以获得堆芯热管中心通道内气态金属钠的速度场、压力场及温度场的分布情况,再结合上述熵产计算模型,运用 UDF 编程实现计算熵产率分布。UDF 功能又称用户自定义函数,在数值模拟软件中可以根据用户的需求来自定义求解边界条件、补充控制方程、调整物性参数等,是一种用来加强和拓展 COMSOL Multiphysics 自身功能的 Matlab 语言程序。下面将通过 UDF 功能对气体金属钠在不同输热功率下的速度、温度等参数进行后处理,从而得到局部熵产率分布。

2.4.2　计算结果与分析

1.黏性耗散熵产率分布

图 2.23～2.25 所示分别为堆芯热管在四种不同输出热功率下蒸发段、绝热段、冷凝段内气体黏性耗散局部熵产率分布。由式（2.28）可知，对于一种黏度和饱和温度等物性保持不变的流体，其流动过程中引起的黏性耗散局部熵产率的数值大小主要由速度梯度决定。结合气态金属钠在中心通道内的流动情况，可以看到热管内工质整体的流速虽然随着堆芯热管热功率的增加而变化较为明显，但数值都很低，整体都处于层流状态。蒸发段内靠近绝热段处的黏性耗散局部熵产率最大，且最大值出现在靠近壁面处；而冷凝段内最大值出现在与绝热段交界处，且平滑过渡。对于堆芯热管整体，黏性耗散局部熵产率最大值出现在绝热段的第一个弯管转折处，这是因为在该区域内，气体与壁面之间出现了旋涡，产生了较大的速度梯度，引起了流体在流动过程中较大的黏性损失。

同时，随着堆芯热管输出热功率的增大，速度梯度在增加，整体黏性耗散局部熵产率的最大值也在增加。这是因为堆芯热管的输出热功率增大，速度也随之增大，速度梯度最大值也在增大，黏性耗散熵产率也因此而增大。

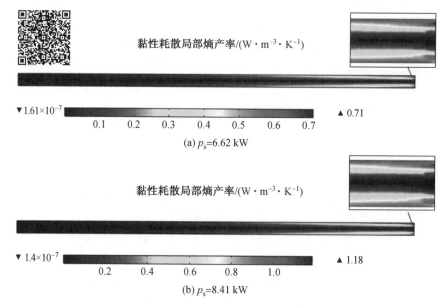

图 2.23　堆芯热管在四种不同输出热功率下蒸发段内气体黏性耗散局部熵产率分布

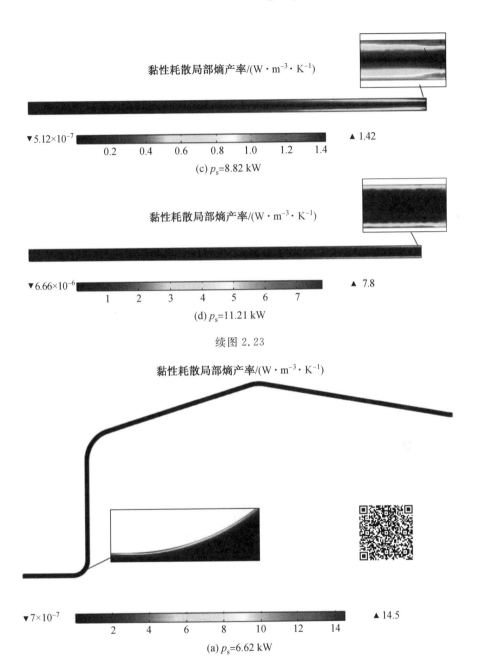

黏性耗散局部熵产率/(W·m⁻³·K⁻¹)

▼5.12×10⁻⁷　0.2　0.4　0.6　0.8　1.0　1.2　1.4　▲1.42

(c) p_s=8.82 kW

黏性耗散局部熵产率/(W·m⁻³·K⁻¹)

▼6.66×10⁻⁶　1　2　3　4　5　6　7　▲7.8

(d) p_s=11.21 kW

续图 2.23

黏性耗散局部熵产率/(W·m⁻³·K⁻¹)

▼7×10⁻⁷　2　4　6　8　10　12　14　▲14.5

(a) p_s=6.62 kW

图 2.24　堆芯热管在四种不同输出热功率下绝热段内气体黏性耗散局部熵产率分布

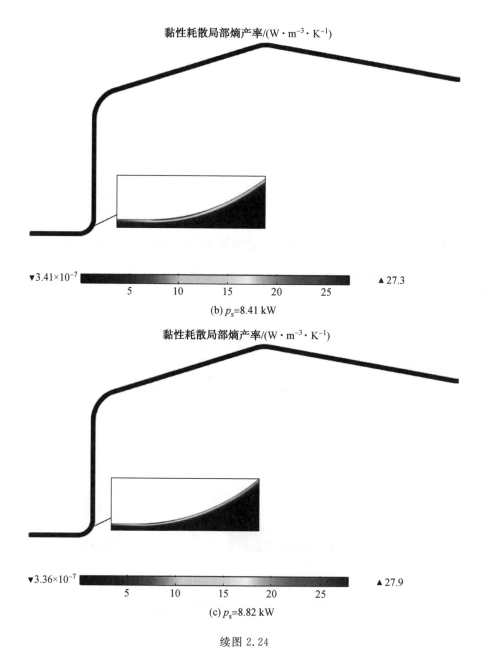

(b) p_s=8.41 kW

(c) p_s=8.82 kW

续图 2.24

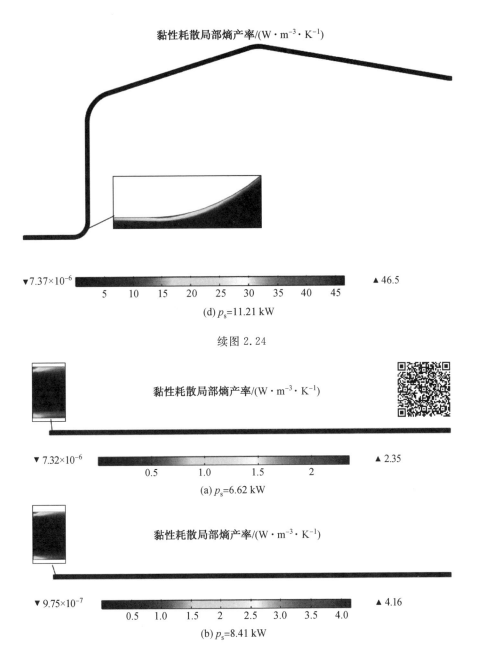

(d) p_s=11.21 kW

续图 2.24

(a) p_s=6.62 kW

(b) p_s=8.41 kW

图 2.25　堆芯热管在四种不同输出热功率下冷凝段内气体黏性耗散局部熵产率分布

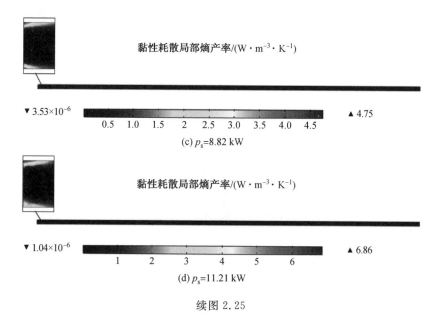

(c) $p_s=8.82$ kW

(d) $p_s=11.21$ kW

续图 2.25

2. 温差传热熵产率分布

图 2.26~2.28 所示分别为堆芯热管在四种不同输出热功率下蒸发段、绝热段、冷凝段内气体温差传热局部熵产率分布。热管内部具有良好的等温性,且内部的气态金属钠均处于饱和状态。其中,蒸发段与绝热段交界处附近的温度梯度相对较大,所以该壁面的温差损失较大,各段的温差传热损失最大值均出现在交界处附近。

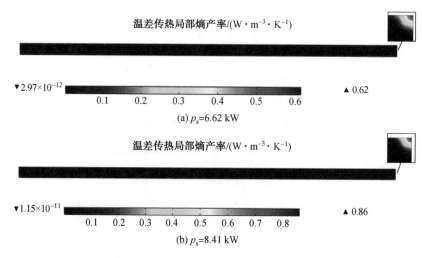

(a) $p_s=6.62$ kW

(b) $p_s=8.41$ kW

图 2.26　堆芯热管在四种不同输出热功率下蒸发段内气体温差传热局部熵产率分布

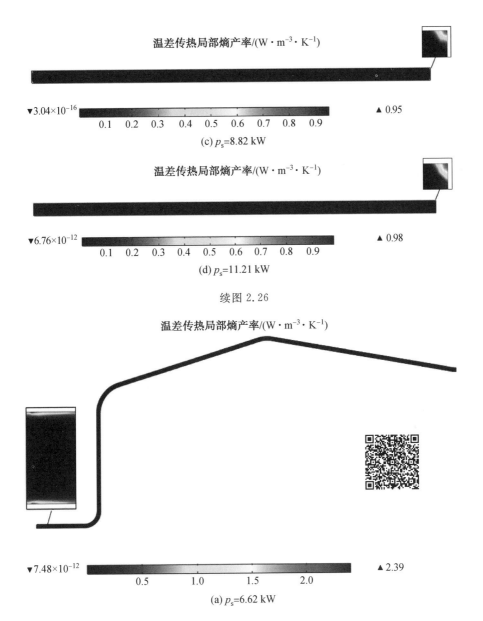

温差传热局部熵产率/(W·m⁻³·K⁻¹)

▼3.04×10⁻¹⁶　0.1　0.2　0.3　0.4　0.5　0.6　0.7　0.8　0.9　▲0.95

(c) p_s=8.82 kW

温差传热局部熵产率/(W·m⁻³·K⁻¹)

▼6.76×10⁻¹²　0.1　0.2　0.3　0.4　0.5　0.6　0.7　0.8　0.9　▲0.98

(d) p_s=11.21 kW

续图 2.26

温差传热局部熵产率/(W·m⁻³·K⁻¹)

▼7.48×10⁻¹²　0.5　1.0　1.5　2.0　▲2.39

(a) p_s=6.62 kW

图 2.27　堆芯热管在四种不同输出热功率下绝热段内气体温差传热局部熵产率分布

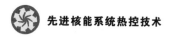

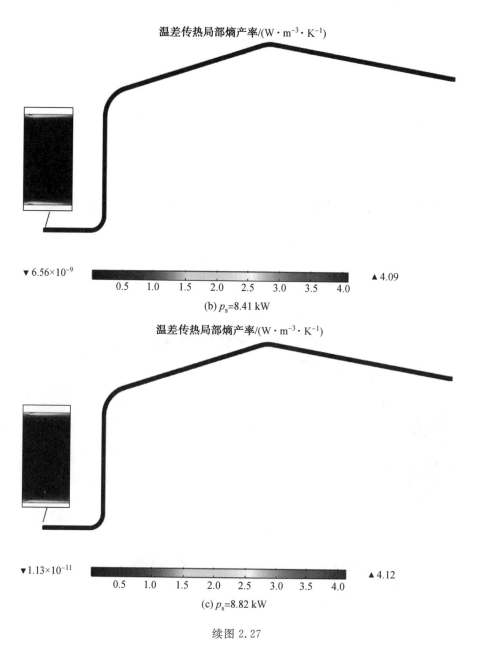

温差传热局部熵产率/(W·m⁻³·K⁻¹)

▼ 6.56×10⁻⁹

0.5 1.0 1.5 2.0 2.5 3.0 3.5 4.0

▲ 4.09

(b) p_s=8.41 kW

温差传热局部熵产率/(W·m⁻³·K⁻¹)

▼1.13×10⁻¹¹

0.5 1.0 1.5 2.0 2.5 3.0 3.5 4.0

▲4.12

(c) p_s=8.82 kW

续图 2.27

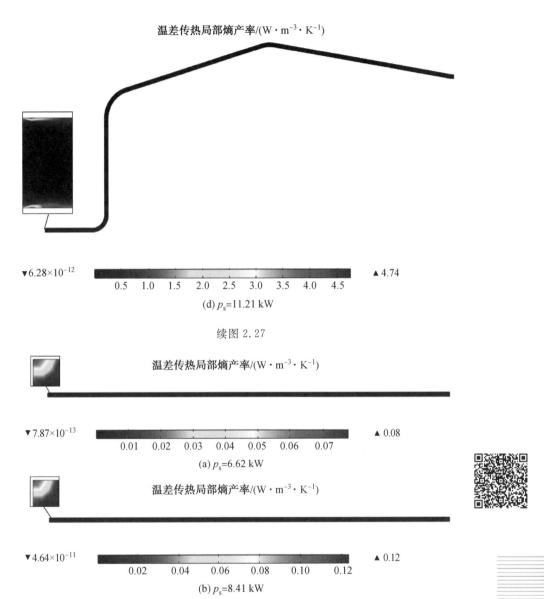

温差传热局部熵产率/(W・m^{-3}・K^{-1})

▼6.28×10^{-12}　　0.5　1.0　1.5　2.0　2.5　3.0　3.5　4.0　4.5　▲4.74

(d) p_s=11.21 kW

续图 2.27

温差传热局部熵产率/(W・m^{-3}・K^{-1})

▼7.87×10^{-13}　　0.01　0.02　0.03　0.04　0.05　0.06　0.07　▲0.08

(a) p_s=6.62 kW

温差传热局部熵产率/(W・m^{-3}・K^{-1})

▼4.64×10^{-11}　　0.02　0.04　0.06　0.08　0.10　0.12　▲0.12

(b) p_s=8.41 kW

图 2.28　堆芯热管在四种不同输出热功率下冷凝段内气体温差传热局部熵产率分布

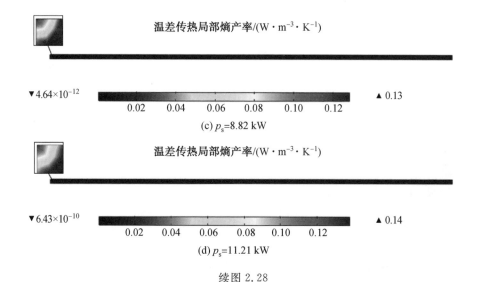

温差传热局部熵产率/(W·m⁻³·K⁻¹)

▼4.64×10⁻¹²   0.02 0.04 0.06 0.08 0.10 0.12   ▲0.13

(c) p_s=8.82 kW

温差传热局部熵产率/(W·m⁻³·K⁻¹)

▼6.43×10⁻¹⁰   0.02 0.04 0.06 0.08 0.10 0.12   ▲0.14

(d) p_s=11.21 kW

续图 2.28

可以看出,温差传热与黏性耗散所引起的局部熵产率分布情况因机理而相差很多。由于模拟计算的是二维模型,因此对各部分引起的局部熵产率进行面积分,不同输出热功率下各部分局部熵产率的面积分见表 2.18。

表 2.18   不同输出热功率下各部分局部熵产率的面积分

单根堆芯热管输出 热功率/kW	黏性耗散局部熵产率面积分 /(W·m⁻¹·K⁻¹)	温差传热局部熵产率面积分 /(W·m⁻¹·K⁻¹)
6.62	$9.314\ 4 \times 10^{-3}$	$3.450\ 1 \times 10^{-5}$
8.41	$1.579\ 5 \times 10^{-2}$	$5.679\ 1 \times 10^{-5}$
8.82	$1.820\ 6 \times 10^{-2}$	$6.234\ 2 \times 10^{-5}$
11.21	$3.902\ 0 \times 10^{-2}$	$1.029\ 0 \times 10^{-4}$

在堆芯热管工作过程中的对称截面上,黏性耗散引起的熵产率远大于温差传热引起的熵产率。可以看出,流动过程中的黏性和摩擦所造成的能量损失较大。此外,随着堆芯热管输出热功率的增大,这两种不可逆现象引起的熵产率也随之增大,这是因为气态金属钠的流动增强,近壁面的温度梯度也在增大,对称截面上的局部熵产率面积分数值也随之增大。

第 3 章

大功率空间核反应堆铝液滴辐射器相变及传热特性研究

本章将金属铝液滴层视为单液滴、稀薄液滴层和厚度液滴层,立足金属铝的热物性和光学性质,建立辐射与蒸发模型,采用向前差分格式的高斯—赛德尔迭代法,计算液滴层的物性变化和系统性能。在液滴层稀薄时,将其看作散热充分的厚度方向的等温液体。在考虑液滴层厚度时,计算厚度层数和厚度值两方面的影响。

3.1　液滴辐射器及其发展概况

液滴辐射器（liquid droplet radiator，LDR）是一类前景广阔的辐射散热器。LDR 系统由液滴发生器、液滴层、液滴收集器、循环泵、蓄能器和热交换器组成。在降压过程中，饱和液体作为微小离散液滴的相干流喷射到空间中。液滴流可以是从液滴发生器到液滴收集器的空间内移动的单层或多层液滴。液滴携带空间动力系统产生的废热，可在飞行过程中通过瞬态辐射热传递将这些废热直接辐射到太空中；也可在较低温度下收集液滴，再受废热加热并泵送至液滴发生器以重新使用，从而继续在这样的热力学动力循环中排出废热。一般来说，用于形成液滴的压力在不同的应用场合大小不一，但是一旦建立起液滴流循环，基本上就只需要更低的压力来维持液滴流的流动。

与现有技术相比，LDR 具有许多独特的优点。LDR 的比辐射功率高，一般热管辐射器的比辐射功率为 45.9 W/kg，优化后为 65.6 W/kg；而 LDR 的比辐射功率可高达 250 W/kg，优化后为 450 W/kg。由于不需要大面积的蒙皮作为辐射载体，因此 LDR 在轨道上更易展开。由于 LDR 工作面为亚毫米级液滴表面，比表面积高，因此工质部分体积可以很小，又因循环部分液体汇聚，故循环装置体积也可以压缩，便于航天器设计的体积控制。另外，由于液滴流在太空中不需要保护，因此太空垃圾、流星陨石碎片等意外伤害造成的危害较小。

3.1.1　LDR 分类

LDR 根据液滴层的形状和收集方法，可以分为以下几种。

（1）矩形 LDR。

矩形 LDR 是最常见的设计，其系统示意图如图 3.1 所示。液滴发生器与液滴收集器等长等宽。液滴层在行进过程中，密度、速度和相对位置均不发生变化，没有额外的液滴合并和液滴流的汇聚，因此发生器结构设计较为简单。

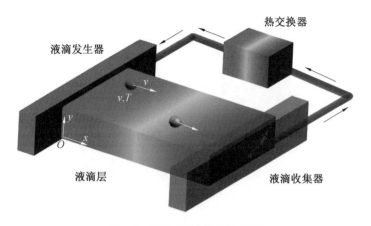

图 3.1　矩形 LDR 系统示意图

（2）三角形 LDR。

三角形 LDR 系统示意图如图 3.2 所示。液滴发生器从一广角射出液滴，液滴收集器位于汇集点利用离心力接受液滴。三角形 LDR 液滴层收集段发生汇聚，一方面降低了传热效率，另一方面也使液滴收集器设计更小更轻。研究表明，同样液滴层体积的三角形 LDR 系统质量要比矩形 LDR 系统质量低 40%。早先研究认为，离心式收集器比线性收集器更加复杂，因为需要失重条件下的旋转密封措施。而后续研究表明，利用皮托管可以避免旋转密封措施的设计使用。

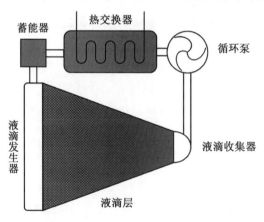

图 3.2　三角形 LDR 系统示意图

（3）螺旋形 LDR。

螺旋形 LDR 系统示意图如图 3.3 所示。液滴发生器在向液滴收集器发射液滴流的同时绕收集器做圆周运动，使得液滴流在空间中呈螺旋状，收集器周向开口,吸收液滴,并于垂直液滴面方向汇聚。图 3.3 中的回流管道中省略了循环泵换热器和蓄能器。这种设计的初衷可能在于以较小的设备体积制造尽可能大的散热面积,但螺旋状的设计增加了液滴收集的困难性。

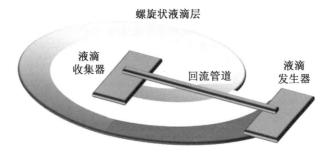

图 3.3　螺旋形 LDR 系统示意图

(4)环形 LDR。

环形 LDR 系统示意图如图 3.4 所示。系统设计的液滴流动方向与螺旋形 LDR 相反。液流从垂直于液滴面的循环泵送至液滴发生器。液滴发生器在中央,四周开孔,液滴向四周散射,液滴收集器为环形。环形 LDR 根据需要的液滴流的大小,可设计成单回路或双回路。双回路即设计两条管线,分别布置于液滴面两侧。

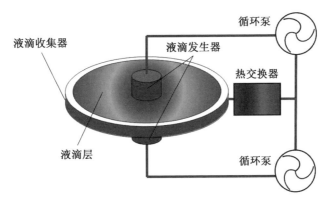

图 3.4　环形 LDR 系统示意图

以上设计均是利用加压使液滴获得初速度的 LDR 系统,其他还有利用带电液滴在电场中运动等加速手段的 LDR 设计。此外,还有利用磁场来控制液滴轨迹方向的 LDR 构想。研究表明,当磁场强度大至一定程度时,液滴溅射带来的次级液滴可得到有效抑制。以上构想均需要额外的电磁设备,目前研究较少。目前研究较充分的是矩形 LDR 系统和三角形 LDR 系统,二者分别代表不同的

收集器类型：矩形 LDR 系统对应线性收集器；三角形 LDR 系统对应离心式收集器。

3.1.2 LDR 组成

LDR 系统的结构可以分为液滴发生器、液滴层、液滴收集器、循环泵、热交换器和蓄能器等。其中，液滴发生器和液滴收集器是 LDR 系统的特殊组件，也是与液滴层性质关系最密切的关键部分。

（1）液滴发生器。

液滴发生器是 LDR 的关键部件，其目的是按要求形成指定的液滴层。一般来说，要求液滴发生器能形成速度均匀、直径一致、指向精度高的液滴流。研究表明，合适的液滴流应在 $10^5 \sim 10^7$ 的数量级之间。对工作于兆瓦级空间堆的 LDR 系统，每条液滴流中应含有 10^5 个液滴，液滴的合理速度为 $3 \sim 30$ m/s，直径为 $50 \sim 500$ μm。

要求速度和直径均匀一致，是为了保证液滴之间不发生碰撞和吸收。速度差会导致液滴相互碰撞，产生吸收或偏离方向。一个重要问题在于消除液滴射出时附加的毛细液滴射流。一是要求加工高质量的射出孔，粗糙度较高的射出孔会影响液滴射出压力，进而影响液滴大小速度，并且会导致微小的毛细液滴射流产生；二是毛细液滴射流的消除，现采用附加谐波的正弦波或调制振幅的正弦波进行扰动可以有效消除毛细液滴，形成间距均匀的液滴流。

要求液滴瞄准精度高，是要求液滴流能顺利到达收集器而无偏离。由于太空中没有或很少有空气阻力，且在失重条件下液滴成标准球形，因此液滴流的速度一是取决于行进过程中的碰撞和吸收改变动量，二是取决于液滴发生器的瞄准精度。瞄准精度很大程度上决定于机械设计和加工精度，具体包括射出孔的直线度、圆度和相对于外表面的垂直度。此外，瞄准精度还取决于工作过程中受外表面的液滴湿润度和射出孔的阻塞程度等。

（2）液滴收集器。

液滴收集器的工作特点如下：一是要能充分捕获入射液滴流，避免飞溅或液滴流射偏，以保证工质的消耗在合理程度。研究表明，对于寿命周期 30 年的液滴收集器，要求液滴损失率至少低于 10^{-8}，还要求液滴在被捕获后能产生足够的压差以将液滴流体压送至循环泵。

针对不同结构 LDR 的收集器不同，对矩形 LDR 系统和三角形 LDR 系统的研究相对较多，所以线性收集器和离心收集器的研究也较为深入。

3.1.3　LDR 发展

1981 年,NASA 的 Mattick 等提出了 LDR 在太空中散热的概念,设想 LDR 可用于太阳能收集器的散热。本书设计了三角形 LDR 和旋转式液滴收集器,探讨了不同液滴发射率下光学厚度对液滴层发射率的影响和饱和蒸气压对蒸发损失的影响,列举并指出了常见可用的低饱和蒸气压流体的可行性和工作范围。此后,多篇论文分别讨论了辐射面积对相对质量的影响和不同工质流体的比功率能力,提出了螺旋形 LDR 的构想,讨论了蒸发损失和液滴瞄准精度对质量寿命的影响,进行了 DOW 705 号硅油的实验测定。

NASA 的 Siegel 讨论了含冷凝的液滴层的辐射冷却,同时考虑了吸收和散射作用。他还分析了液滴在凝固温度范围时的温降情况,指出此时冷却分析包含三种瞬态:液滴通过失去潜热而冷却,直到最外面的液滴变成固体;通过损失潜热和显热继续冷却;所有液滴都是固体时,通过显热损失而继续冷却。并讨论了薄光学厚度、高散射的区域,温度分布足够均匀,可以使用恒定层发射率的近似来计算冷却。此外,还讨论了圆柱形发生器、收敛形液滴辐射器、半透明情况下的辐射等。

Totani 等通过实验研究了 LDR 中液滴发生器和液滴收集器的性能,认为液滴发生器可以在微重力条件下产生液滴直径范围为 $200\sim280~\mu m$ 且间距范围为 $400\sim950~\mu m$ 的均匀液滴流,入射角为 $35°$ 的液滴收集器可以防止在微重力条件下液滴直径为 $250~\mu m$ 且速度为 $16~m/s$ 的均匀液滴流的飞溅。同时计算了硅油液滴辐射器在太阳能发电器中的应用,并进行了数值模拟和实验数据的对照。

3.1.4　液滴层性质

液滴层是 LDR 的有效辐射区域,其辐射传热性能是 LDR 系统的重要评价指标。为确保可靠的 LDR 系统性能和组件设计,需要了解液滴层的温度分布。厚度方向的温度分布可确定液滴黏度的变化或粒子的状态,以此来判断收集器的收集性能。飞行方向的温度分布可用以确定蒸发速率及液滴层质量损失速率。实际情况中,由于液滴层的辐射传热是三维瞬时问题,并且每个液滴都不等温,因此难以对其做出完全精确的分析。迄今为止,所有的分析均假设液滴等温,液滴层在宽度方向温度梯度远小于厚度方向及长度方向的温度梯度,并假设液滴光学性质不随温度变化。

在三角形 LDR 的汇聚式液滴层中,由于液滴的碰撞和吸收,粒子数密度和体积不断改变,因此难以进行传热分析,目前对此研究较少。沿飞行方向,液滴间相互碰撞融合,液滴直径变大,相应液滴数密度变小。为减小碰撞,液滴层宽度与长度之比应取较小值。近似计算显示,相同宽度、长度、厚度及其他条件情况下(此时三角形液滴层仅为矩形液滴层的一半),三角形液滴层的辐射功率仅比矩形液滴层的辐射功率少 10%~15%。

3.1.5　工质选择

LDR 系统使用的工作流体有以下要求:蒸气压低、黏度低、发射率高、密度低、表面张力高、比热容高及热导率高。考虑到太阳辐射,要求对该谱段的吸收率低。由于长时间工作,因此要求化学稳定性高,且不与传热系统的其他部件反应。为减小蒸发损失,工质蒸气压不应超过 10^{-9} mmHg(1 mmHg = 133.32 Pa)。不同工质不同温度 T 下的饱和蒸气压 p 如图 3.5 所示。

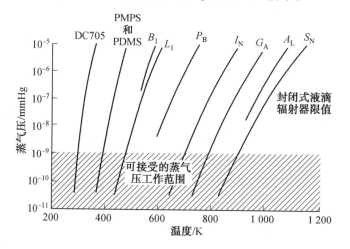

图 3.5　不同工质不同温度 T 下的饱和蒸气压 p

图 3.5 中,DC705(Dow Corning 705,道康宁 705 号高真空扩散泵油)、聚甲基苯基硅烷(polymethylphenylsilane,PMPS)、聚二甲基硅氧烷(polydimethylsiloxane,PDMS)为硅油型号。可见,硅油适用于排热温度较小,在 300~400 K 的场合;在 400~500 K 的场合可以选用金属锂(Li);在 500~1 000 K的情况下可以使用金属锡(Sn);更高的温度场合,如应用于核能或太阳能系统的散热,温度超过 1 000 K 时,应选用镓(Ga)或铝(Al)。

此外,还可以使用共熔液态合金,如钠钾合金(Na-K,200~335 K)、锂银合金(Li-Ag,425~540 K)和锂锗合金(Li-Ge,700~975 K)。但由于共熔合金的不同成分蒸发速率不同,非密封使用时合金组分比例可能改变,因此会发生物性改变,这给系统设计增加了复杂性。

3.2　液滴层单液滴辐射与蒸发特性

3.2.1　计算模型

1. 模型假设

LDR 液滴以匀速由液滴发生器喷出,在空间辐射散热,然后进入液滴收集器。对于单个液滴(图 3.6),做如下假设:

①液滴为标准球形;

②液滴内部温度均匀,不考虑液滴内的热传导;

③由于环境为真空,因此液滴蒸气迅速散逸,无重新凝结;

④忽略太空环境对液滴的辐射;

⑤液滴表面为漫射表面,定向发射率为常数,在此条件下,由基尔霍夫定律可得液滴光谱发射率等于光谱吸收率。

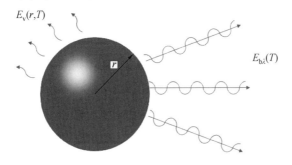

图 3.6　单液滴辐射与蒸发示意图

2. 辐射模型

由能量守恒关系可知,液滴单位时间的能量损失等于液滴辐射散热功率和蒸发散热功率之和,即有

$$-\frac{\mathrm{d}(cm_{\mathrm{p}}T)}{\mathrm{d}\tau}=A_{\mathrm{p}}\left(\int_0^\infty \varepsilon_{\mathrm{p}\lambda}E_{\mathrm{b}\lambda}\mathrm{d}\lambda+Q_{\mathrm{v}}E_{\mathrm{ev}}\right) \tag{3.1}$$

式中,等式左侧项表示液滴内能减少速率;等式右侧项表示液滴辐射功率 P,单位为 W,这里的辐射功率包括辐射热功率和蒸发热功率;A_{p} 为液滴表面积,单位为 m^2,有 $A_{\mathrm{p}}=4\pi r^2$。

式(3.1)等式右侧括号中第一项表示单位面积的热辐射功率,单位为 $W \cdot m^{-2}$;$\varepsilon_{p\lambda}$ 为液滴的光谱发射率,由基尔霍夫定律可得漫射表面的光谱发射率始终等于吸收率,为与吸收系数相区分,本书吸收率也改用发射率符号 $\varepsilon_{p\lambda}$ 表示;$E_{b\lambda}$ 为黑体的光谱发射力,由普朗克公式可得

$$E_{b\lambda} = \frac{C_1 \lambda^{-5}}{e^{C_2/\lambda T} - 1} \tag{3.2}$$

式中,$E_{b\lambda}$ 的单位为 $W \cdot m^{-2} \cdot \mu m^{-1}$;$C_1$ 和 C_2 分别为第一和第二辐射常数,$C_1 = 3.742 \times 10^8 \ W \cdot \mu m^4 \cdot m^{-2}$,$C_2 = 1.439 \times 10^4 \ \mu m \cdot K$;$\lambda$ 为波长,单位为 μm。

式(3.1)等式右侧括号中第二项为单位面积上的蒸发散热功率,Q_v 为蒸发潜热,$Q_v = 2\ 302\ J \cdot kg^{-1}$,为定值;$E_{ev}$ 为液滴表面单位面积的质量蒸发率,单位为 $kg \cdot m^2 \cdot s$。

在气液平衡状态下,蒸发率等于单位时间内入射到单位面积液面的气体分子质量,由余弦定律可推得表达式为

$$E_{ev} = a_f p_v \sqrt{\frac{M}{2\pi RT}} \tag{3.3}$$

式中,a_f 为凝结系数,若设入射到液滴表面的分子不立即反射,则取 $a_f = 1$;p_v 为液滴实际饱和蒸气压。

考虑球形液滴的特殊情况,球形表面的实际饱和蒸气压 p_v 与水平表面的标准饱和蒸气压 p_o 有差异,修正关系为

$$\ln \frac{p_v}{p_o} = \frac{2\gamma M}{\rho r RT} \tag{3.4}$$

式(3.3)是在气液平衡状态下导出的,但蒸发是主动过程,蒸发率仅与液体表面状态和温度有关。因此,无论蒸气饱和与否,等式都成立。

3. 蒸发模型

由质量守恒定律可知,液滴单位时间内的质量减少量等于液滴蒸发速率,即有

$$-\frac{dm_p}{d\tau} = Q_{ev} = A_p E_{ev} \tag{3.5}$$

式中,Q_{ev} 为液滴蒸发速率,其等于液滴质量蒸发率乘液滴表面积(蒸发表面积),单位为 $kg \cdot s^{-1}$;m_p 为液滴质量,有

$$m_p = \rho V = \rho \frac{4\pi r^3}{3} \tag{3.6}$$

3.2.2 数值计算

1. 计算过程

对给定液滴半径,计算出该情况下的液滴发射率 ε_λ。对给定初始温度,计算黑体光谱发射功率 $E_{b\lambda}$、液滴蒸发率 E_{ev} 及其他随温度变化的物理量,继而得到式(3.1)和式(3.5)右侧。然后计算出温度 T 和质量 m 随时间的变化率。

若将温度变化与质量蒸发相耦合,则计算单位时间的温度和质量变化之后,得到新的质量和温度,利用计算此时的半径计算其他随温度变化的物理量,再重复上述计算,得到温度变化情况和质量蒸发速率。

液滴层单液滴辐射与蒸发特性计算程序流程图如图 3.7 所示。

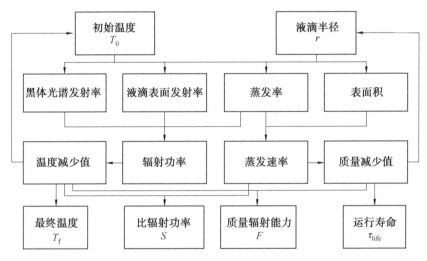

图 3.7 液滴层单液滴辐射与蒸发特性计算程序流程图

2. 参数选择

本节使用液态铝作为工质,其基本物理性质、热物性、光学性质如下,也可作为本章及其后续各章的引用参考。其中,基本物性和热物性引自 PhysProps 软件,光学性质引自 Rakic 1995 的实验数据。

分子量 $M = 26.9815 \text{ g} \cdot \text{mol}^{-1}$。熔点 $T_m = 933.04$ K。沸点 $T_b = 2329.19$ K。蒸发潜热 $Q_v = 9230.03 \times 10^3 \text{ J} \cdot \text{kg}^{-1}$。液体密度 $\rho = -0.2383 T + 2592.3822$,单位为 $\text{kg} \cdot \text{m}^{-3}$。饱和蒸气压 $p_o = 101325 \times e^{5.911 - 16211/T}$,单位为 Pa。表面张力 $\gamma = -0.004572 T + 5.2021$,单位为 $\text{N} \cdot \text{m}^{-1}$。$T$ 为温度,单位为 K,取熔沸点之间。

铝的光谱折射率 n_λ 和光谱消光率 κ_λ 与波长 λ 的关系如图 3.8 所示。

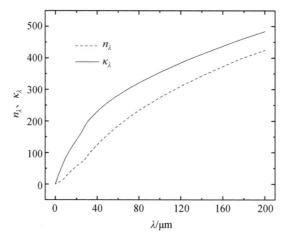

图 3.8　铝的光谱折射率 n_λ 和光谱消光率 κ_λ 与波长 λ 的关系

$\alpha_{p\lambda}$ 为液滴的光谱吸收率。由于考虑到液滴内部的多次折射,因此其结果与纯铝的光谱发射率不同。

光的折射发生在同一平面,因此液滴内折射及内反射示意图如图 3.9 所示。球形液滴半径为 r,电磁波以入射角 θ 在球形液滴 A_1 点入射,以出射角 η 折射进入粒子,并在里面经过多次反射($A_1, A_2, \cdots$)。对上半球取立体角微元,入射角即天顶角 $\theta \in \left[0, \dfrac{\pi}{2}\right)$,方位角 $\varphi \in [0, 2\pi)$,则有

$$d\Omega = \sin\theta d\theta d\varphi \tag{3.7}$$

式中,Ω 为散射反照率。

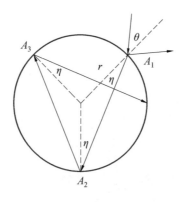

图 3.9　液滴内折射及内反射示意图

取单位方位角上的入射能量密度为 k,设总入射能量为1,即

$$k \int_0^{2\pi} \int_0^{\pi/2} \sin\theta \mathrm{d}\theta \mathrm{d}\varphi = 2\pi \cdot k = 1 \tag{3.8}$$

得 $k = \dfrac{1}{2\pi}$。则单位方位角内照射能量为

$$\mathrm{d}q_0 = k\mathrm{d}\Omega = \frac{\sin\theta \mathrm{d}\theta \mathrm{d}\varphi}{2\pi} \tag{3.9}$$

取反射率为 ρ_r,则入射率为 $1-\rho_r$,此时进入液滴内的能量为

$$\mathrm{d}q_1 = \mathrm{d}q_0(1-\rho_r) \tag{3.10}$$

由菲涅尔折射定律 $n = \dfrac{\sin\theta}{\sin\eta}$,得

$$\cos\eta = \sqrt{1 - \frac{\sin^2\theta}{n^2}} \tag{3.11}$$

设 l 为点 A_1 与 A_2 之间的距离,则有

$$l = 2r\cos\eta = 2r\sqrt{1 - \frac{\sin^2\theta}{n^2}} \tag{3.12}$$

由朗伯比耳定律 $A = KLC$,设 α_λ 为粒子在波长 λ 的吸收系数,则光在路程 l 内的衰减系数为

$$\alpha_l = \mathrm{e}^{-\alpha_\lambda l} \tag{3.13}$$

则到达 A_2 点的能量为

$$\mathrm{d}q_{1A} = \mathrm{d}q_1 \alpha_l = \mathrm{d}q_0(1-\rho_r)\alpha_l \tag{3.14}$$

则 A_1 到 A_2 中吸收的能量为

$$\mathrm{d}p_1 = \mathrm{d}q_1 - \mathrm{d}q_{1A} = \mathrm{d}q_1 - \mathrm{d}q_1\alpha_l = \mathrm{d}q_0(1-\rho_r)(1-\alpha_l) \tag{3.15}$$

又因为球面内反射,所以从 A_1 反射回到液滴的能量为

$$\mathrm{d}q_2 = \mathrm{d}q_{1A}\rho = \mathrm{d}q_0(1-\rho_r)\rho_r\alpha_l \tag{3.16}$$

则到达 A_3 点的能量为

$$\mathrm{d}q_{2A} = \mathrm{d}q_2\alpha_l = \mathrm{d}q_0(1-\rho_r)\rho_r\alpha_l^2 \tag{3.17}$$

则 A_2 到 A_3 中吸收的能量为

$$\mathrm{d}p_2 = \mathrm{d}q_2 - \mathrm{d}q_{2A} = \mathrm{d}q_2 - \mathrm{d}q_2\alpha_l = \mathrm{d}q_0(1-\rho_r)(1-\alpha_l)\rho_r\alpha_l \tag{3.18}$$

则 A_n 点至 A_{n+l} 点吸收的能量为

$$\mathrm{d}p_{n+1} = \mathrm{d}q_0(1-\rho_r)(1-\alpha_l)\rho_r^n\alpha_l^n \tag{3.19}$$

由于 $\alpha_l < 1$,因此能量最终消散。将每次反射后吸收的能量 $\mathrm{d}p$ 累积求和,则被吸收的总能量为

$$\mathrm{d}p_{\mathrm{sum}} = \sum_{n=0}^{\infty} \mathrm{d}p_{n+1} = \frac{\mathrm{d}q_0(1-\rho_r)(1-\alpha_l)}{1-\rho_r\alpha_l} \tag{3.20}$$

对其全角度积分,即为液滴的光谱吸收率 $\alpha_{p\lambda}$,有

$$\alpha_{p\lambda}=\iint \mathrm{d}p_{sum}=\iint \frac{\mathrm{d}q_0\,(1-\rho_{r\lambda})\,(1-\alpha_l)}{1-\rho_{r\lambda}\alpha_l}=\int_0^{\frac{\pi}{2}}\frac{(1-\rho_{r\lambda})\,(1-\mathrm{e}^{\alpha_\lambda l})}{1-\rho_{r\lambda}\mathrm{e}^{\alpha_\lambda l}}\sin\theta\mathrm{d}\theta$$

(3.21)

式中,n_λ 为液铝的光谱折射率;κ_λ 为液铝的光谱消光率;α_λ 为液铝的光谱吸收系数,$\alpha_\lambda=\dfrac{4\pi\kappa_\lambda}{\lambda}$;$\rho_{r\lambda}$ 为液铝的光谱反射率,$\rho=\dfrac{(n_\lambda-1)^2+\kappa_\lambda^2}{(n_\lambda+1)^2+\kappa_\lambda^2}$。上述四个物理量均无量纲。

计算取 LDR 系统液滴层长度 $L=10$ m,液滴速度 $v=10$ m/s,则总时间为 $\tau_L=1$ s。

3.2.3 结果与分析

1.液滴最终温度

在假设中将液滴看作导热充分、内外无温差的 0 维热介质,则其瞬时温度只有一个值。不同初始温度 T_0 和液滴半径 r 下的液滴最终温度 T_f 如图 3.10 所示。

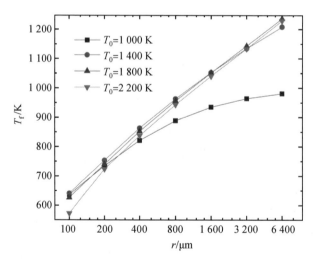

图 3.10　不同初始温度 T_0 和液滴半径 r 下的液滴最终温度 T_f

由图 3.10 可得,最终温度 T_f 与半径 r 的对数值成线性增长关系,在给定范围内,r 每增加 1 倍,T_f 上升约 100 K。初始温度 T_0 的影响主要体现在低温情况下对最终温度 T_f 的制约。$T_0=1\,000$ K,r 增大时,最终温度增长逐渐变小;T_0 高于 1 400 K 时,T_0 对 T_f 基本没有影响。

2. 液滴蒸发速率

液滴行进过程中,随着温度降低和质量蒸发,蒸发率 E_{ev} 和蒸发表面积 A_p 也不断降低。液滴蒸发速率 Q_{ev} 为

$$Q_{ev} = E_{ev} A_p \tag{3.22}$$

故 Q_{ev} 随时间不断改变,难以比较。定义液滴在行进过程中的平均蒸发速率 Q_{evm} 为过程中蒸发速率对时间的平均,即有

$$Q_{evm} = \frac{\int_0^{\tau_L} Q_{ev}(\tau)\mathrm{d}\tau}{\tau_L} \tag{3.23}$$

不同初始温度 T_0 和液滴半径 r 下的液滴蒸发速率 Q_{ev} 如图 3.11 所示。

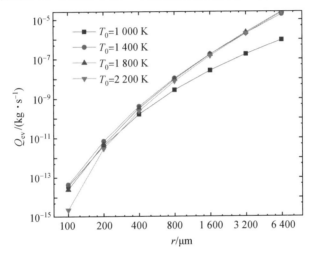

图 3.11　不同初始温度 T_0 和液滴半径 r 下的液滴蒸发速率 Q_{ev}

由图 3.11 可知,初始温度 T_0 对液滴蒸发速率 Q_{ev} 影响很不显著,而半径 r 对 Q_{ev} 影响明显。r 越大,Q_{ev} 越大,这主要是蒸发表面积增加造成的。但当 r 持续增大时,Q_{ev} 增加幅度变小,这可能是蒸发率修正造成的。

3. 质量辐射能力

定义质量辐射能力 F 为过程中系统辐射能量与蒸发消耗质量之比,即有

$$F = \frac{\Delta E}{\Delta m} = \frac{\int_0^{\tau_L} P\mathrm{d}\tau}{\int_0^{\tau_L} \dfrac{\mathrm{d}m_p}{\mathrm{d}\tau}\mathrm{d}\tau} \tag{3.24}$$

不同初始温度 T_0 和液滴半径 r 下的质量辐射能力 F 如图 3.12 所示。

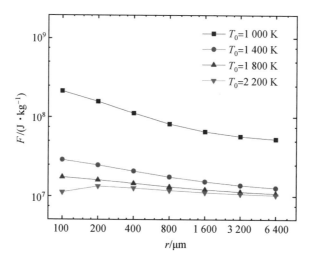

图 3.12　不同初始温度 T_0 和液滴半径 r 下的质量辐射能力 F

由图 3.12 可知,初始温度 T_0 对质量辐射能力 F 影响较大,T_0 越高,F 越小。$T_0 > 1\ 400$ K 时,F 在 10^7 J·kg^{-1} 左右。

半径 r 越大,质量辐射能力 F 越小,但半径效应主要在初始温度 T_0 较低的情况下明显。$T_0 = 1\ 000$ K 时,r 每增大 1 倍,F 下降 10^7 J·kg^{-1} 左右。T_0 较高时,F 基本不变。

4. 比辐射功率

定义比辐射功率 S 为系统辐射功率 P 与液滴质量 m_p 之比,即有

$$S = \frac{\langle P, \tau \rangle}{m_p} = \frac{\int_0^{\tau_L} P \, \mathrm{d}\tau}{\tau_L m_p} \tag{3.25}$$

式中,P 取时间平均值;m_p 取液滴初始质量。不同初始温度 T_0 和液滴半径 r 下的比辐射功率 S 如图 3.13 所示。

由图 3.13 可知,初始温度 T_0 越高,比辐射功率 S 越高。T_0 每上升 400 K,S 上升 4 MW/kg。但即使是 $T_0 = 1\ 000$ K 的近熔点低温,$r = 500\ \mu$m 时的比辐射功率 S 也在 2 MW/kg,说明铝工质的 LDR 具有重大潜力。

半径 r 对比辐射功率 S 的影响不如初始温度 T_0 明显,r 每增大 1 倍,S 下降 1 MW/kg 左右。半径效应在温度较高时更明显。温度较低且半径较大时,S 趋于最低极限。

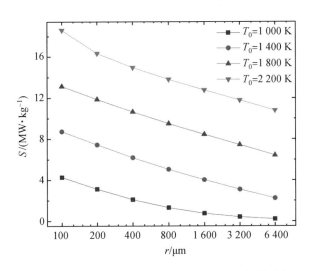

图 3.13　不同初始温度 T_0 和液滴半径 r 下的比辐射功率 S

5. 运行寿命

LDR 系统的运行寿命取决于液滴质量。一般来说,液滴蒸发到一定程度,LDR 系统就不能维持其工作性能。为延长寿命,LDR 设计时会额外备载工质,以供补偿使用。假定额外加载 1 倍的工质,并视 LDR 系统的工作性能需要在 100％工质的情况下才能保证,则可得系统的运行寿命。

定义系统寿命 τ_{life} 为消耗 100％工质所需时间,即有

$$\tau_{\mathrm{life}} = 100\% \frac{m_{\mathrm{p}}\tau_{\mathrm{L}}}{\Delta m} = \frac{m_{\mathrm{p}}\tau_{\mathrm{L}}}{\displaystyle\int_0^{\tau_{\mathrm{L}}} \frac{\mathrm{d}m}{\mathrm{d}\tau}\mathrm{d}\tau} \tag{3.26}$$

不同初始温度 T_0 和液滴半径 r 下的运行寿命 τ_{life} 如图 3.14 所示。

由图 3.14 可知,初始温度 T_0 对运行寿命 τ_{life} 影响较大,T_0 越高,τ_{life} 越小。$T_0 = 1\,000$ K 时,运行寿命在 10^{-2} a 左右;$T_0 > 1\,400$ K 时,运行寿命在 10^{-3} a 左右。

半径 r 越大,则运行寿命 τ_{life} 也越大,但半径效应主要在初始温度 T_0 较低的情况下明显。T_0 较高时,运行寿命 τ_{life} 基本不变。

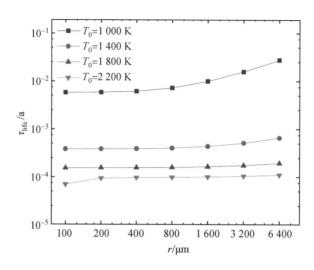

图 3.14　不同初始温度 T_0 和液滴半径 r 下的运行寿命 τ_{life}

3.3　稀薄液滴层辐射与蒸发特性

3.3.1　计算模型

1. 模型假设

矩形 LDR 液滴层示意图如图 3.15 所示。液滴发生器射出液滴,半径为 r,以匀速 v 发射,形成长度为 L、厚度为 D、宽度为 W 的液滴层,在发射、吸收、散射电磁波的过程中完成辐射散热,同时有少量工质蒸发散逸出液滴层外表面,其余大部分被液滴收集器回收利用。

对物理过程做如下假设:

①液滴层光学性质均一化处理,不考虑波长带来的差异,同时液滴层做灰体辐射;

②液滴层物性为温度的单函数,只随温度变化而变化;

③液滴层为各向同性散射介质;

④液滴内部温度均匀,不考虑液滴内的热传导;

⑤液滴层宽度 W 的尺寸远大于液滴层厚度 D,将该方向视为无限大,不考虑温度在该方向的变化,因此温度为二维分布,即 $T=T(x,y)$;

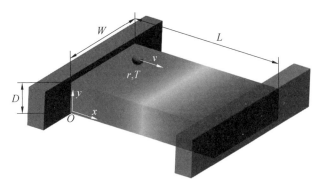

图 3.15　矩形 LDR 液滴层示意图

⑥液滴发生器初始温度均匀一致，即 $T(x=0, y)=T_0$；

⑦忽略太空微波背景辐射，视为 $T_\infty=0 \text{ K}$。

2. 辐射模型

液滴层的能量控制方程为

$$\rho_{ps}c\left(v_x\frac{\partial T}{\partial x}+v_y\frac{\partial T}{\partial y}\right)=-\left(\frac{\partial q_r}{\partial x}+\frac{\partial q_r}{\partial y}\right) \tag{3.27}$$

式中，c 为定压比热容；q_r 为辐射热流密度；ρ_{ps} 为液滴层密度，有

$$\rho_{ps}=Nm_p=N\rho_p V=N\rho_p\frac{4\pi r^3}{3} \tag{3.28}$$

其中，N 为粒子数密度。液滴发生器出口处的边界条件为

$$T(x=0, y)=T_0 \tag{3.29}$$

由于液滴层 x 向速度 $v_x=v$，y 向的速度 $v_y=0$，且 $x=v\tau$，因此有

$$\rho_{ps}c\frac{\partial T}{\partial \tau}=-\left(\frac{\partial q_r}{\partial x}+\frac{\partial q_r}{\partial y}\right) \tag{3.30}$$

由于速度 x 较大，因此 y 方向的温度梯度较小，而 x 方向的边界为深冷空间，故辐射热流主要在 y 方向。通常，液滴发生器与收集器间的距离 $L\gg D$，因此 x 方向的辐射热流的变化与 y 方向相比很小，可忽略。液滴层的能量控制方程和边界条件可分别简化为

$$\rho_{ps}c\frac{\partial T(\tau, y)}{\partial \tau}=-\frac{\partial q_r}{\partial y} \tag{3.31}$$

$$T(\tau=0, y)=T_0 \tag{3.32}$$

设光学厚度为

$$\begin{cases}\kappa=\beta y\\\kappa_D=\beta D\end{cases} \tag{3.33}$$

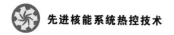

式中,β 为衰减系数,有

$$\beta = N\pi r^2 \tag{3.34}$$

则式(3.31)可改写为

$$\frac{Nm_\mathrm{p}c_\mathrm{ps}}{\beta}\frac{\partial T(\tau,\kappa)}{\partial \tau} = -\frac{\partial q_\mathrm{r}}{\partial \kappa} \tag{3.35}$$

即等于

$$\frac{4r\rho_\mathrm{p}c}{3}\frac{\partial T(\tau,\kappa)}{\partial \tau} = -\frac{\partial q_\mathrm{r}}{\partial \kappa} \tag{3.36}$$

式(3.36)右侧为辐射流微分项,有

$$-\frac{\partial q_\mathrm{r}}{\partial \kappa} = 2\pi\int_0^{\kappa_\mathrm{D}} I(\kappa,\tau)E_1(|\kappa-\kappa'|)\,\mathrm{d}\kappa' - 4\pi I(\kappa,\tau) \tag{3.37}$$

式中,$E_1(z)$ 为指数积分函数。指数积分函数是特殊的不完全伽马函数之一,表现为积分形式,不能表示为初等函数。指数积分函数为复变函数,现只取其实变函数部分。一般来说,有

$$E_n(z) = \int_1^\infty \frac{\mathrm{e}^{-zt}}{t^n}\mathrm{d}t \tag{3.38}$$

且正整数阶的指数函数与伽马函数类似,有递推关系,即

$$nE_{n+1}(z) = \mathrm{e}^{-z} - zE_n(z) \tag{3.39}$$

当 n 为整数时,式(3.38)又可经换元得有限积分形式,即

$$E_n(x) = \int_0^1 t^{n-2}\mathrm{e}^{-\frac{x}{t}}\mathrm{d}t \tag{3.40}$$

则 $E_1(x)$ 有

$$E_1(x) = \int_0^1 t^{-1}\mathrm{e}^{-\frac{x}{t}}\mathrm{d}t \tag{3.41}$$

式(3.37)中,$I(\kappa,\tau)$ 为源函数,其初始状态表达式为

$$I_0(\kappa,\tau) = \frac{\sigma T(\kappa,\tau)^4}{\pi} \tag{3.42}$$

式中,σ 为玻尔兹曼常数,$\sigma = 5.67\times10^{-8}$ W·m^{-2}·K^{-1}。若考虑液滴间的反射,则有

$$I(\kappa,\tau) = (1-\Omega)I_0(\kappa,\tau) + \frac{\Omega}{2}\int_0^{\kappa_\mathrm{D}} I(\kappa',\tau)E_1(|\kappa'-\kappa|)\,\mathrm{d}\kappa' \tag{3.43}$$

式中,Ω 为散射反照率,有

$$\Omega = \frac{\sigma_\mathrm{ps}}{\alpha_\mathrm{ps}+\sigma_\mathrm{ps}} = \frac{\sigma_\mathrm{p}}{\alpha_\mathrm{p}+\sigma_\mathrm{p}} = 1-\alpha_\mathrm{p} \tag{3.44}$$

式(3.36)中,等号右侧辐射流微分项的源函数与温度具有耦合关系,求解液

滴层温度场变化较为复杂,在此只考虑光学厚度较小时的情况。在 $\kappa_D < 1$ 时,可认为液滴层内厚度方向温度均匀,且表面发射率恒定,由液滴层初始状态确定,具体关系可由 $\kappa_D \approx 0$ 时推导,得液滴层表面发射率 ε_{ps} 为

$$\varepsilon_{ps} = \frac{1 - 2E_3(\kappa_D)}{1 + \dfrac{\Omega}{1 - \Omega} \dfrac{1 - 2E_3(\kappa_D)}{2\kappa_D}} \tag{3.45}$$

顺便指出,3 阶指数函数在定义域为大于零的实数时可以使用近似公式,即

$$E_3(x) \approx \frac{e^{-x}}{x + 3 - e^{-0.434x}} \tag{3.46}$$

对于 $x \in [0, 2]$ 的函数值,上述公式的最大相对误差为 0.02。由于本章讨论 $\kappa_D < 1$ 的情况,因此可以使用以简化计算过程。可得液滴温度为

$$T_\tau = \left(1 + \frac{6\sigma T_0^3 \varepsilon_{ps}}{\rho_{ps} cD} \tau\right)^{-\frac{1}{3}} T_0 \tag{3.47}$$

而 $\rho_{ps} = Nm_p = N\rho_p V = N\rho_p \dfrac{4\pi r^3}{3}$,$\kappa_D = \beta D = N\pi r^2 D$,故有

$$\rho_{ps} cD = \frac{4N\pi r^3}{3} \rho_p c \frac{\kappa_D}{N\pi r^2} = \frac{4r}{3}\rho_p c\kappa_D \tag{3.48}$$

从而有

$$T_\tau = \left(1 + \frac{6\sigma T_0^3 \varepsilon}{\dfrac{4r}{3}\rho_p c\kappa_D}\tau\right)^{-\frac{1}{3}} T_0 = \left(1 + \frac{9\varepsilon_{ps}\sigma T_0^3}{2r\rho_p c\kappa_D}\tau\right)^{-\frac{1}{3}} T_0$$

3. 蒸发模型

一维平面层质量蒸发率可推导如下。

液滴层质量蒸发强度示意图如图 3.16 所示。液滴行程为 S,与 x 轴正方向夹角为 θ。j 表示液滴在此处的蒸发强度,正负号分别表示 j 的方向是在 x 轴正方向还是负方向。

液滴的蒸气分子以漫射形式逃逸液滴表面,液滴蒸发率为 E_{ev},则蒸气发射强度 j_b 为

$$j_b(S) = \frac{E_{ev}(S)}{\pi} \tag{3.49}$$

因此,沿行程的蒸发强度变化率由吸收导致的减弱和发射引起的增强组成,即

$$\frac{dj(S)}{dS} = -\beta j(S) + \beta j_b(S) \tag{3.50}$$

又因为 $\kappa = \beta x$,则有

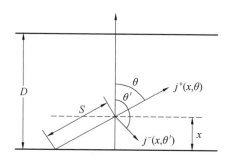

图 3.16 液滴层质量蒸发强度示意图

$$d\kappa = \beta dS = \frac{\beta dx}{\cos\theta} = \frac{d\kappa}{\cos\theta} \qquad (3.51)$$

可得

$$dS = \frac{d\kappa}{\beta\cos\theta} \qquad (3.52)$$

代入式(3.50)得

$$\cos\theta \frac{\partial j}{\partial\kappa} = \frac{-\alpha_{ev}j(\kappa,\theta) + \alpha_{ev}j_b(\kappa,\theta)}{\beta} = -j(\kappa,\theta) + j_b(\kappa,\theta) \qquad (3.53)$$

因为

$$\begin{cases} \cos\theta \dfrac{\partial j^+}{\partial\kappa} + j^+(\kappa,\theta) = \dfrac{E_{ev}(\kappa)}{\pi} \\[3mm] \cos\theta \dfrac{\partial j^-}{\partial\kappa} + j^-(\kappa,\theta) = \dfrac{E_{ev}(\kappa)}{\pi} \end{cases} \qquad (3.54)$$

令 $\mu = \cos\theta$,在 $0 \sim \kappa$ 和 $\kappa \sim \kappa_D$ 对式(3.54)积分,且边界条件有

$$\begin{cases} j^+(0,\mu) = 0 \\ j^-(\kappa_D,\mu) = 0 \end{cases} \qquad (3.55)$$

可得

$$\begin{cases} j^+(\kappa,\mu) = \dfrac{1}{\pi}\displaystyle\int_0^\kappa E_{ev}(\kappa') \dfrac{1}{\mu} e^{\frac{-(\kappa-\kappa')}{\mu}} d\kappa', & 0 \leqslant \mu \leqslant 1 \\[5mm] j^-(\kappa,\mu) = -\dfrac{1}{\pi}\displaystyle\int_\kappa^{\kappa_D} E_{ev}(\kappa') \dfrac{1}{\mu} e^{\frac{\kappa'-\kappa}{\mu}} d\kappa', & -1 \leqslant \mu \leqslant 0 \end{cases} \qquad (3.56)$$

对式(3.56)在立体角上积分,则得质量蒸发流密度 q_m 为

$$\begin{cases} q_{\mathrm{m}}^{+}(\kappa) = \int_{0}^{\pi/2} j^{+}(\kappa,\theta)\cos\theta 2\pi\sin\theta\,\mathrm{d}\theta \\ \qquad = 2\pi\int_{0}^{\pi/2} j^{+}(\kappa,\theta)\cos\theta\sin\theta\,\mathrm{d}\theta \\ q_{\mathrm{m}}^{-}(\kappa) = \int_{\pi/2}^{\pi} j^{-}(\kappa,\theta)\cos(\pi-\theta)2\pi\sin\theta\,\mathrm{d}\theta \\ \qquad = -2\pi\int_{\pi/2}^{\pi} j^{-}(\kappa,\theta)\cos\theta\sin\theta\,\mathrm{d}\theta \end{cases} \tag{3.57}$$

由净蒸发质量流密度(以 x 轴正方向为正)有 $q_{\mathrm{m}} = q_{\mathrm{m}}^{+} - q_{\mathrm{m}}^{-}$,代入可得

$$q_{\mathrm{m}}(\kappa) = q_{\mathrm{m}}^{+}(\kappa) - q_{\mathrm{m}}^{-}(\kappa)$$

$$q_{\mathrm{m}}(\kappa) = 2\pi\left(\int_{0}^{\pi/2} j^{+}(\kappa,\theta)\cos\theta\sin\theta\,\mathrm{d}\theta + \int_{\pi/2}^{\pi} j^{-}(\kappa,\theta)\cos\theta\sin\theta\,\mathrm{d}\theta\right)$$

$$q_{\mathrm{m}}(\kappa) = 2\pi\left(\int_{0}^{1} j^{+}(\kappa,\mu)\mu\,\mathrm{d}\mu + \int_{-1}^{0} j^{-}(\kappa,\mu)\mu\,\mathrm{d}\mu\right)$$

$$q_{\mathrm{m}}(\kappa) = 2\pi\int_{0}^{1}(j^{+}(\kappa,\mu) - j^{-}(\kappa,-\mu))\mu\,\mathrm{d}\mu \tag{3.58}$$

$$q_{\mathrm{m}}(\kappa) = 2\left(\int_{0}^{1}\int_{0}^{\kappa}\mathrm{e}^{\frac{\kappa-\kappa'}{\mu}}E_{\mathrm{ev}}(\kappa')\,\mathrm{d}\kappa'\,\mathrm{d}\mu - \int_{0}^{1}\int_{\kappa}^{\kappa_{\mathrm{D}}}\mathrm{e}^{\frac{\kappa'-\kappa}{\mu}}E_{\mathrm{ev}}(\kappa)\,\mathrm{d}\kappa'\,\mathrm{d}\mu\right) \tag{3.59}$$

利用指数积分函数化简,可得

$$q_{\mathrm{m}}(\kappa,\tau) = 2\left(\int_{0}^{\kappa}E_{\mathrm{ev}}(\kappa',\tau)E_{2}(\kappa,-\kappa')\,\mathrm{d}\kappa' - \int_{\kappa}^{\kappa_{\mathrm{D}}}E_{\mathrm{ev}}(\kappa',\tau)E_{2}(\kappa,-\kappa')\,\mathrm{d}\kappa'\right)$$

$$\tag{3.60}$$

式中,q_{m} 为 y 正方向上单位面积液滴层蒸发损失速率;右侧第一项为凝结质量流量,由光学厚度为 $0 \sim \kappa$ 的液滴层蒸发产生,在传递过程中经过凝结后到达 κ 处;右侧第二项为蒸发质量流量,由光学厚度为 $\kappa \sim \kappa_{\mathrm{D}}$ 的液滴层产生。两质量流量一进一出,符号相反。

当液滴层厚度方向温度均匀时,温度仅随时间变化,因此蒸发率仅为温度的数值。式(3.60)可转化为

$$q_{\mathrm{m}}(\kappa,\tau) = 2E_{\mathrm{ev}}(\tau)\left(\int_{0}^{\kappa}E_{2}(\kappa-\kappa')\,\mathrm{d}\kappa' - \int_{\kappa}^{\kappa_{\mathrm{D}}}E_{2}(\kappa-\kappa')\,\mathrm{d}\kappa'\right) \tag{3.61}$$

取 y 方向最外侧,即令 $\kappa = \kappa_{\mathrm{D}}$ 或 $\kappa = 0$,得单侧的单位面积液滴层质量损失速率为

$$q_{\mathrm{m}}(\kappa,\tau) = 2E_{\mathrm{ev}}(\tau)\int_{0}^{\kappa_{\mathrm{D}}}E_{2}(\kappa-\kappa')\,\mathrm{d}\kappa' = E_{\mathrm{ev}}(\tau)(1 - 2E_{3}(\kappa_{\mathrm{D}})) \tag{3.62}$$

对 x 方向取长度 $x = v\tau$,取单位宽度即 $W = 1\ \mathrm{m}$,得液滴层蒸发速率 Q_{ev} 为

$$Q_{\mathrm{ev}} = W\int_{0}^{x}q_{\mathrm{m}}\,\mathrm{d}x' = 2v(1 - 2E_{3}(\kappa_{\mathrm{D}}))\int_{0}^{\tau}E_{\mathrm{ev}}(\tau')\,\mathrm{d}\tau' \tag{3.63}$$

3.3.2　数值计算

1. 计算过程

由液滴层计算模型可得随时间 τ 变化的温度值 T,再由不同温度时的蒸发率 E_{ev} 得到不同时间下液滴层质量损失速率 Q_{ev}。由最终温度 T_f 与初始温度 T_0 之差可得过程中辐射热量,进而可得辐射功率 P。

稀薄液滴层辐射与蒸发特性计算程序流程图如图 3.17 所示。

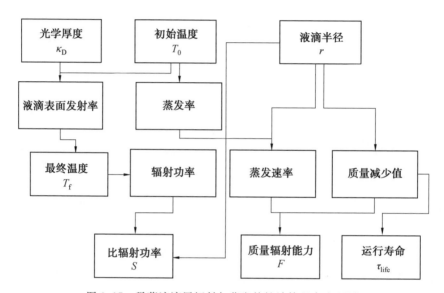

图 3.17　稀薄液滴层辐射与蒸发特性计算程序流程图

2. 参数选择

物性参数选取与上一节一致。但其中液滴光谱发射率可以相应调整。

液滴光谱发射率 $\varepsilon_{p\lambda}$ 有

$$\varepsilon_{p\lambda} = \int_0^{\frac{\pi}{2}} \frac{(1-\rho_\lambda)(1-e^{\alpha_\lambda l})}{1-\rho_\lambda e^{\alpha_\lambda l}} \sin\theta \mathrm{d}\theta \tag{3.64}$$

不同半径 r 下的液滴光谱发射率 $\varepsilon_{p\lambda}$ 如图 3.18 所示。

由图 3.18 可知,半径对液滴光谱发射率几乎无影响。因此,取半径 $r = 500\ \mu\mathrm{m}$ 时的结果。欲求得液滴漫射表面的发射率 ε_p,有

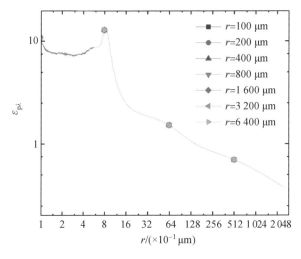

图 3.18　不同半径 r 下的液滴光谱发射率 $\varepsilon_{p\lambda}$

$$\varepsilon_p = \frac{\int_0^\infty \alpha_{p\lambda} E_{b\lambda}(T) \mathrm{d}\lambda}{\sigma T^4} \tag{3.65}$$

根据上一时刻的温度可以求得该时刻液滴漫射表面的发射率 ε_p。

3.3.3　结果与分析

1. 液滴层最终温度

不同初始温度 T_0、光学厚度 κ_D 和液滴半径 r 下的液滴层最终温度 T_f 如图 3.19、图 3.20 所示。

由图可知,光学厚度 κ_D 对最终温度 T_f 几乎无影响。初始温度 T_0 越高,T_f 越高;液滴半径 r 越大,T_f 越高。

2. 液滴层蒸发速率

$T_0 = 2\,200\ \text{K}$ 时不同光学厚度 κ_D 和液滴半径 r 下的液滴层蒸发速率 Q_{ev} 如图 3.21 所示,$\kappa_D = 0.1$ 时不同初始温度 T_0 和液滴半径 r 下的液滴层蒸发速率如图 3.22 所示。

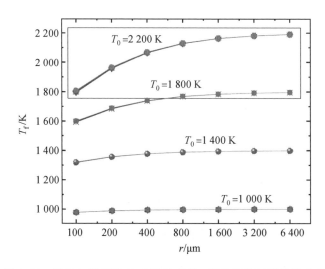

图 3.19　不同初始温度 T_0 和液滴半径 r 下的液滴层最终温度 T_f

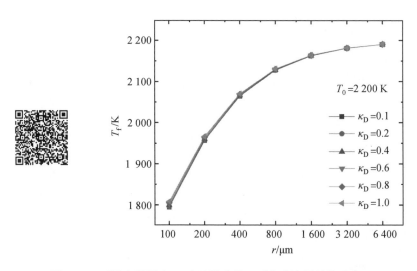

图 3.20　不同光学厚度 κ_D 和液滴半径 r 下的液滴层最终温度 T_f

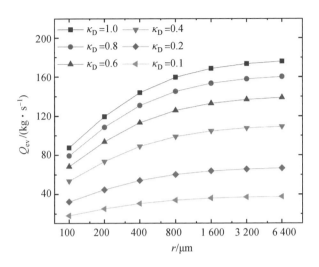

图 3.21　$T_0 = 2\,200$ K 时不同光学厚度 κ_D 和液滴半径 r 下的液滴层蒸发速率 Q_{ev}

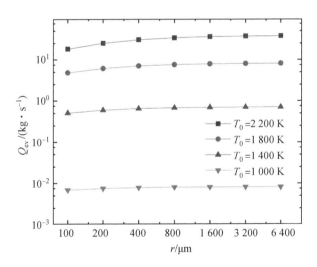

图 3.22　$\kappa_D = 0.1$ 时不同初始温度 T_0 和液滴半径 r 下的液滴层蒸发速率 Q_{ev}

由图 3.21 可知,蒸发速率 Q_{ev} 随光学厚度 κ_D 和液滴半径 r 的增大而增大。光学厚度 $\kappa_D < 1$ 且相同液滴半径 r 下,蒸发速率 Q_{ev} 与光学厚度 κ_D 近似呈正比关系。蒸发速率 Q_{ev} 在液滴半径 r 较小时与 r 的对数值近似呈线性关系,半径较大时增长幅度变小,而且光学厚度 κ_D 越小,蒸发速率 Q_{ev} 在 r 较小的情况下就越减缓增长幅度。

由图 3.22 可知,相同光学厚度下,初始温度 T_0 越高,蒸发速率 Q_{ev} 越大。在 $\kappa_D = 0.1$ 时,初始温度每上升 400 K,Q_{ev} 上升约 1 个数量级。在光学厚度 κ_D 较小的情况下,液滴层散热充分,故 Q_{ev} 对液滴半径变化不明显。

3. 质量辐射能力

定义 M_{ps} 为液滴层质量流量,则有

$$M_{ps} = \frac{\delta m_{ps}}{\delta \tau} = \frac{\delta \rho_{ps} V}{\delta \tau} = \frac{\delta(m_p N)(LWD)}{\delta \tau}$$

$$= \rho_p \frac{4\pi r^3}{3} N \frac{\delta L}{\delta \tau} W \frac{\kappa_D}{N\pi r^2}$$

$$= \frac{4r}{3} \rho_p \upsilon \kappa_D W \tag{3.66}$$

由能量守恒可知,辐射功率 P 等于内能减少率,即

$$P = cM_{ps}\Delta T \tag{3.67}$$

质量辐射能力 F 为辐射功率与蒸发速率之比,即

$$F = \frac{P}{Q_{ev}} \tag{3.68}$$

$T_0 = 2\,200$ K 时不同光学厚度 κ_D 和液滴半径 r 下的质量辐射能力 F 如图 3.23 所示,$\kappa_D = 0.1$ 时不同初始温度 T_0 和液滴半径 r 下的质量辐射能力 F 如图 3.24 所示。

由图 3.23 可知,质量辐射能力 F 随光学厚度 κ_D 的增大而增大。在光学厚度 $\kappa_D < 1$ 且相同液滴半径 r 下,F 与 κ_D 近似呈正比关系。质量辐射能力 F 随液滴半径 r 的增大而减小。液滴半径 r 较小时,F 与 r 的对数值近似呈线性关系,半径较大时减小幅度变小。

由图 3.24 可知,相同光学厚度下,初始温度 T_0 越高,质量辐射能力 F 越小。在 $\kappa_D = 0.1$ 时,初始温度每上升 400 K,F 下降约 1 个数量级。在光学厚度 κ_D 较小的情况下,液滴层散热充分,故 F 对液滴半径变化不明显。

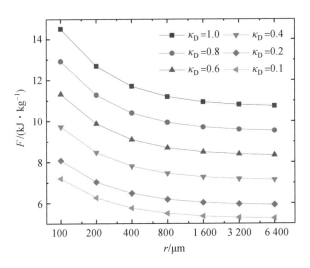

图 3.23　$T_0 = 2\,200$ K 时不同光学厚度 κ_D 和液滴半径 r 下的质量辐射能力 F

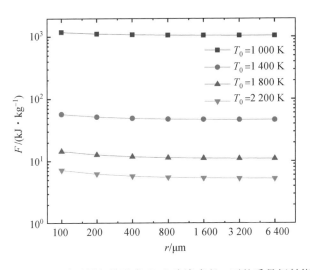

图 3.24　$\kappa_D = 0.1$ 时不同初始温度 T_0 和液滴半径 r 下的质量辐射能力 F

4. 比辐射功率

比辐射功率等于辐射功率与液滴层质量的比值,即

$$S = \frac{P}{m_{ps}} = \frac{P}{M_{ps}\tau_L} \tag{3.69}$$

$T_0 = 2\,200\ \text{K}$ 时不同光学厚度 κ_D 和液滴半径 r 下的比辐射功率 S 如图 3.25 所示,$\kappa_D = 0.1$ 时不同初始温度 T_0 和液滴半径 r 下的比辐射功率 S 如图 3.26 所示。

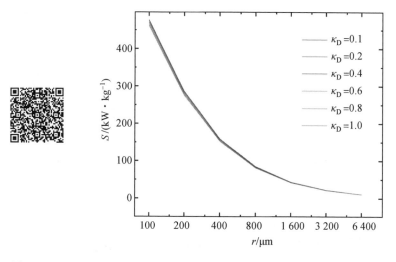

图 3.25 $T_0 = 2\,200\ \text{K}$ 时不同光学厚度 κ_D 和液滴半径 r 下的比辐射功率 S

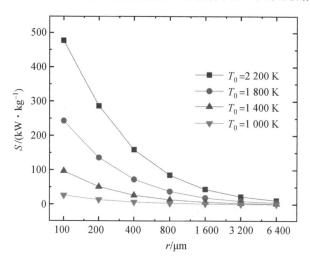

图 3.26 $\kappa_D = 0.1$ 时不同初始温度 T_0 和液滴半径 r 下的比辐射功率 S

由图 3.25 可知,比辐射功率 S 与光学厚度 κ_D 的关系很不明显。比辐射功率 S 随液滴半径 r 的增大而减小。当液滴半径 r 较小时,S 减小幅度较大;当液滴半径 r 较大时,S 减小幅度变小。

由图 3.26 可知,相同光学厚度下,初始温度 T_0 越高,比辐射功率 S 越大。在 $\kappa_D = 0.1$ 时,初始温度每上升 400 K,S 上升约 1 个数量级。而且温度越高,半径效应越明显。

5. 运行寿命

运行寿命 τ_{life} 为 100% 工质消耗的时间,即

$$\tau_{\text{life}} = 100\% \cdot \frac{m_{\text{ps}}}{Q_{\text{ev}}} = \frac{\rho_{\text{ps}} V}{Q_{\text{ev}}} = \frac{\rho_{\text{p}} NLDW}{Q_{\text{ev}}}$$

$$= \frac{\rho_{\text{p}} \dfrac{4\pi r^3}{3} N \cdot v\tau_{\text{L}} \cdot \dfrac{\kappa_D}{N\pi r^2}}{Q_{\text{ev}}}$$

$$= \frac{4r}{3} \cdot \frac{v\rho_{\text{p}} \tau_{\text{L}} \kappa_D W}{Q_{\text{ev}}} \tag{3.70}$$

不同光学厚度 κ_D、初始温度 T_0 和液滴半径 r 下的运行寿命 τ_{life} 如图 3.27 所示。

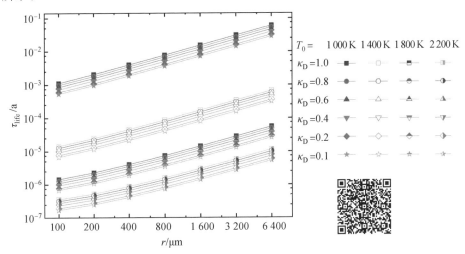

图 3.27　不同光学厚度 κ_D、初始温度 T_0 和液滴半径 r 下的运行寿命 τ_{life}

由图 3.27 可知,运行寿命 τ_{life} 随光学厚度 κ_D、初始温度 T_0 和液滴半径 r 的增大而增大,其中初始温度 T_0 对 τ_{life} 的影响最大。

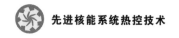

3.4　液滴系统辐射与蒸发特性

3.4.1　计算模型

1. 辐射模型

根据 3.3.1 节有

$$\frac{\rho_{ps}c}{\beta} \cdot \frac{\partial T(\kappa,\tau)}{\partial \tau} = -\frac{\partial q_r}{\partial \kappa} = 2\pi \int_0^{\kappa_D} I(\kappa,\tau) E_1(|\kappa-\kappa'|) \, \mathrm{d}\kappa' - 4\pi I(\kappa,\tau)$$

(3.71)

2. 蒸发模型

为求得液滴层整个的质量流蒸发密度,将整个液滴层两个外侧的蒸发项相叠加,用最上层蒸发密度减去最下层蒸发密度,即

$$q_{ev} = q_m(\kappa_D,\tau) - q_m(0,\tau)$$
$$= 2\left(\int_0^{\kappa_D} E_{ev}(\kappa',\tau) E_2(\kappa_D-\kappa') \, \mathrm{d}\kappa' + \int_0^{\kappa_D} E_{ev}(\kappa',\tau) E_2(\kappa') \mathrm{d}\kappa'\right)$$

(3.72)

由对称性可得 $T(\kappa)=T(\kappa_D-x)$,则 $E_{ev}(\kappa',\tau)=E_{ev}(\kappa_D-\kappa',\tau)$,故上式可简化为

$$q_{ev} = 4\int_0^{\kappa_D} E_{ev}(\kappa',\tau) E_2(\kappa') \mathrm{d}\kappa'$$

(3.73)

对 x 方向取全长度,由 $x=\upsilon\tau$,即对时间积分,即得液滴层蒸发速率为

$$Q_{ev} = \int_0^L q_{ev} \mathrm{d}x = \int_0^L q_{ev} \mathrm{d}\upsilon\tau = \upsilon \int_0^{\tau_L} q_{ev} \mathrm{d}\tau$$
$$= 4\upsilon \int_0^{\tau_L} \int_0^{\kappa_D} E_{ev}(\kappa,\tau) E_2(\kappa) \mathrm{d}\kappa \mathrm{d}\tau$$

(3.74)

式中,修正蒸发率 E_{ev} 为

$$E_{ev} = p_0 \left(\frac{M}{2\pi RT}\right)^{1/2} \mathrm{e}^{\frac{2\gamma M}{\rho_1 rRT}}$$

(3.75)

3.4.2　数值计算

1. 计算过程

将方程离散后进行计算,假定时间等步长,即 $\mathrm{d}\tau \Rightarrow \Delta\tau = \mathrm{const}$。首先将温度场边界初值 $T(\kappa,0)=T_0$ 代入源函数 $I_0(\kappa,0)^1$ 得 $I(\kappa,0)^0$,然后代入考虑散射

反照的源函数式(3.72)中计算得 $I(\kappa, 0)^1$，再代入计算得到 $I(\kappa, 0)^2$，反复 n 次，直到前后残差小于给定值(暂定为 0.000 1)，此时则认为 $I(\kappa, 0)^n$ 为考虑散射反照后的源函数真实值。据此由求得式(3.71)右侧，然后得到第一层的温度 $T(\kappa, \tau)$。重复上述过程，便得到了液滴层的 x、y 方向的二维温度场。

为求得蒸发质量，将前面计算得到的 $T(\kappa, \tau)$ 代入式(3.77)中，求得液滴修正饱和蒸气压 p_v。再由式(3.76)求得液滴层蒸发速率 Q_{ev}。在每一步温度场的计算过程后再计算液滴层蒸发速率 Q_{ev}，得到 Q_{ev} 在 x、y 方向的二维场。计算程序流程图如图 3.28 所示。

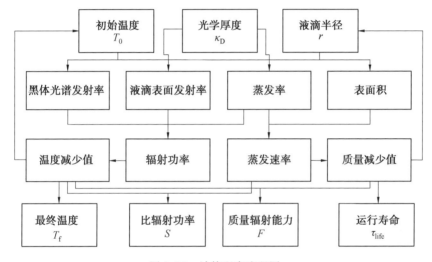

图 3.28　计算程序流程图

计算过程取液滴层长度 $L=10$ m，液滴速度 $v=10$ m/s，则飞行时间为 1 s，液滴半径 $r=500$ μm，液滴层初始温度 $T_0(\kappa, 0) = 2\ 000$ K。

2. 计算精度

本章涉及的计算精度影响因素主要在于积分的步长和源函数迭代次数，需要的计算步长主要有铝光谱发射率步长 $d\lambda$、光学厚度步长 $d\kappa$ 和时间步长 $d\tau$。其中，$d\lambda$ 来源于铝的给定实验数据波长的差值，无法改变。

不同光学厚度步长 $d\kappa$ 下液滴层最终温度 T_f 随光学厚度 κ 的分布如图 3.29 所示，不同时间步长 $d\tau$ 下液滴层最终温度 T_f 随光学厚度 κ 的分布如图 3.30 所示。该过程取 LDR 典型过程，$T_0(\kappa, 0)=2\ 000$ K，$\kappa_D=1$，$L=10$ m，$v=10$ m/s，$r=500$ μm。

由图 3.29 可知，相同条件下，光学厚度步长 $d\kappa$ 越小，温度计算值越大，即越接近真实值，说明离散化后计算的温度偏低。同时，光学厚度步长 $d\kappa=0.001$ 时

的相对误差在 10^{-4} 以下,足以代表真实结果,故本章均取 $d\kappa = 0.001$。

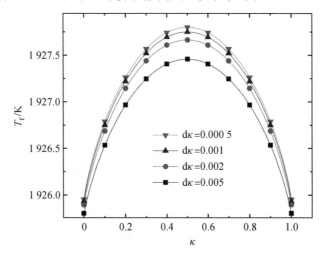

图 3.29   不同光学厚度步长 $d\kappa$ 下液滴层最终温度 T_f 随光学厚度 κ 的分布

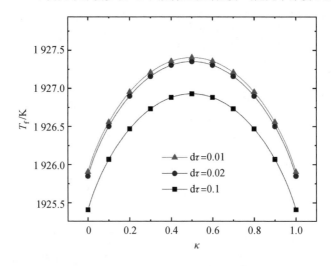

图 3.30   不同时间步长 $d\tau$ 下液滴层最终温度 T_f 随光学厚度 κ 的分布

由图 3.30 可知,相同条件下,时间步长 $d\tau$ 越小,温度计算值越大,即越接近真实值,说明离散化后计算的温度偏低。同时,时间步长 $d\tau = 0.01$ 时的相对误差在 10^{-4} 以下,足以代表真实结果,故本章均取 $d\tau = 0.01$。

源函数迭代次数取决于残差设定,设定值为 10^{-4}。实际计算时发现迭代次数多在 50 次左右。

3.4.3　结果与分析

1.液滴层最终温度

（1）最低温度极限。

由于液滴层越薄，散热性能越好，因此当 $\kappa_D \to 0$ 时，有最低温度极限，此时有

$$\lim_{x \to 0} E_3(\kappa_D) = \lim_{x \to 0}\left(\frac{1}{2} - \kappa_D\right) \tag{3.76}$$

而有

$$\rho_{ps}cD = Nm_p cD = N\rho_p V_p cD = N\rho_p c D \frac{4\pi r^3}{3} \tag{3.77}$$

又因为 $\kappa_D = \beta D = N\pi r^2 D$，故有

$$\rho_{ps}cD = \frac{4}{3}rc\rho_p \kappa_D \tag{3.78}$$

可得

$$T_\tau = \left[1 + (1 - \Omega)\frac{9\sigma T_0^3}{\rho_p c_p r}\tau\right]^{-1/3} T_0 \tag{3.79}$$

令 $\tau = \tau_L$，即得液滴层最终温度的最低温度极限为

$$T_f^{\min} = 1\ 923.31\ \text{K} \tag{3.80}$$

（2）温度分布。

不同光学厚度 κ_D 下液滴层最终温度 T_f 与光学厚度相对位置 κ/κ_D 的关系如图 3.31 所示。

图 3.31 中，纵坐标即式（3.80）所给的最低温度极限。由图可知，当光学厚度小至 0.1 时，液滴层温度分布已经基本均匀，而且液滴层光学厚度 κ_D 越小，散热越充分，越接近最低温度极限。相反，κ_D 越大，总体温度越高，液滴层中间部分与边界差越大。图中使用光学厚度相对位置 κ/κ_D 是为了便于比较相同比例位置处的温度分布。

（3）平均最终温度。

对以上温度分布求平均值，即得液滴层最终温度的平均值。依上一节中 κ_D 充分小的近似公式为

$$\varepsilon = \frac{1 - 2E_3(\kappa_D)}{1 + \dfrac{\Omega(1 - 2E_3(\kappa_D))}{2\kappa_D(1 - \Omega)}} \tag{3.81}$$

$$T_{fn} = \left(1 + \frac{6\sigma T_0^3 \varepsilon \tau}{\rho_{ps}c_{ps}D}\right)^{-\frac{1}{3}} T_0 = \left(1 + \frac{9\sigma T_0^3 \varepsilon \tau}{2r\rho_p c_p \kappa_D}\right)^{-\frac{1}{3}} T_0 \tag{3.82}$$

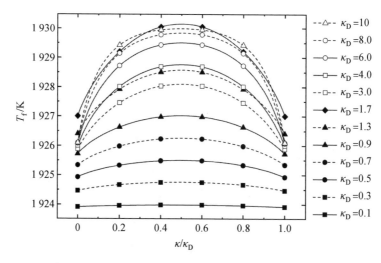

图 3.31　不同光学厚度 κ_D 下液滴层最终温度 T_f 与光学厚度相对位置 κ/κ_D 的关系

亦可得温度的近似值 T_{fn}。不同光学厚度下平均温度计算值 T_{fa} 与近似值 T_{fn} 及相对误差 ε 见表 3.1。

表 3.1　不同光学厚度 κ_D 下平均温度计算值 T_{fa} 与近似值 T_{fn} 及相对误差 ε

κ_D	T_{fn}	T_{fa}	ε
0.1	1 923.755	1 923.958	-1.05×10^{-4}
0.3	1 924.560	1 924.661	-5.25×10^{-5}
0.5	1 925.323	1 925.325	-9.92×10^{-7}
0.7	1 926.082	1 925.978	5.41×10^{-5}
0.9	1 926.845	1 926.627	1.13×10^{-4}
1.3	1 928.390	1 927.923	2.43×10^{-4}
1.7	1 929.950	1 929.208	3.85×10^{-4}
3	1 934.921	1 927.403	3.90×10^{-3}
4	1 938.469	1 927.943	5.46×10^{-3}
6	1 944.647	1 928.599	8.32×10^{-3}
8	1 949.734	1 928.963	1.08×10^{-2}
10	1 953.969	1 929.188	1.28×10^{-2}

从表 3.1 中可知,当 $\kappa_D<1.7$ 时,相对误差小于 10^{-3},此时可以认为近似公

式可以用于计算温度平均值。但需要指出的是,此时图 3.25 和图 3.26 中的温度曲线边界与中心温差不可忽略。

2. 液滴层蒸发速率

不同初始温度 T_0 下瞬时辐射蒸发速率 Q_{ev} 与光学厚度 κ_D 的关系如图 3.32 所示。

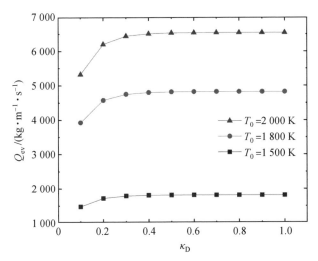

图 3.32　不同初始温度 T_0 下瞬时辐射蒸发速率 Q_{ev} 与光学厚度 κ_D 的关系

光学厚度较小时,辐射能力较强;光学厚度较大时,Q_{ev} 也随之增大,但 κ_D 大到一定程度时,Q_{ev} 就基本保持不变。由图 3.32 可知,初始温度越高,Q_{ev} 越大,这是由源函数 $I = \dfrac{\sigma T^4}{\pi}$ 决定的。

3. 运行寿命

如之前假设 100% 工质加载,则系统的运行寿命 τ_{life} 有

$$\tau_{life} = 100\% \cdot \frac{m_{ps}}{Q_{ps}} = \frac{\rho_{ps}V}{Q_{ev}W} = \frac{\rho_p NLDW}{Q_{ev}W}$$

$$= \frac{\rho_p \dfrac{4\pi r^3}{3} N \cdot v\tau \cdot \dfrac{\kappa_D}{N\pi r^2}}{Q_{ev}} = \frac{4r}{3} \cdot \frac{\rho_p v\tau \kappa_D}{Q_{ev}} \tag{3.83}$$

式中,液滴密度 ρ_p 取整个液滴层温度平均值所对应的密度值。

不同初始温度 T_0 下系统运行寿命 τ_{life} 与光学厚度 κ_D 的关系如图 3.33 所示。由图可知,初始温度 T_0 越低,系统运行寿命 τ_{life} 越大,液滴层光学厚度 κ_D 越大,系统运行寿命也越长。

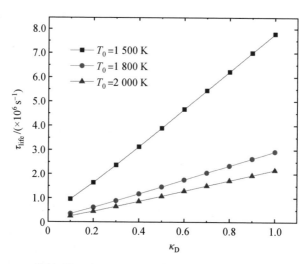

图 3.33   不同初始温度 T_0 下系统运行寿命 τ_{life} 与光学厚度 κ_D 的关系

第 4 章

热管冷却双模式空间核动力系统堆芯热工水力特性

　　　本章针对系统中的热管冷反应堆堆芯和系统推进模块进行研究。首先根据 HP－BSNR 设计方案及热管的工作原理建立数值模拟计算模型,并通过查阅文献实验数据进行对比验证,以确保计算结果的合理性和可靠性;然后根据热管的几何参数和流动工质来计算传热极限;再根据热管计算结果来确定热管的等效物性参数,进行堆芯燃料组件的热工特性模拟,以验证系统堆芯被顺利冷却的可靠性;最后根据燃料元件组件的热工参数对双模式空间堆中推进模式中的推进剂管道进行简化,并在典型工况下进行数值模拟,研究其热工参数和推进剂流动特点。

4.1　双模式空间堆

4.1.1　双模式空间堆概述

空间核动力泛指在空间应用核能的装置,该装置将核能转化为热能、电能或推进的动能以满足航天器的要求。当前利用的核能主要是放射性同位素的衰变能和核反应堆中裂变材料的裂变能。深空探测是脱离地球引力场,进入太阳系空间和宇宙空间的探测。21 世纪的深空探测以太阳系空间（如月球、火星、水星、金星、巨行星的卫星、小行星和彗星等）为主,兼顾宇宙空间的探测。如今,太阳能结合蓄电池是当前空间能源的主要形式,其余如化学燃料电源也被较多地应用于空间探测。但这两种电源形式因使用寿命短、工作依赖阳光、能量密度较小等缺点而难以满足长距离、无光照的深空探测需求。深空探测可用的核能源包括三种类型:核燃料的衰变能、裂变能、聚变能。同位素衰变能是目前深空探测中应用最成熟的技术,在深空探测中发挥着重要作用。目前,放射性同位素电池已经在我国的探月工程上应用,其中的着陆器和巡视器均使用了钚 239,其可靠性高,寿命长达数十年。利用塞贝克效应温差原理产生电能时,热电转换效率较低,输出电功率最大也仅达到百瓦级。相比于放射性同位素电源,核反应堆电源的优势更加明显。空间核反应堆电源在绕地卫星供电、深空探测推进器及月球与火星基地供电等领域具有较大的优势及应用前景,其电功率可达到千瓦级甚至更高,并且根据不同的功率范围提出了不同的发展思路,是深空探测的理想电源。空间核反应堆电源能够从根本上解决未来航天器大功率需求的瓶颈问题,是大规模开发和利用空间资源的前提。

空间核反应堆电源系统是未来大功率、长寿命、小质量、高可靠空间电源的最佳选择。采用核热－核电双模式运行的双模式空间堆兼顾了核电源长寿命、高功率的特点和核热推进的大推力、高比冲特性,在空间任务中的潜在应用中得到了越来越广泛的重视。多个国家提出了满足各自任务需求的双模式空间堆概念设计。在这种核热－核电双模式空间堆中,有多种冷却方式。其中,热管冷却空间堆因具有运行冗余性好、易启动、系统结构简单、传热冗余性好等特点而成为双模式空间核反应堆电源的研究热点之一。

目前已经发展了多种类型的空间核反应堆电源,其中采用推进－供电双模式的空间堆同时具有空间堆电源寿命长、功率高等优点和核热推进推力大、比冲高的特性,克服了现有的空间推进技术及常规电源的诸多限制,在需要快速机动变轨及长期电源供给的空间任务(如卫星的宽范围监视、通信、导航、行星探测,空中轨道控制,卫星快速变轨和姿态调整,以及载荷实验中的日常供电等)中具有广泛的应用前景。在这些任务中,在供电模式下,对电功率的需求从几千瓦到几十千瓦,供电寿命达 10 a 左右;在推进模式下,对推力的需求从几牛变化到几千牛,比冲需要从 600 s 增大到 1 ks。这些要求已超出了传统推进方式的能力范围,而推进－供电双模式空间核反应堆电源可以很好地满足长寿命供电和快速机动的要求,成为此类空间任务的理想选择。因此,分析推进模式下的推进剂在反应堆之间的流动特性十分重要。

在目前已经发展的多种冷却方式的反应堆中,热管冷却空间堆具有可观的应用前景。热管具有易启动、结构简单、冗余性好等特点。此外,热管还具有高导热性、高可靠性及无须额外电力来源等特点,广泛用于高热通量电子设备的冷却和卫星的温度调节等。虽然核能是一种相对清洁、高效的能源,但到目前为止,出现过三次严重的核事故(美国三里岛核事故、苏联切尔诺贝利核事故和日本福岛核电站核事故)。三里岛核事故是给水丧失导致功率瞬变,堆芯熔化,进而引发事故;切尔诺贝利核事故是在反应堆安全系统实验过程中发生功率瞬变引起瞬变临界而造成的严重事故;福岛核电站核事故是日本东北太平洋地区发生里氏 9.0 级地震并引发海啸,造成的严重事故。核反应堆安全设计是核反应堆正常运行的重要保障,对于堆芯的冷却是反应堆安全设计中的重中之重。无论是采用热管冷却还是采用冷却剂直接接触核燃料进行冷却,其目的都是将反应堆裂变所释放的热量导出,保证堆芯处于正常的工作状态。一旦反应堆冷却系统失效,会导致堆芯温度急速上升,进而造成堆芯熔化,可能会造成难以预估的后果。因此,通过分析热管冷却空间堆内的热工水力过程来保证堆芯的运行温度低于安全温度值,对于保证核反应堆正常工作尤为重要。

双模式空间堆(bimodal space nuclear reactor,BSNR)是利用单个核反应堆堆芯既产生航天器的推进动力又实现航天器供电双模式运行的动力装置,具有提高航天任务有效载荷和系统可用率的技术优势。BSNR 系统组成如图 4.1 所示,主要包括空间堆电源系统和空间核热推进系统,每个系统又包含若干个子系统。目前,国外发展的诸多 BSNR 系统或是基于空间堆电源技术,通过改进设计,加入推进模块,形成双模式空间堆;或是基于空间核热推进技术,通过改进设计,加入发电模块,形成双模式空间堆。

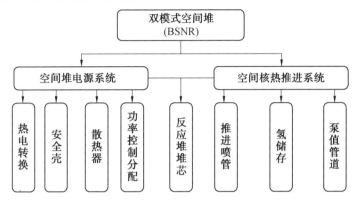

图 4.1　BSNR 系统组成

BSNR 的主要技术优势是可根据航天器的需求利用单一核反应堆运行在高功率推进模式或低功率发电模式,在航天器整个空间任务中充分发挥核反应堆堆芯的能力。核热推进的比冲(约 900 s)约为化学推进比冲(约 450 s)的 2 倍,减小了推进剂的携带量,使得系统的总质量减少,降低了发射成本,缩短了任务周期。同时,核反应堆电源不受空间环境的影响,可为航天器提供持续稳定的电功率。此外,基于现有的空间堆电源和核热推进技术,BSNR 还具有以下优点:

①避免单点失效的高可靠性;

②长期满功率运行,寿命可长达 10 a;

③模块化设计;

④用途多、经济性好。

虽然 BSNR 具有以上技术优势,但 BSNR 双模式运行时堆芯在高、低功率之间的转换给空间堆的安全控制提出了挑战。同时,推进模式下的堆芯核燃料材料技术和空间环境下的低温储氢技术难度较大,还需要进一步展开相关的研究。

4.1.2　双模式空间堆研究现状

20 世纪中期,美国开展的火箭飞行器用核引擎(nuclear engine for rocket vehicle application,NERVA)计划致力于对核发动机运载火箭的研制,随后 SNAP 计划又将美国空间核动力航天器的发展推向了快车道,这个项目同时支持同位素电源和核反应堆电源。空间核反应堆电源的工作过程是通过静态或动态过程将核燃料裂变所释放的热能转换成电能,作为空间设备的动力来源。

目前已有的热管空间冷却堆热电转换系统皆为概念设计方案,主要是堆芯内热管所选用的工质和热电转化方式不同,如采用锂热管冷却堆芯、分段式静态热电偶转换器进行热电转换的 HP-STMC 热管冷却空间堆,以及采用钠热管冷却堆芯 AMTEC 来进行热电转换的 SAIRS 热管空间冷却堆。以上两种系统均采用碱金属热管通过散热器将废热排向太空。

此外,还有用于在火星表面的任务活动提供电源,热量通过钠热管被带出堆芯传递到能量转化系统的 HOMER;热功率可达 400 kW,热电转换方式采用布雷顿循环的 SAFE-400;被设计用作轨道电源、月球或火星表面发电站、核电推进电源的功率范围为 10~100 kW 的 SP-100;最新的以堆芯结构简单的快堆作为热源,采用钠热管进行堆芯冷却,通过自由活塞式斯特林发电机实现热电转换的千万级空间核反应堆电源 Kilopower 等。

随后出现了新型的双模式的动力源。迄今为止已有多个研究机构提出了有关双模式空间堆的初步概念堆型,其可以用核电推进改装和核热推进改装。

4.1.3　本章主要研究内容

本章主要针对双模式(电源/推进)热管空间冷却堆的设计方案之一——HP-BSNR空间核动力系统堆芯热管在典型工况下的换热情况、传热极限,以及系统中推进剂的参数特点进行研究分析。双模式(电源/推进)热管空间堆系统整体结构示意图如图 4.2 所示。

图 4.2　双模式(电源/推进)热管空间堆系统整体结构示意图

本章所使用的计算软件为 COMSOL Multiphysics,Multiphysics 翻译为多物理场,其主要优势在多物理场耦合方面。多物理场的本质就是偏微分方程组,所以只要是能用偏微分方程组描述的现象都可以用其进行计算,即以有限元方法为基础,通过求解偏微分方程或偏微分方程组来实现真实物理现象的仿真,用数学方法求解真实的物理现象。

(1)建立堆芯热管的二维数值模拟计算模型,进行合理的简化及假设,根据热管的几何参数进行传热极限的计算,确定其是否会传热失效,然后确定求解边界条件并验证数值模拟计算模型的合理性,对堆芯热管在四种典型工况下通过 COMSOL Multiphysics 软件进行数值模拟,得到工作流体的温度场和速度场分布,以及热管外包壳冷热端平均温差。

(2)由上述内容可以求解出堆芯热管的等效物性参数,将其简化为具有较大数量级导热系数的传热固体,结合堆芯内燃料元件的布置特点,模拟分析典型工况下燃料组件的温度分布情况,以确保热管能够顺利冷却堆芯。

(3)建立双模式空间堆系统中推进剂流动的三维数值模拟计算模型,进行合理的简化及假设,确定求解边界条件,对堆芯中的推进剂流动在两种典型工况下通过 COMSOL Multiphysics 软件进行数值模拟,得到推进剂在流道中的温度场、速度场和压力场的分布。

4.2　HP－BSNR 系统堆芯热管热工特性

4.2.1　HP－BSNR 系统堆芯热管数值模型

HP－BSNR 系统主要由陶瓷型燃料反应堆堆芯、钠热管、W/LiH 辐射屏蔽体、推进系统、热电偶热电转换单元和钾热管辐射散热器等组成。反应堆堆芯内包含燃料元件和钠热管,燃料元件与钠热管之间布置有推进剂氢气流道,堆芯其余部分用铼材料填充。HP－BSNR 系统示意图如图 4.3 所示。

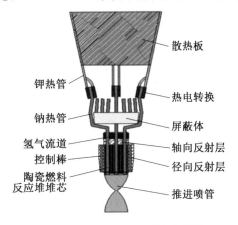

图 4.3　HP－BSNR 系统示意图

HP－BSNR 堆芯设计借鉴热管型空间核反应堆电源及 NERVA 计划中核热火箭的堆芯设计,以碱金属热管冷却堆芯和陶瓷型燃料钨基二氧化铀 W－UO$_2$ 为燃料元件组成六角形堆芯,堆芯的基本单元为双模式热管燃料组件。

堆芯双模式热管燃料组件采用圆柱形陶瓷 W－UO$_2$ 燃料元件(图 4.4)。陶瓷 W－UO$_2$ 燃料元件的直径为 21.7 mm,燃料元件内包括 19 个直径为 2.54 mm 的氢气流道,燃料元件和氢气流道的包壳为 W－Re 合金。堆芯钠热管的结构设计为传统热管,外径与 W－UO$_2$ 燃料元件的外径相同,钠热管的管壁和吸液芯结构体采用 Mo－Re 合金材料,管壁与吸液芯之间设计有液态回流腔,以便提高热管的毛细极限。HP－BSNR 堆芯钠热管结构如图 4.5 所示。

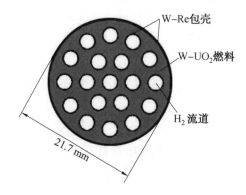

图 4.4　HP－BSNR 堆芯 W－UO$_2$ 燃料元件

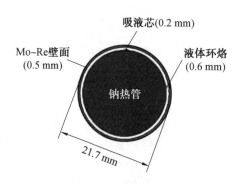

图 4.5　HP－BSNR 堆芯钠热管结构

HP－BSNR 系统内核反应堆堆芯截面呈六边形,内 6 个 W－UO$_2$ 燃料元件焊接在中心一根热管周围,钠热管之间及 W－UO$_2$ 之间采用金属 Re 三角连接块填充。金属 Re 是很好的吸收材料,可确保 HP－BSNR 的淹没次临界安全。在金属 Re 三角连接块之间设计有在推进运行模式下冷却堆芯钠热管及进行氢气预热的氢气流道,确保在推进模式下,堆芯热管不会被烧毁。

系统内核反应堆堆芯共包含 19 根热管燃料元件,其中 13 个是周边为 6 个 W−UO$_2$ 燃料元件的中心组件,6 个是周边为 4 个 W−UO$_2$ 燃料元件的边组件,故此整个反应堆中共有 102 根 W−UO$_2$ 陶瓷燃料元件,其堆芯结构示意图如图 4.6 所示。系统内核反应堆堆芯在最外围包裹一层厚度为 2 mm 的不锈钢,堆芯与不锈钢之间填充有多层厚度为 1 mm 的绝热空隙材料(MFI),其目的是减少容器外的径向散热。堆芯外围还布置有 Be 发射层和 B$_4$C 控制鼓。

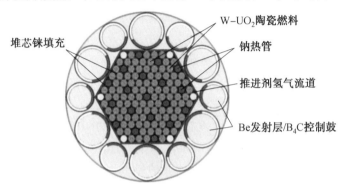

图 4.6　堆芯结构示意图

堆芯初始设计参数见表 4.1。推进系统采用氢气作为推进剂,为降低推进剂氢气在堆芯内的温度梯度,减少燃料和结构材料热应力,同时对堆芯热管进行冷却,将推进模式下堆芯内推进剂氢气流道设计为三个阶段分段加热,即推进剂氢气进入堆芯后依次流经下降通道、上升通道及推进通道,最终流出喷嘴产生推力。

表 4.1　堆芯初始设计参数

参数	数值	参数	数值
推力/N	2 200	氢气初始温度/K	75.6
比冲/s	887	推进剂出口温度/K	2 600
推进模式下热功率/kW	407.3	推进剂出口压力/MPa	3
氢气推进压力/MPa	1.38	堆芯推进流量/(kg·s^{-1})	0.253

HP−BSNR 热管冷却空间核反应堆系统在推进模式下的正常运行工况下,系统电功率为 110 kW,反应堆热功率为 407.3 kW,通过钠热管传递反应堆释放的热量,再通过碱金属热电转换装置将热能转换为电能,最后通过钾热管向深空

排放废热。

当其中一根热管失效时,其燃料组件内的反应热由相邻的另一根热管导出,此时该工作热管所传递的热量是原来的4/3倍。此外,考虑到HP－BSNR系统双模式运行的特性,推进模式下与电源模式下的堆芯功率相差较大,系统在推进模式下热管平均输出热功率为12.172 kW,在电源模式下的热管平均输出热功率为9.582 kW。考虑到在实际实用情况中可能出现单根热管失效的情况,当堆芯燃料组件中的相邻热管失效时,在推进模式下热管平均输出热功率为16.225 kW,电源模式下的平均输出热功率为12.766 kW。下面将对这四种典型的工况进行模拟和分析。

1. 建立物理模型及选定物性参数

(1)建立模型和假设。

堆芯热管主要分为三部分:蒸发段、绝热段和冷凝段。在HP－BSNR堆芯系统中,热管的蒸发段处于反应堆堆芯内部,HP－BSNR堆芯热管燃料组件设计如图4.7所示。热管的绝热段围绕堆芯系统的屏蔽体布置,屏蔽层设置的目的是减少反应堆辐射对装置其余系统性能的影响。HP－BSNR系统的热电转换模块设计采用了热电偶转换和碱金属热电转换AMTEC两种较成熟的技术方案。因此,热管的冷凝段与热电偶热电转换单元接触,将反应堆所释放的热能转化为电能。其中,堆芯热管尺寸设计参数见表4.2,其径向截面如图4.8所示。

图 4.7　HP－BSNR 堆芯热管燃料组件设计

表 4.2　堆芯热管尺寸设计参数

参数	数值
热管吸液芯的体积孔隙率	0.69
吸液芯的有效孔径/μm	18.00
中心气腔半径/mm	9.55
吸液芯厚度/mm	0.20
环状液腔厚度/mm	0.60
外包壳厚度/mm	0.50
热管外径/mm	21.70
蒸发段长度/m	0.42
绝热段最大长度/m	1.84
冷凝段长度/m	1.23

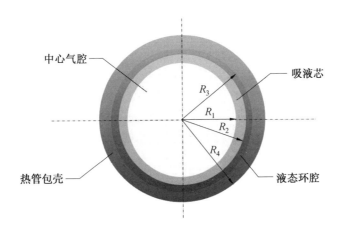

图 4.8　堆芯热管径向截面

　　为建立并计算堆芯热管的数值模型,需要求解热管包壳外表面热流密度 q,有

$$q = \frac{P_s}{\pi \cdot d_h \cdot H} \tag{4.1}$$

　　通过上式计算后,得到了堆芯热管在典型热功率下包壳外表面热流密度,见表 4.3。

表 4.3　堆芯热管在典型热功率下包壳外表面热流密度

热管输出功率 p_s/kW	热管包壳外表面热流密度/(kW·m^{-2})
9.582	334.647
12.172	425.134
12.766	445.860
16.225	566.677

HP—BSNR 系统的堆芯热管采用的工作流体是碱金属钠。由前述热管的工作原理可知,对热管的物理建模需要考虑到热管工作过程中包含固体导热、对流换热和相变传热等多个过程。由于热管中的吸液芯结构为多孔毛细结构,工作过程中流动工质的相变也在此结构中发生,因此此部分的计算较为复杂,但对于热管整体的热工参数影响不显著,可对其进行简化计算,做出的假设如下。

①在热管的实际工作中,气态金属钠在吸液芯附近液化,因此吸液芯中流动的液态金属钠的密度比中心气腔的气态金属钠密度大得多,且毛细孔道的孔径较小,流动速度很小,所以热管中的吸液芯结构的流动传热过程简化为具有等效导热系数的多孔介质纯导热过程。

②假设热管的中心气腔内气态金属钠的流动是可压缩流动,并且在工作过程中假设流动状态是层流,在建模过程中仅考虑毛细极限、声速极限和沸腾极限。

③假设堆芯燃料材料的物性参数为常数,热管中流动的液态金属钠的物性参数仅与温度有关,中心气腔流动的气态金属钠为理想气体且满足理想气体状态方程,其物性参数除密度外均为常数。

堆芯热管涉及的材料见表 4.4。

表 4.4　堆芯热管涉及的材料

名称	材料
热管包壳	钼铼合金(Mo—14%Re)
液态环腔	液态金属钠
吸液芯(固体)	钼铼合金(Mo—14%Re)
中心气腔	气态金属钠

由于 HP—BSNR 系统堆芯整体是对称结构,因此热管的分布也是对称的。通过 AUTOCAD 软件建立其中一根堆芯热管的二维几何模型,如图 4.9 所示。

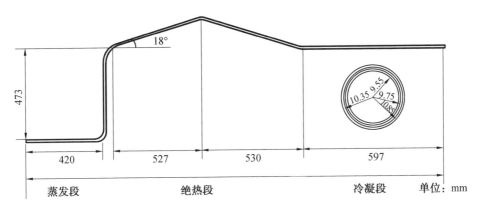

图 4.9 堆芯热管的二维几何模型

（2）选定材料物性参数。

钼铼合金的主要物性参数见表 4.5。

表 4.5 钼铼合金的主要物性参数

物性参数	密度/(kg·m⁻³)	比热容/(J·kg⁻¹·K⁻¹)	导热系数/(W·m⁻¹·K⁻¹)
数值	11 090.00	231.00	70.90

前面假设液态金属钠的热物性参数仅与温度有关，可以通过下式计算得到，即

$$\lambda_l = 92.95 - 0.058\,1T + 11.727\,4 \times 10^{-6}\,T^2 \tag{4.2}$$

$$\rho_l = 950.05 - 0.229\,8T \tag{4.3}$$

$$C_{pl} = 1\,436.72 - 0.580T + 4.627 \times 10^{-4}\,T^2 \tag{4.4}$$

上述假设气态金属钠满足理想气体状态方程，其密度 ρ_g、动力黏度 μ_g、蒸气潜热 h_{fg} 为

$$\rho_g = 2.29 \times 10^{11} \times T^{-1/2} \times 10^{-5\,567/T} \tag{4.5}$$

$$\mu_g = 6.083 \times 10^{-9}\,T + 1.260\,6 \times 10^{-5} \tag{4.6}$$

$$h_{fg} = 4.636\,44 \times 10^6 - 180.817T \tag{4.7}$$

比热容可由迈耶公式计算，即

$$C_{m,p} - C_{m,V} = R_s \tag{4.8}$$

吸液芯结构为多孔介质，体积孔隙率 $\theta_{eff} = 0.69$，其等效导热系数 λ_{eff} 为

$$\lambda_{eff} = \frac{\lambda_l [(\lambda_l + \lambda_s) - (1 - \theta_{eff})(\lambda_l - \lambda_s)]}{[(\lambda_l + \lambda_s) + (1 - \theta_{eff})(\lambda_l - \lambda_s)]} \tag{4.9}$$

2. 传热极限的计算

热管的传热能力虽然很大,但也不可能无限地加大热负荷。事实上,有很多因素制约着热管的工作能力。换言之,热管传热存在着一系列的传热极限,限制热管传热的物理现象为毛细力、声速、携带、沸腾、冷冻启动、连续蒸气、蒸气压力及冷凝等,这些传热极限与热管尺寸、形状、工作介质、吸液芯结构、工作温度等有关,限制热管传热量的类型是由该热管在某工作温度下各传热极限的最小值决定的。因此,需要计算热管的传热极限来验证以上的传热量是否在传热极限的范围内。

由上述假设可知,在计算传热极限的过程中只考虑声速极限、沸腾极限和毛细极限下的极限传热量。

(1)声速极限。

热管内蒸气流动,受惯性的作用,在蒸发段出口处蒸气速度可能达到声速或超声速,出现阻塞现象,这时的最大传热量称为声速极限。

热管蒸气腔内的蒸气流动与拉伐尔喷管(收缩-扩张管)中的气体流动十分类似。在一根圆柱形的热管内,蒸发段整个长度上蒸气量不断增加。由于截面不变,因此蒸气被不断加速,压力不断降低,这类似于拉伐尔喷管的收缩段。在蒸发段的出口处,流速达到最大值,压力降为最小值。而在冷凝段中,蒸气流量沿长度不断减少,流速值不断变小,压力逐步回升,这类似于拉伐尔喷管的扩张段。

热管中的摩擦主要是壁面摩擦,摩擦作用决定了声速点的位置,并决定了在冷凝段的流动是亚声速还是超声速。可知,不考虑摩擦的一维数值计算解在工作温度较高时与实验数据相对吻合得较好。

当蒸发段出口处的蒸气速度达到声速即蒸发段出口的马赫数 $Ma_v=1$ 时,热管达到声速极限,可得到热管达到声速极限时轴向的最大热流量为

$$Q_{s,\max}=A_v\rho_o h_{fg}\left[\frac{\gamma_v R_v T_o}{2(\gamma_v+1)}\right]^{1/2} \tag{4.10}$$

由上述物性参数的关系式得到堆芯热管声速极限与中心气腔温度之间的关系曲线如图 4.10 所示。

(2)沸腾极限。

热管蒸发段的主要传热机理是导热加蒸发。当热管处于低热流量的情况下时,热量一部分通过吸液芯和液体传导到气-液分界面上,另一部分则通过自然对流到达气-液分界面,并形成液体的蒸发。如果热流量增大,则与管壁接触的液体将逐渐过热,并会在核化中心生成气泡。热管工作时应避免气泡的生成,因

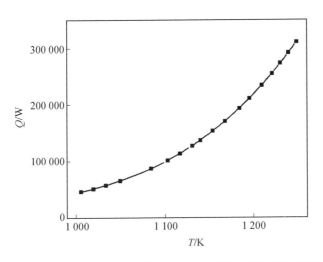

图 4.10　堆芯热管声速极限与中心气腔温度之间的关系曲线

为吸液芯中一旦形成气泡,且该气泡不能顺利穿过吸液芯运动到液面表面,将会引起表面过热,以致破坏热管的正常工作。因此,将热管蒸发段在管壁处液体生成气泡时的最大传热量称为沸腾极限。显然,沸腾极限是制约热管径向传热的极限,它直接与液体中气泡的形成有关。

由前文假设热管吸液芯中流动的工质为液体金属钠可判断出 HP-BSNR 系统堆芯热管中蒸气的形成模式在热流密度较大时可能处于核态或膜态沸腾型,因此要计算热管的沸腾极限。

热管中工质的相变可以是表面蒸发,也可以是沸腾。对于热导率较高的液态金属,在绝大多数情况下,相变为表面蒸发,只是在热流密度很大时发生沸腾。沸腾极限的表达式为

$$Q_{\mathrm{b,max}} = \frac{2\pi l_{\mathrm{e}} k_{\mathrm{eff}} T_{\mathrm{v}}}{h_{\mathrm{fg}} \rho_{\mathrm{v}} \ln \dfrac{r_{\mathrm{i}}}{r_{\mathrm{v}}}} \left(\frac{2\sigma}{r_{\mathrm{b}}} - \Delta p_{\mathrm{c}} \right) \tag{4.11}$$

应用上式时需要知道气泡生成的临界半径 r_{b}。实验表明,r_{b} 的取值范围为 $2.54 \times 10^{-8} \sim 2.54 \times 10^{-7}$ m,对于一般的热管,作为保守计算,可取 $r_{\mathrm{b}} = 2.54 \times 10^{-7}$ m。

将上述的气态金属钠的物性关系代入式(4.11)中可得到堆芯热管沸腾极限与中心气腔温度之间的关系曲线,如图 4.11 所示。

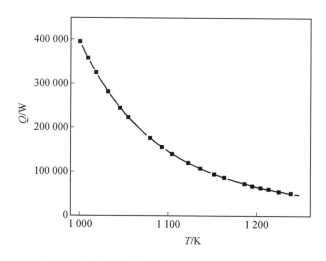

图 4.11　堆芯热管沸腾极限与中心气腔温度之间的关系曲线

（3）毛细极限。

由于热管内部工作液体循环的推动力是吸液芯所能提供的毛细压头，因此需满足 $\Delta P_{\text{cap}} \geqslant \Delta P_{\text{v}} + \Delta P_{\text{l}} \pm \Delta P_{\text{g}}$。$\Delta P_{\text{v}}$ 和 ΔP_{l} 一般随热负荷的增加而增加，而 ΔP_{cap} 是由吸液芯结构决定的。如果加热量超过某一数值，由毛细力作用抽回的液体就不能满足蒸发所需的量，于是会发现蒸发段的吸液芯干涸、壁温度剧烈上升，甚至烧坏管壁的现象，这就是所谓的毛细极限。

最大毛细压头为

$$\Delta P_{\text{cap,max}} = \frac{2\sigma}{r_{\text{c}}} \tag{4.12}$$

在毛细极限计算过程中，要先计算液态的摩擦系数 F_{l}，其表达式为

$$F_{\text{l}} = \frac{\mu_{\text{l}}}{KA_{\text{w}}\rho_{\text{l}}h_{\text{fg}}} \tag{4.13}$$

根据轴向动量守恒的原理，可得到蒸气流摩擦系数的表达式为

$$F_{\text{v}} = \frac{(f_{\text{v}}Re_{\text{v}})\mu_{\text{v}}}{2A_{\text{v}}\rho_{\text{v}}r_{\text{fg}}^2h_{\text{fg}}} \tag{4.14}$$

为计算 F_{v}，需要确定 f_{v}（其值与工质的流动状态有关），因为蒸气在层流状态（$Re \leqslant 2300$）时，对于圆柱形蒸气通道，$f_{\text{v}}Re_{\text{v}} = 16$，则 F_{v} 的表达式为

$$F_{\text{v}} = \frac{8\mu_{\text{v}}}{A_{\text{v}}\rho_{\text{v}}r_{\text{fg}}^2h_{\text{fg}}} \tag{4.15}$$

假设热负荷在蒸发段和冷凝段是均匀分布的，对于层流弱可压缩条件下的

蒸气流动,积分形式为

$$Q = \dfrac{\dfrac{2\sigma}{r_{c}} - \rho_{l}gd_{v}\cos\varphi \pm \rho_{l}gl\sin\varphi}{(F_{l} + F_{v})l_{eff}} \tag{4.16}$$

堆芯热管毛细传热极限与中心气腔温度之间的关系如图 4.12 所示。因为热管中心气腔的温度假定处于 1 000～1 250 K 范围内,则通过声速、沸腾和毛细极限传热量的计算,再结合系统在四种典型工况下的热管传输功率,可判断出系统热管在典型工况下的传热极限在三种极限之内。则热管在正常工况下是可以正常工作的。

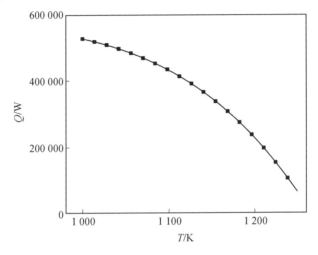

图 4.12　堆芯热管毛细传热极限与中心气腔温度之间的关系

3. 网格划分及求解条件

(1)网格划分。

将 AUTOCAD 软件绘制的二维几何模型导入 COMSOL Multiphysics 软件内,将单根堆芯热管分割成特定长度的三部分,分别代表热管的蒸发段、绝热段和冷凝段。本章重点研究热管的蒸发段中气态金属钠的热工特性,然后根据热管蒸发段的结构及工作原理划分不同的计算域。堆芯热管模型的域划分结果见表 4.6。

表 4.6　堆芯热管模型的域划分结果

区域	类型
中心气腔区	流体
吸液芯区	多孔介质
热管包壳区	固体

　　将几何模型导入 COMSOL Multiphysics 软件后,由于其结构特性,因此热管大部分为直圆管,弯曲部分较少。为简化网格,降低计算时间,将几何模型切分为弯曲部分和直管部分两个区域。直管部分采用扫掠网格处理,弯管部分采用非结构网格处理,进而降低网格数量。

　　通过用户控制网格功能,将每一个域内的网格进行划分,完整网格包含 379 195 个域单元和 57 812 个边界元,求解的自由度数为 344 085,最小单元网格质量为 5.392×10^{-6},平均单元网格质量为 0.791 3。堆芯热管模型网格单元质量图如图 4.13 所示,网格质量良好。

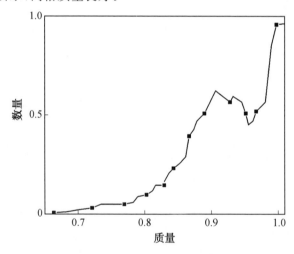

图 4.13　堆芯热管模型网格单元质量图

(2)设定求解边界条件。

①热管的传热边界条件。热管结构中多孔状态的吸液芯与热管中心气腔蒸气流动区域的边界等效为对流换热边界条件。

边界处热流密度的计算公式为

$$q = h_{L-V}(T_w - T_m) \tag{4.17}$$

由热管理论可知,热管中心气腔与吸液芯边界的等效对流传热系数为

$$h_{L-V} = \frac{h_{fg}^2 P}{(2\pi R T_g)^{0.5}} \cdot \frac{1}{R T_g^2}$$

(4.18)

因此,热管中心气腔和吸液芯边界的温降计算公式为

$$\Delta T = q/h_{L-V}$$

(4.19)

经过计算,给出图 4.14 所示 HP－BSNR 系统堆芯热管中心气腔与吸液芯边界的等效对流换热系数 h_{L-V} 随中心气腔中流动的饱和气态金属钠的温度 T_g 的变化,以及不同功率 p_s 下输出时热管中心气腔和吸液芯边界温降 ΔT 的变化。由图 4.14 可知,堆芯热管中心气腔与吸液芯边界的等效传热系数 h_{L-V} 随饱和金属钠蒸气温度 T_g 的上升而急剧升高,但整个过程中边界温降 ΔT 在此温度范围内的变化非常小。

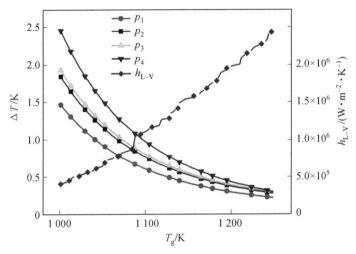

图 4.14　HP－BSNR 系统堆芯热管中心气腔与吸液芯边界的等效对流换热系数 h_{L-V} 随中心气腔中流动的饱和气态金属钠的温度 T_g 的变化,以及不同功率 p_s 下输出时热管中心气腔和吸液芯边界温降 ΔT 的变化

②传热求解件设置。在传热的条物理场中,开启多孔介质传热模块,选定钼铼合金包壳内为固体传热,吸液芯内为多孔介质传热,中心气腔内为流体传热,控制方程为

$$d_z \rho C_p u \cdot \nabla T + \nabla \cdot q = d_z Q + q_0$$

(4.20)

$$q = -d_z \lambda \nabla T$$

(4.21)

传热过程中的边界条件设置如下。

a.由于 HP－BSNR 的堆芯热管的蒸发段是布置在堆芯内部的,因此热管的

蒸发段在包壳外表面设置为边界热通量条件。堆芯热管蒸发段在不同工况下的相应边界条件下的边界热流密度见表4.3。

b.由堆芯热管的相变传热机理和上述对吸液芯中流动的均为液态金属钠的假设可知热管蒸发段的中心气腔与吸液芯的交界面处加上边界热源条件。

c.其他边界的传热边界条件均为热绝缘。

d.热管蒸发段工质的初始温度设定为金属钠的沸点,即1 156.2 K。

③流动求解条件设置。假设热管中心气腔的气态金属钠的流动状态为可压缩层流,控制方程为

$$\nabla \cdot (\rho u) = 0 \tag{4.22}$$

$$\nabla \cdot \left[-\rho l + \eta (\nabla u) + (\nabla u)^{\mathrm{T}} - \frac{2}{3} \eta (\nabla u) l \right] + F = \rho (u \cdot \nabla) u \tag{4.23}$$

将蒸发段中心气腔与吸液芯的交界面设为压力入口,壁面滑移速度为0。液态金属钠蒸发后进入气腔,此时气态金属钠是处于饱和流动状态的理想气体,所以由克劳修斯—克拉贝隆方程可知,入流和出流的压力的表达式为

$$P = p_{\mathrm{sat}}(T) = p_{\mathrm{ref}} \times \mathrm{e}^{\frac{h_{\mathrm{fg}} \times M}{R_s}(\frac{1}{T_{\mathrm{ref}}} - \frac{1}{T})} \tag{4.24}$$

流动的初始速度设定为 $v_x = v_y = 0$,可以通过上述传热物理场中的初始温度,即金属钠的沸点1 156.2 K,由式(4.24)计算对应的初始状态下的饱和气体压力值。

④求解器设置。在 COMSOL Multiphysics 软件中添加非等温流场,研究堆芯热管蒸发段在稳态下的热工水力特性,在稳态求解器中开启 Anderson 加速度算法,采用直接稀疏矩阵解算器(PARDISO),多线程嵌套式剖析的预排序算法,相对容差为0.005,残差因子为5 000,最大迭代数为200。以上所有的计算均是在4核(Intel)、8 GB内存的计算机上完成的。

4.2.2　数值模型验证

为验证以上所建立系统热管计算模型的合理性,以便更加准确地模拟热管的流动传热过程并得到更加符合实际稳态工作过程中的数据和结果,采用 KK Panda 等实验热管的测量数据与数值模型 CFD 计算结果进行对比及分析,保证计算结果的可靠性。文献[208]中的实验热管是一个圆形截面的长平热管且竖直放置,蒸发段在最下端,冷凝段在最上端,绝热段在中间处,其尺寸参数见表4.7。

表 4.7　文献[208]实验热管的尺寸参数

参数	数值
液体流动环腔/mm	0.5
热管外包壳厚度/mm	1.6
中心气腔直径/mm	14
蒸发段长度/m	0.1
绝热段长度/m	0.2
冷凝段长度/m	0.05

该实验热管的布置方式是将系统的蒸发段外壁表面设定为固定功率的热源来模拟系统热管蒸发段在堆芯中布置的边界条件。实验中热管冷凝段布置在空气中,用来模拟实际系统热管冷凝段在热电转换中的定壁温边界条件。实验中假定空气存在对流及辐射换热,采用移动热电偶测量水平布置的热管外包壳的温度值,在距蒸发段地面轴向距离分别为 0.02 m、0.04 m、0.06 m、0.08 m、0.10 m 的热管外壁面处设置测量点。

由文献[208]中的实验热管材料属性可知,其工作流体材料为碱金属钠,输出热功率为 615 W·m^{-2}。按照上述设定求解边界条件并且将冷凝段包壳的边界条件改为对流换热及辐射传热,通过计算不同输出功率情况下外壁面温度来验证模型的有效性。输出功率为 615 W 时实验值与数值计算结果的对比情况如图 4.15 所示,其误差分析见表 4.8。

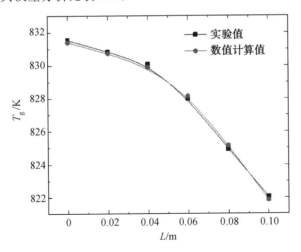

图 4.15　输出功率为 615 W 时实验值与数值计算结果的对比情况

表 4.8　输出功率为 615 W 时实验值与数值计算结果的误差分析

轴向长度/m	实验值/K	理论值/K	误差绝对值/K
0.00	831.53	831.49	0.04
0.02	830.83	831.03	0.20
0.04	830.07	830.19	0.12
0.06	827.99	828.15	0.16
0.08	824.93	824.65	0.28
0.10	822.04	821.87	0.17

由以上的实验数据和数值模拟的数据可知,数值计算与文献[208]实验值的最大误差为 0.28 K,与堆芯热管传热边界条件可以进一步简化为与定壁温边界条件时忽略的温降近似相等,但实验过程中热管的绝热段是用保温泡沫来进行保温的,虽然保温泡沫的导热系数较小,但还是会存在一定的能量损失,并不能完全绝热,且温度沿轴线的变化趋势与实验数据相近,在一定程度上可以验证模型的有效性,因此上述模型可用于模拟堆芯热管的工作情况,并能得到相对准确的结果。

4.2.3　计算结果与分析

1. 气态金属钠的压力分布

图 4.16 所示为 HP-BSNR 系统堆芯热管在四种不同的输出热功率下蒸发段内气体压力分布云图。可以看出,热管中心气腔中的气态金属钠在入口处底部的压力值最大,随后气态金属钠的压力在蒸发段逐渐下降且并无突变,这是因为气体在入口处被加热而存在温降和压降,有向堆芯热管冷端一侧运动的趋势。在流动过程中,由于存在摩擦损失、惯性作用及管道形状的影响,因此气体压力值略有下降。

不同输出热功率下堆芯热管蒸发段内气体入口和出口压力变化见表 4.9。

由表 4.9 中数据可知,随着堆芯热管输出热功率的增大,入口压力值由 139.77 kPa 增大到 143.15 kPa,出口压力值由 139.63 kPa 增加到 142.26 kPa,出入口压差也由 0.14 kPa 增大到 0.89 kPa。

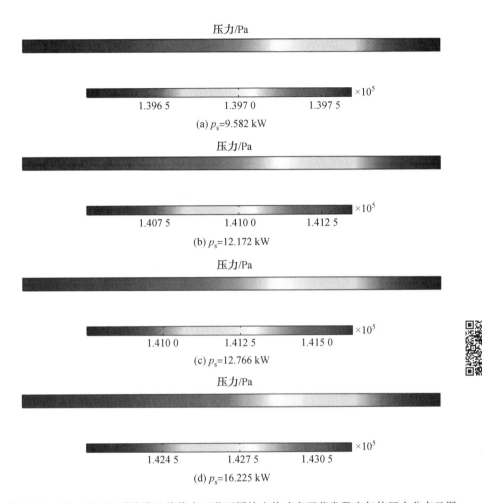

(a) p_s=9.582 kW

(b) p_s=12.172 kW

(c) p_s=12.766 kW

(d) p_s=16.225 kW

图 4.16　HP-BSNR 系统堆芯热管在四种不同输出热功率下蒸发段内气体压力分布云图

表 4.9　不同输出热功率下堆芯热管蒸发段内气体入口和出口压力变化

热管输出热功率/kW	入口压力值/kPa	出口压力值/kPa	压降/kPa
9.582	139.77	139.63	0.14
12.172	141.35	140.77	0.58
12.766	141.58	140.92	0.66
16.225	143.15	142.26	0.89

2.气态金属钠的速度分布

假设热管中心气腔中流动的气态金属钠在流动过程中为层流状态,以上所有计算均建立在此假设的基础上,因此需要计算热管中工质的速度来验证前述假设的正确性。

图 4.17 所示为 HP－BSNR 堆芯热管在四种不同输出热功率下蒸发段内气体流速分布云图。可以看出,气态金属钠在蒸发段处中心流速较大,速度最大值位于蒸发段出口处附近,蒸发段在围绕管壁处和蒸发段入口处的流速较小。由于边界层效应的存在,因此尤其是在接近堆芯热管的端面处速度不断减小甚至

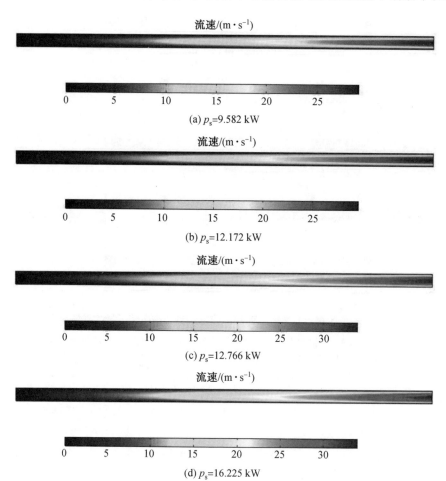

图 4.17　HP－BSNR 堆芯热管在四种不同输出热功率下蒸发段内气体流速分布云图

为 0。并且由于流体具有黏性,因此在靠近壁面处的流速小,通道中心处流速大。气体从蒸发段内气腔与吸液芯交界面处流入,速度方向大致与壁面垂直。

不同输出热功率下堆芯热管蒸发段气体中心流速最大值见表 4.10,经雷诺数

$$Re = \frac{\rho_g dt v}{\mu} \tag{4.25}$$

计算得到堆芯热管在最大输出热功率为 16.225 kW 下内部气体流动的最大雷诺数为 1 572,仍属于层流流动,验证了在流动场中设定层流条件的合理性。

表 4.10　不同输出热功率下堆芯热管蒸发段气体中心流速最大值

堆芯热管输出热功率/kW	气体流速最大值/(m·s^{-1})
9.582	27.09
12.172	29.87
12.766	30.79
16.225	34.78

3. 热管蒸发段温度分布

由于在进行堆芯燃料组件研究的过程中需要将堆芯热管等效成一定导热系数的圆形管柱,因此需要求出热管蒸发段的温降。以堆芯热管蒸发段中心轴线为研究对象,绘制出不同输出热功率下堆芯热管蒸发段中心气腔温度的变化情况,如图 4.18 所示。可以看出,随着输出热功率的增加,热管蒸发段的温度变化较小,且蒸气钠的温度随着输出热功率的增加而增大。

表 4.11　不同输出热功率下堆芯热管蒸发段部分温度分布情况

单根堆芯内热管 输出热功率/kW	热管蒸发段 平均温度值/K	热管蒸发段 温降 ΔT/K
9.582	1 201.61	1.99
12.172	1 205.31	3.07
12.766	1 206.07	3.18
16.225	1 210.95	4.76

利用

$$\lambda_{pipe} = \frac{Q \cdot L}{A \cdot \Delta T} \tag{4.26}$$

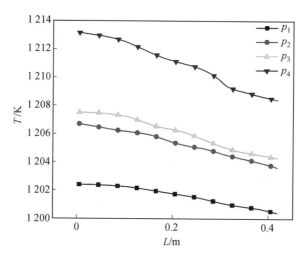

图 4.18　不同输出热功率下堆芯热管蒸发段中心气腔温度的变化情况

即可求出堆芯热管在不同工况下的等效导热系数,见表 4.12。可以看出,随着堆芯热管输出热功率的增加,等效导热系数略有下降,目前已知金属银的导热系数最高,为 $429\ \text{W} \cdot \text{m}^{-1} \cdot \text{K}^{-1}$ 的 906 倍以上。由此可见,HP－BSNR 热管具有优越的导热性能。

表 4.12　堆芯热管在不同工况下的等效导热系数

单根堆芯热管输出热功率/kW	热管蒸发段等效导热系数 $\lambda_{\text{pipe}}/(\text{W} \cdot \text{m}^{-1} \cdot \text{K}^{-1})$
9.582	544 137.37
12.172	455 942.53
12.766	450 304.15
16.225	387 132.95

4.3　HP－BSNR 系统燃料组件的热工特性

4.3.1　HP－BSNR 系统燃料组件数值模型

第 2 章中已经介绍了 HP－BSNR 堆芯燃料元件排列分布,HP－BSNR 堆芯燃料组件设计如图 4.7 所示。

由反应堆内的燃料元件和堆芯热管排布情况可知,每根燃料元件周围有 2

根堆芯热管,而堆芯热管周围有 6 根燃料元件,所以每个燃料组件之间是存在相互影响的,在分析堆芯燃料组件的热工特性时选取一个堆芯燃料组件作为最小单元是不准确的,故拟从相邻的 3 个燃料组件中分别选取相邻的 1 根热管和 1 根燃料元件作为研究对象。选取燃料组件几何模型如图 4.19 所示,选取其中选定的三角部分作为研究对象,燃料元件径向截面如图 4.20 所示。

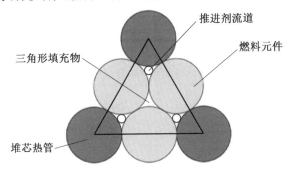

图 4.19 选取燃料组件几何模型

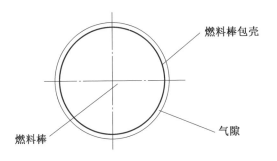

图 4.20 燃料元件径向截面

1. 建立物理模型及选定物性参数

燃料元件模型的尺寸设计参数见表 4.13。燃料组件涉及的燃料元件各部分结构材料见表 4.14。因为氦气气隙的厚度与燃料元件总体的尺寸相比较小,且氦气性质稳定,所以建立应用于数值模型计算的几何模型时忽略其对计算结果的影响。

表 4.13 燃料元件模型尺寸设计参数

参数	数值
燃料棒包壳外径/mm	21.70
燃料棒包壳厚度/mm	0.50

续表4.13

参数	数值
气隙厚度/mm	0.05
燃料棒直径/mm	13.90
燃料元件长度/mm	420
推进剂流道直径/mm	2.54

表 4.14　燃料组件涉及的燃料元件部分结构材料

名称	材料
燃料棒	$W-UO_2$
气隙	低压氦气
燃料元件包壳	钼铼合金（Mo—14％Re）
三角填充物	金属铼
推进剂流道边壁	金属铼

由于 HP－BSNR 系统中堆芯燃料棒的长度与堆芯热管的蒸发段的长度相当，因此在建立堆芯燃料元件模型时，堆芯热管简化为具有相同外径及蒸发段、绝热段、冷凝段的圆管。燃料组件计算模型的横截面如图 4.21 所示。其中，燃料元件长度和堆芯热管的长度均为 420 mm。

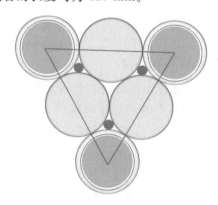

图 4.21　燃料组件计算模型的横截面

在进行系统堆芯燃料组件热工特性模拟中，将热管等效成具有优越导热性能的各向均匀固体材料，热管在四种典型工况下的等效导热系数见表 4.12。因为堆芯燃料组件几何模型中热管的三个边界分别占热管圆周的 1/6,所以根据体积分数权重来计算等效定压热容。可求热管的密度,即

$$\rho_{\text{pipe}} = \frac{m_{\text{pipe}}}{V_{\text{pipe}}} \tag{4.27}$$

W—UO$_2$燃料的主要物性参数为密度 $\rho = 12.71 \text{ g/cm}^3$,导热系数和定压比热容为

$$\lambda = 1.37 T^{0.41} \tag{4.28}$$

$$C_p = 34.895\ 75 + 5.839 \times 10^{-2} T - 4.870\ 44 \times 10^{-5} T^2 +$$
$$1.730\ 4 \times 10^{-8} T^3 - 1.054\ 1 \times 10^{-12} T^4 \tag{4.29}$$

查找《化工物性手册》可知金属铼的主要物性参数,见表 4.15。

表 4.15　金属铼的主要物性参数

物性参数	密度/(kg·m^{-3})	比热容/(J·kg^{-1}·K^{-1})	导热系数/(W·m^{-1}·K^{-1})
数值	21 040.00	136.80	48.00

2. 网格划分及求解条件设定

将二维几何模型导入 COMSOL Multiphysics,在前述堆芯燃料元件简化模型的基础上,将热管等效为具有一定导热系数的纯固体,因此在模拟计算过程中选择添加纯固体导热的物理场。通过用户控制网格功能划分,完整的网格包含 1 358 214 个四面体单元和 282 311 个三角形单元,求解的自由度为 257 822,最小的单元质量为 0.003 5,平均单元质量为 0.522。燃料组件模型网格单元质量图如图 4.22 所示,网格质量符合预期。

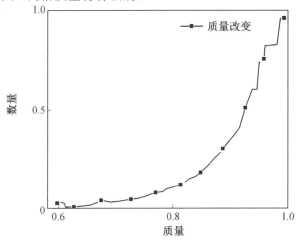

图 4.22　燃料组件模型网格单元质量图

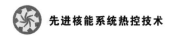

3. 设定求解边界条件

堆芯燃料芯块的热通量释放量取决于均匀体积释热,由

$$q_v = \frac{p_s}{1/4\pi d^2 h} \tag{4.30}$$

计算反应堆平均体积释热率,不同热管输出功率下的平均体积释热率见表 4.16。相邻的燃料组件之间设定为理想接触。

表 4.16 不同热管输出功率下的平均体积释热率

热管输出功率 p_s/kW	平均体积释热率 q_v/(W·m^{-3})
9.582	22 309.84
12.172	28 342.26
12.766	29 723.99
16.225	37 778.45

由第 2 章的热管模拟结果可知,热管轴向温度降低很小,即使在推进模式单个热管失效的情况下,温降也保持在 5 K 以下,进而可知热管沿轴向的热损失较小,所以在本章的计算中忽略钠热管的复杂传热过程。

(1)传热求解条件设置。

在固体传热的物理场中,控制方程如式(4.28)和式(4.29)所示,主要求解条件设置为

$$\rho C_p u \cdot \nabla T + \nabla \cdot q = Q + Q_{red} \tag{4.31}$$

$$q = -\lambda \nabla T \tag{4.32}$$

①将 HP−BSNR 系统堆芯燃料元件几何模型所包含的 3 根对称燃料元件作为均匀体积热源。堆芯共 102 根燃料元件,输出热功率为 407.3 kW,故在 HP−BSNR系统处于电源模式和推进模式下堆芯燃料元件轴向功率分布均匀的工况下,每根燃料元件所释放的热功率相差较大。

②其他边界设为热绝缘。

③初始温度设定为堆芯热管的蒸发段温度,即 1 189 K。

④当堆芯几何模型内的某一根堆芯热管发生失效而不能正常工作时,堆芯元件系统只能利用其余两根热管进行导热。

(2)求解器设置。

在 COMSOL Multiphysics 软件中添加纯固体导热物理场,研究堆芯燃料组件在稳态下的温度分布,在稳态求解器中开启伪时间步长加速度,采用

PARDISO,多线程嵌套式剖析的预排序算法,相对容差为 0.001,残差因子为 5 000,最大迭代数为 100。以上所有计算均是在 4 核(Intel)、8 GB 内存的计算机上完成的。

4.3.2　计算结果与分析

图 4.23 所示为堆芯热管不同输出热功率 p_s 下的燃料组件温度分布云图。

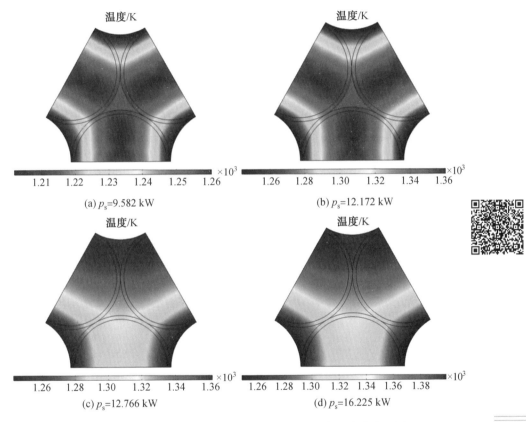

图 4.23　堆芯热管不同输出热功率 p_s 下的燃料组件温度分布云图

(1)燃料堆芯的温度分布。

由于系统堆芯的燃料元件的几何模型是对称分布的,因此通过模拟计算结果可以看出,燃料棒的温度分布由中心向两边递减,且整体温度分布也呈对称性分布。

(2)燃料气隙的温度分布。

由于气隙填充氦气,且氦气不流通,导热性差,因此燃料元件周边的气隙温度较高。

（3）推进剂流道的温度分布。

由于推进剂流道分布在燃料棒与堆芯热管之间，因此在系统堆芯的温度图中，推进剂流道处的温度比周围燃料棒温度低。

（4）温度极值。

系统堆芯在四种输出热功率下的最大温度均分布于燃料芯块中心。但在无热管失效的两种输出热功率下，系统堆芯的最低温度均在堆芯热管与推进剂流道相邻处；在单一热管失效的两种输出热功率下，系统堆芯内的最低温度分布在未失效热管与推进剂流道的相邻处，系统的最高温度分布在失效热管和两个与之相邻的燃料棒的交界处，但系统堆芯整体的温度分布仍然沿失效热管中心线呈轴对称结构。这是因为失效热管不能发挥冷却的作用，导致周围热管需要传递更多的热量，而燃料元件靠近失效热管处热量不能顺利地传递到冷端而逐渐累积，所以温度较高。

不同输出热功率下堆芯燃料组件内温度最大值见表 4.17。随着堆芯热管输出热功率的增加，燃料组件内的温度最大值也在增加，在最大输出热功率 16.225 kW下，堆芯内的最高温度为 1 390.58 K，远低于堆芯安全温度 2 500 K，即使在单个热管失效的前提下，还是可以将堆芯中的余热从反应堆中排出。由此可见，热管是一种高效的传热元件，其应用于空间核反应堆中可以提高堆芯系统的安全性能。

表 4.17 不同输出热功率下堆芯燃料组件内温度最大值

堆芯热管输出热功率/kW	燃料组件内温度最大值/K
9.582	1 260.10
12.172	1 364.75
12.766	1 369.21
16.225	1 390.58

4.4 HP−BSNR系统推进剂热工特性

4.4.1 HP−BSNR系统推进剂数值模型

HP−BSNR系统推进部分主要包括低温推进剂储液箱、推进剂流道、涡轮机、泵、阀门、喷管等部件。喷管采用缩放喷管的设计,喉部面积为 4 cm^2,进口与喉部的截面面积之比为 100∶1,储液箱内储存的推进剂的液体密度为 70 kg·m^{-3}。在核推进航天器的前端布置 HP－BSNR 推进器系统,通过机械装置与航天器相连。储存推进剂的储液箱布置在航天器的后端,可携带 3 600 kg 的液氢,能够保证航天器在推进模式下正常工作运行 10 h 的寿命,并在储液箱外部设置厚度为 5 cm 的 MFI 绝热材料进行推进剂的保温维持。

选择液氢作为推进剂的主要目的是其可以满足推进器的额比冲参数要求。HP－BSNR 系统氢气流动过程如图 4.24 所示,推进剂流动简化过程如图 4.25 所示。

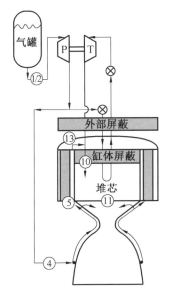
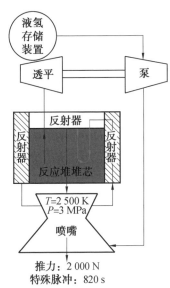

图 4.24　HP－BSNR 系统氢气流动过程　　图 4.25　推进剂流动简化过程

前述章节中对系统堆芯中的燃料棒结构有了明确的说明,在 HP－BSNR 系统堆芯中的燃料棒中均匀分布 19 个推进剂流道,且燃料棒与流道之间存在一定的结构,燃料棒中的推进剂流道均为推进剂上升通道,燃料棒与钠热管之间的三角填充物中的推进剂流道为下降通道,两种通道边壁的边界条件不同,堆芯中推进剂下降通道如图 4.26 所示,三角填充物推进剂上升通道如图 4.27 所示。

1. 推进剂简化模型的建立

在推进模式下,推进剂的流动满足堆芯能量守恒。推进模式下,反应堆堆芯热功率主要分为五部分,即

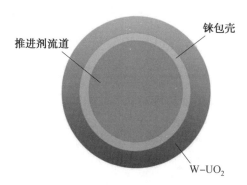

图 4.26 堆芯中推进剂下降通道

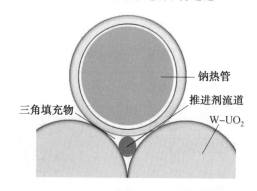

图 4.27 三角填充物中推进剂上升通道

$$Q_r = Q_{sr} + Q_d + Q_u + Q_p + Q_{hp} \qquad (4.33)$$

以单根 HP−BSNR 系统堆芯燃料棒为研究对象,通过计算燃料棒与堆芯内部推进通道、上升通道及热管之间的多维耦合换热获得各加热通道推进剂温度和压力分布,以及推进剂的温度分布情况。为降低燃料棒的温度分布梯度,进一步提高推进剂出口温度,HP−BSNR 系统堆芯推进剂采用多流程加热模式,从而可知堆芯燃料棒与推进剂之间存在复杂的多维耦合换热,推进剂流道周边的复杂结构导致推进剂会接受到多种材料的热量。

为简化计算,将推进剂的流道简化为管套式的 U 形管,且将边界的换热条件简化为双面换热推进剂流道。其中,简化后 U 形管的边壁所填充的铼材料的厚度是根据模型简化前推进剂流道中铼材料所占元件的体积分数决定的,推进剂在流道中的流量也根据简化前的燃料元件体积分数进行确定,从而确保简化后的推进剂流道中的流量和其中铼材料填充的体积保持不变,然后计算出推进剂流道不同部分的吸收功率。在简化计算的过程中,数值模型计算中并不考虑气体间隙。简化流道模型切面如图 4.28 所示,简化流道的三维模型如图 4.29 所示。

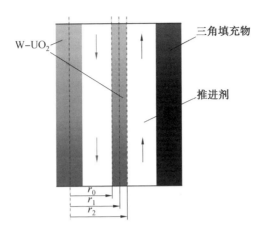

图 4.28　简化流道模型切面

图 4.29　简化流道的三维模型

从系统堆芯燃料组件内外表面出发，推进剂主要在堆芯燃料棒中的流道中流动。推进剂在流动过程中会先流经燃料棒与热管之间填充物的材料中，随后流经堆芯燃料中的推进剂流道。在堆芯中，推进剂流道边壁的线功率密度 $q_u(z)$、上升通道的线功率密度 $q_w(z)$、热管的线功率密度 $q_{hp}(z)$ 为

$$q_u(z) = q_v(z) \pi (r_0^2 - r_1^2) \tag{4.34}$$

$$q_w(z) = \frac{T_{w0}(z) - T_{cw}(z)}{R_0 + R_g + R_c + R_1 + R_{hu}} \tag{4.35}$$

$$q_{hp}(z) = 2\pi r_h \int_0^L h_{hp} (T_{mm}(z) - T_{hp}(z)) \mathrm{d}z \tag{4.36}$$

通过上述模型建立边界的热源功率作为边界条件来计算简化后的几何模型。

2. 推进剂物性分析

在进行推进剂热工计算之前,首先要对推进剂在流道处所提供的工况下的物性进行分析。由于推进剂的工作温度范围在 25.6~2 000 K,因此氢气推进剂的密度、热导率等物性参数是一个与温度相关的关系式。

但为简化计算,需要将密度、热导率设定为一个常量进行计算,因此需要确定氢气在这个温度范围内的密度和热导率的大概数值。查询文献[209]中的物性程序 NBS^+-PH_2 的计算结果作为依据。物性程序 NBS^+-PH_2 是对 1981 年美国国家标准局(National Bureau of Standards,NBS)热力学和运输表格数据进行插值得到的。该物性程序的氢气最高温度限度为 10 000 K,压力计算范围为 1×10^4 Pa~1.6×10^7 MPa,符合本章需使用到的工况,计算后的氢气密度 ρ 和导热率 K 随温度的变化关系如图 4.30 所示。

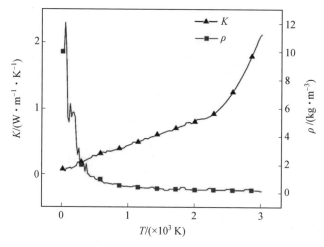

图 4.30　氢气密度 ρ 和导热率 K 随温度的变化关系

3. 推进剂热工参数计算方法

在 COMSOL Multiphysics 软件中添加非等温流场,研究堆芯热管蒸发段在稳态下的热工水力特性,在稳态求解器中开启 Anderson 加速度算法,采用 PARDISO,多线程嵌套式剖析的预排序算法,容差因子为 0.005,残差因子为 5 000,最大迭代数为 50。以上所有的计算均是在 4 核(Intel)、8 GB 内存的计算机上完成的。

依据上述方法通过 COMSOL Multiphysics 软件将建立的简化 U 形管模型导入并计算,得到推进剂流动过程中速度场、压力场及温度场的分布情况,随后再结合计算所得的推进剂热工参数和未简化包含推进剂流道的堆芯燃料棒分析堆芯的温度特性,研究其对堆芯温度分布的影响。

4.4.2　计算结果与分析

1.推进剂的速度分布

p_s＝12.766 kW 下的推进剂热工参数如图 4.31 所示,p_s＝16.225 kW 下的推进剂热工参数如图 4.32 所示。其中,速度分布研究了 zy 平面截面和 xy 平面截面。

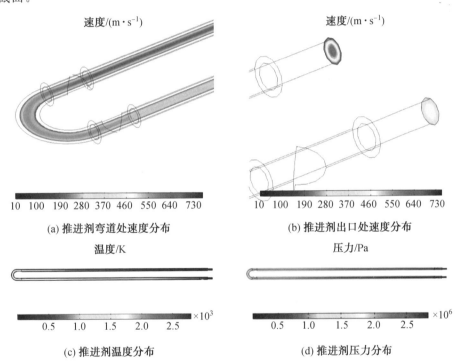

图 4.31　p_s＝12.766 kW 下的推进剂热工参数

推进剂出口的设计温度为 2 600 K。由上述两种工况下的计算结果可得计算所得的推进剂在出口处的温度为 2 547 K,与设计的出口温度值相近。图 4.32 发生单根热管失效的工况下的推进剂出口温度为 2 617 K,也在设计温度所允许的误差范围之内。

从以上两种工况下的速度分布云图中可以看出,推进剂在简化后的 U 形管中始终被加速,且在计算过程中假设推进剂氢气为理想气体,则结合 U 形管出口

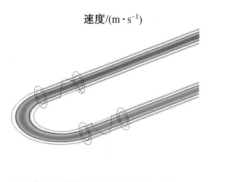

速度/(m·s⁻¹)

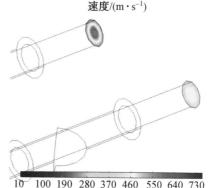

速度/(m·s⁻¹)

10 100 190 280 370 460 550 640 730

(a) 推进剂弯道处速度分布

10 100 190 280 370 460 550 640 730

(b) 推进剂出口处速度分布

温度/K

压力/Pa

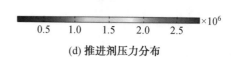

0.5   1.0   1.5   2.0   2.5 ×10³

(c) 推进剂温度分布

0.5   1.0   1.5   2.0   2.5 ×10⁶

(d) 推进剂压力分布

图 4.32 $p_s = 16.225$ kW 下的推进剂热工参数

的温度,可计算出相应工况下的声速极限,即

$$c_s = \sqrt{\gamma_0 R_g T} \tag{4.37}$$

将 $p_s = 12.766$ kW、$p_s = 16.225$ kW 两种工况下的温度结果代入式(4.37)中可以得到推进剂模式下两种工况下推进剂出口的当地声速,见表 4.18。

表 4.18 推进剂模式下两种工况下推进剂出口的当地声速

堆芯热管输出热功率/kW	对应工况下的当地声速/(m·s⁻¹)
12.766	991.48
16.225	1 004.95

从以上的计算结果中可以看出,推进剂在流道流动时受到来自燃料棒的热量加热,速度急剧增加,在出口处已经接近当地声速,进而当推进剂流入拉伐尔喷管后可以加速到超音速状态,从而能够满足推进器的比冲在 1 000 s 左右的要求。

可以通过 xy 平面的截面看出推进剂在流道中的流动在弯曲段后发生了一些变化,上升通道推进剂流道管壁两端分别是燃料棒和三角填充物,下降通道的管壁均为堆芯燃料棒。由边界条件的设定可知,在上升阶段和下降阶段推进剂所受到的加热情况是不同的。

从以上系统处于推进模式下两种工况的速度分布来看,当发生单一热管失效后,堆芯中的热量不能及时传导出去,进而将更多的热量传导给推进剂,使得推进剂的速度分布增量更加明显,出口处的速度相对于单根热管未失效时较大,但与当地声速极限相对比后发现仍小于当地声速极限。计算结果表明,在堆芯组件中发生单一热管失效的情况下,系统仍然可以正常维持推进模式下的正常工作,有较好的安全特性。

2. 推进剂流道的燃料元件温度分布

在得到推进剂在流道的分布特性之后,将所得到的推进剂在流道中的热工参数代入堆芯组件中进行堆芯组件的温度分布研究。

选取距堆芯底部 210 mm 的 xy 平面作为研究截面,图 4.33 所示为堆芯燃料元件截面几何模型,图 4.34 所示为堆芯燃料截面网格划分。

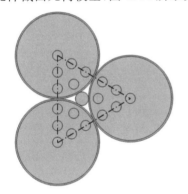

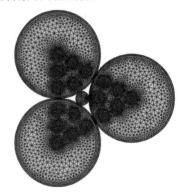

图 4.33 堆芯燃料元件截面几何模型　　　　图 4.34 堆芯燃料截面网格划分

燃料元件的温度分布同样受到堆芯热管工作情况的影响,但在第 3 章中已经讨论了堆芯热管在不同输出功率情况下堆芯元件温度的分布情况,故本章的研究过程中忽略热管工作情况给燃料组件带来的影响,只考虑推进剂带来的影响。

为简化计算过程,在实际计算中取几何模型中心部分的三角区域进行计算。由于系统堆芯排列的规律性,因此三角区域可作为燃料组件的最小单元来研究。

图 4.35 所示为简化后模型的计算结果,可看出在距堆芯元件底部 210 mm 的截面上,推进剂能够带走一部分堆芯燃料棒所产生的热量用于自身的加热,变相为输出反应堆余热提供了途径。

温度/K

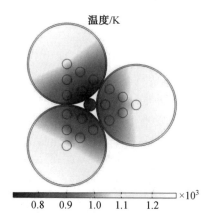

图 4.35 简化后模型的计算结果

第 5 章

先进压水堆系统热工水力过程多尺度熵产分析方法

本章针对反应堆系统中典型的局部尺度和系统尺度进行研究,涉及单相流动和两相流动等热工水力过程,建立合适的模型进行计算模拟分析,并基于所得计算结果利用熵理论进行热力学分析,最后提出反应堆热工水力过程多尺度熵分析的概念。

5.1　流动传热过程熵产分析

5.1.1　研究背景和意义

从核电发展的起始阶段至今,安全性一直被置于首要的位置,先后曾提出了纵深防御、多样性、冗余性等设计准则,接着又将其提升至"核安全文化"的层次。从核反应堆系统的运行来看,热工水力过程是安全设计和事故分析的重要组成部分,核反应堆通过核裂变放出巨大的能量,并利用冷却剂对堆芯进行冷却,实现热量传递和转移,一旦失去冷却能力,将会给整个反应堆系统带来不可估量的后果和损失,因此需要有大量的安全系统设计来保障反应堆的安全运行。而在安全系统设计与事故分析中,多是与热工水力过程相关,所以对于核反应堆内的热工水力过程进行准确的分析评估显得尤为重要。

1. 多尺度研究

在过程工程等领域,一些复杂的系统或过程都呈现出多尺度的特征。为满足不同的需求,多尺度分析逐渐成为在材料、动力、环境、控制等领域的一个重要研究手段。图 5.1 所示为多尺度分析应用领域分布(2010—2015 年),数据由 Web of Science 核心数据库统计。多尺度分析方法是根据系统、过程或结构在时间或空间上的跨层次或跨尺度特征,分层次分析或将相关尺度进行耦合分析的方法。

以基本流动传热过程为例,目前的多尺度研究主要集中在:从微观上研究分子的运动,并利用统计力学的知识对这些运动进行统计分析以得到宏观状态参数的变化,以此来对流动传热过程进行描述,并做出相关的评价分析,这个尺度多是建立在分子动力学与第一性原理的基础上的;建立介观动理学模型,立足于流体分子的速度分布函数,以通过研究其时空演化过程并根据宏观物理量与分布函数之间的关系获得一些宏观上的信息,目前研究中的格子玻尔兹曼方法

(LBM)就属于这一尺度的研究;根据流体连续性介质假设,用一组微分方程描述流体微团的宏观运动,通过计算流体力学或者计算传热学进行微分方程的求解,从而获得所需要的信息,这就是宏观尺度上的分析。

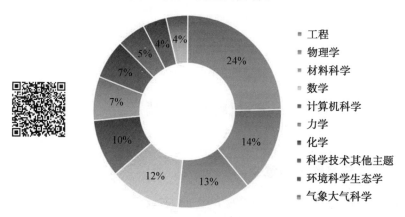

图 5.1　多尺度分析应用领域分布(2010—2015 年)

　　而在过程工程中,根据研究需求的不同,将所涉及的现象归纳为:四种过程,分别为流动、传递、分相和反应;六种尺度,从小到大依次为分子、纳微米、单元(如气泡等)、聚团、设备、工厂;两种变化,规则和非规则。多尺度法的过程/尺度二维结构表见表 5.1。

表 5.1　多尺度法的过程/尺度二维结构表

	分子	纳微米	单元	聚团	设备	工厂
反应	微观反应	微孔微隙中的反应	单颗粒反应动力学	非均匀结构中的反应	提高转化率和选择性	
分相	分子碰撞、成核	团、簇	气泡的形成	团聚和合并的过程	多态行为和突变	产品分离
传递	分子碰撞	微孔微隙中的物质交换	单元与周围物质的交换	非均匀结构中的传递	返混、扩散分级	热、质转移
流动		小尺度绕流	绕流	局部非均匀结构	径向和轴向非均匀分布	物料传递

在多尺度研究上,可以针对分相过程对分子的碰撞、成核进行研究,可以对液滴的形成进行研究,也可以对聚团合并过程进行研究。针对反应过程,可以对分子的微观反应进行研究,也可以对单元中单颗粒的动力特性进行研究。同样,也可以将这些过程进行耦合分析研究。

广义上讲,核反应堆系统也是过程工程,因此对其进行多尺度分析也是一种十分有力的手段。与对基本传热流动现象进行多尺度分析不同,核反应堆系统热工水力过程的多尺度模拟分析包括局部、部件(设备)和系统三个尺度。热工水力过程多尺度研究对象示意图如图 5.2 所示。

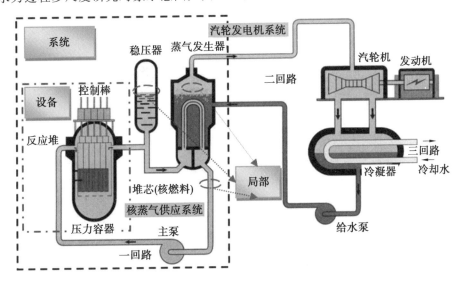

图 5.2　热工水力过程多尺度研究对象示意图

局部尺度模拟是指对于呈现出强烈三维流动的区域,如反应堆内的流动,采用 CFD 的方法对其进行模拟,通过求解流体力学的基本方程实现对于计算空间精细的三维计算,可得到诸如流速、压力、温度及截面含气率等参数的三维分布。部件(设备)尺度模拟主要是针对于一些类似于反应堆堆芯、蒸气发生器或热交换器等的重要局部部件,采用子通道分析程序进行模拟,不同于全三维的模拟。这个尺度的模拟一般仅考虑到了横向流的影响,可以实现相邻通道间的质量、动量和能量交换分析。系统尺度模拟主要是针对反应堆中的一些回路系统,在模拟中,假设回路流体为一维流动,利用控制体内部的集总参数法实现对于系统参数的快速计算,并评价系统对于一些动作信号的响应特性。

2. 熵产研究

1867 年,著名物理学家 Clausius 提出了熵概念,用来描述一个自发过程的不可逆性。此后,熵在各领域中逐渐得到了广泛的应用,进入到了更多的科学研究中,如地貌熵、信息熵等。

区别于平衡态热力学的基本理论,非平衡态热力学的研究对象是自然界中广泛存在的非平衡态或不可逆过程。依据熵产的可叠加性,系统的熵产为

$$S_{\text{gen,system}} = \sum_{i=1}^{m} \sum_{j=1}^{n} S_{\text{gen},ij} \tag{5.1}$$

式中,m 为系统内的研究对象数目;n 为某一对象的不可逆因素数目。

从当前的研究状况看来,实际过程中典型的不可逆现象有黏性摩擦、温差传热、组分输运与扩散、化学反应等。而在局域平衡假设下的线性非平衡态热力学将熵产率的计算统一表示为

$$\sigma = \sum_{i=1}^{n} J_i X_i \tag{5.2}$$

式中,σ 为熵产率;X_i 为不可逆力;J_i 为该不可逆力作用下的流。所有不可逆过程都是某种广义热力学力推动下产生热力学流的结果,而在距离平衡态较近的非平衡区,热力学力与热力学流之间可以近似地用线性唯象定律来描述,即

$$J_i(X_j) = \sum_{j=1}^{n} L_{ij} X_j, \quad i = 1, 2, \cdots, n \tag{5.3}$$

式中,L_{ij} 称为唯象系数,其实质是平衡态附近的热力学流对热力学力的变化率,即单位热力学力所能引起的单位热力学流。

而自从 1969 年以来,普利高津等科学家提出了耗散结构的概念,并不断对其进行发展完善,使其逐渐成为非线性非平衡态热力学的研究核心之一。非线性非平衡态热力学是对于线性非平衡态热力学的进一步发展,而耗散结构理论则是热力学目前发展的最高阶段,其特点是在远离平衡的非平衡区所进行的物理过程中,热力学力与热力学流之间的关系是非线性的,熵产和熵产率不再是起到维护原来系统原来结构的回归作用,而是起到一种构造新结构的作用。

虽然非线性非平衡态热力学可能更加适合描述自然界中存在的事物,但是作为线性非平衡态热力学的核心,在熵概念的基础上发展的热力学第二定律分析方法——熵产分析,在工业生产与实际生活中依然扮演着重要的角色,可以帮助研究人员深入理解流动和传热等过程,并根据相关知识定量确定各部分的不可逆损失,以最小熵产为目的,从设计和运行的角度对系统或设备进行优化。

5.1.2　国内外研究现状

由于核反应堆系统热工水力过程多尺度研究是近些年来提出的概念,但是针对于反应堆内不同对象采用不同的计算方法来研究是由来已久的,因此本部分将从多尺度独立分析和多尺度耦合分析两个角度对多尺度的研究现状进行论述。熵产分析虽然是一种成熟的分析方法,但是目前的应用很少涉及反应堆具体系统,故在本节主要针对其在流动传热过程中的研究与应用进行简要的总结述评。

1. 热工水力过程多尺度研究现状

在分析核反应堆系统事故的发生、发展及后果评估中,国际上发展了各种计算程序,其中著名的有对于反应堆系统进行分析的 RELAP5、RETRAN 等系统程序,COBRA 等子通道程序,以及广泛应用在机械、动力等领域的计算流体力学程序,如 FLUENT、CFX 等。

在系统尺度方面,Elshahat 等利用 RELAP5 对西屋公司所设计的 AP1000 反应堆系统在发生小破口事故时的动态响应特性进行研究分析,所得结果与 NOTRUMP 的结果吻合得很好,验证了该堆型在小破口事故下的安全特性;Tuubanen 等利用 APROS、CATHARE 和 RELAP5 对 PACTEL 非能动安注系统的运行进行了分析,并结合实验数据验证了上述三种系统程序的有效性,但同时也发现了这些程序中一些模型,如热分层模型、冷凝模型及小驱动力下的自然循环流动模型仍需要进一步的改进;曹红军等用 RELAP5 对 AC600 的全压堆芯补水系统进行了瞬态特性分析,在一定程度上验证了该先进压水堆型的安全设计;而殷煜皓同样利用 RELAP5 对 AP1000 先进核电厂在发生大破口失水事故时的应急注水、紧急停堆等事故序列做了模拟分析;Grudev 建立了 VVER－1000 反应堆的一回路主冷却剂系统的 RELAP5 模型,并基于此分析了失流事故的瞬态特性。

在部件(设备)尺度方面,上海核设计院在常规的压水堆子通道程序的基础上开发了用于超临界水堆(SCWR)计算的子通道分析程序,并对该超临界水堆燃料组件及堆芯内的流动过程进行了模拟计算;清华大学与加拿大原子能公司合作开发了适用于先进坎杜堆 TACR1000 热工水力分析的子通道程序,并研究了该堆型在不同的钍装填模式及不同功率下的子通道内的热工水力特性;Nava 利用子通道程序 ASSERT－PV 研究了燃料棒束内的参数分布,包括子通道内的气液两相流动时的截面含气率、质量含气率和气液混合物质量流量,并将所得结果与公开文献中的实验数据进行了对比,证明了该程序在堆内流动参数分布预测上的先进性和准确性。

计算流体力学程序由于发展时间较长,基本功能较为成熟,因此在反应堆局部尺度或需要精细进行全三维计算的地方也得到了广泛的应用。Ampomah 等利用计算流体的方法研究了堆芯中的水处于超临界压力下的流动不稳定性现象,观察到了所出现的静态与动态不稳定性,并与系统程序进行了比较;Conner 等利用 STAR－CD 程序研究了压水堆燃料组件中的单相流流动过程,并通过粒子图像测速(PIV)技术测得流场信息,实验与数值计算结果的吻合验证了所采用的 CFD 计算模型的合理性;宋士雄等基于通用的商业计算流体程序 FLUENT 的用户自定义标量(user defined scalars,UDS),开发了多孔介质内的流固两相局域非热平衡模型,并基于此对模块式高温气冷堆 PBMR－400 满负荷工况下的稳态热工水力行为进行了分析,计算结果与国际上普遍使用的球床堆热工水力程序 THERMIX 等吻合较好,由此证明了 CFD 程序可以用来进行高温气冷堆内的热工水力过程分析。

除针对不同尺度采用不同的程序分别进行计算外,国内外对于多尺度的热工水力过程之间的耦合分析也开展了大量的研究。Andersson 等利用系统分析程序和 CFD 程序的耦合,分析了反应堆中湍流的耗散过程;Jeong 等基于模块化的思想将 RELAP5 与 COBRA 耦合,形成了一个新的多尺度热工水力分析程序 MARS;Andersson 通过并行虚拟机(PVM)技术实现数据的传递和交换,将基于 RELAP5－3D 建立起来的高温气冷堆系统模型与基于 FLUENT 建立的出口腔室模型进行耦合,成功地进行了出口腔室中的流动情况的全三维精细分析;刘余等同样利用 PVM 技术通过接口程序实现了 RELAP5/COBRA4/CFX 的半隐式弱耦合,并通过水平管道瞬态流动和 5×5 组件流量分配计算验证了所采用的耦合方法的正确性;西安交通大学苏光辉课题组利用 FLUENT 的 UDF 和 Windows 系统的动态链接库(DLL)技术,实现了 RELAP5 与 FLUENT 的显式弱耦合,利用该程序进行了 Edward 管道喷放实验模拟,验证了该程序具有较好的瞬态模拟分析能力。

2. 流动传热过程熵产分析现状

从热力学角度来看,所有的耗散都伴随着熵产,因此通过研究熵产就可以确定可用能的损失程度。而在近些年的研究中,基于热力学第二定律的熵理论已经逐渐成为一种行之有效的研究流动和传热的手段之一。Bejan 利用建立的流动与导热的局部熵产率计算模型,分析了湍流流动及对流换热等现象,并将最小熵产原理(entropy generation minimization,EGM)用于换热器等设备的优化设计;Fester 等研究了牛顿和非牛顿流体在阀门处的阻力特性,并得到了不同流动系统的经验关系;Blasidell 等通过研究排水系统锐缘管道连通处的局部损失特性,得到了损失系数与流量具有二次抛物线的关系;Herwig 等基于熵产分析的方法通过数值模拟研究了粗糙壁面管道和槽道流动的阻力特性,所得结果与Moody 曲线呈现出相同的趋势;Kock 和 Herwig 等研究分析了高雷诺数下不可压缩牛顿流体的剪切流动,通过比较 RANS 模型与 DNS 求解下的熵产结果,得到了黏性耗散与温度耗散对于整个耗散进程的贡献;Zhang 与 Ji 等基于熵产分析理论,定义了热力学损失系数,并对层流态下 90°弯管和三通管的局部损失特性进行了分析研究。

此外,对于相变与两相流动,Kirkwood 等基于局部平衡假设给出了描述动量传递、能量传递及质量传递等传输过程的控制方程;Revelin 等建立了分相流和混合物模型下的局部熵产分析模型,并具体分析了槽道中的气液两相流动;Orhan 等利用熵产分析了非稳态的融化/凝固过程;童钧耕等详细分析了伴随着传热传质作用的管内流动的不可逆因素,基于不可逆过程热力学,导出了该过程的熵产率表达式;郭洋裕等以二维的准稳态液滴蒸发过程为研究对象,分析了正庚烷液滴蒸发的熵产,推导了笛卡儿坐标系下液滴蒸发至空气的传质熵产公式,并利用 CFD 技术对该过程进行了模拟,对其进行了热力学评价。由此可见,近些年来,熵产分析已经成为对系统和过程进行优化分析的主要方法之一。

5.2　反应堆内局部水力构件阻力特性分析

5.2.1　引言

黏性流动在管道输运内的阻力计算对许多工程设计具有重要的意义,而反应堆管路系统涉及冷却剂系统、安注系统等,这与反应堆的安全运行密切相关。在一些关键部位,变形件的局部流动阻力显得格外重要。对于这些局部构件来说,如何定量并确定其能量损失是提高管路系统性能、保障核反应堆安全的关键问题之一。

一直以来,研究与设计人员都采用局部损失系数来表征流体流经局部结构时所带来的损失。而在一般的管道内,通常将流动视为一维,其能量关系可以用Bernoulli 方程来描述,即

$$\frac{p_1}{\rho g} + \frac{\alpha_1 u_{m1}^2}{2g} + z_1 = \frac{p_2}{\rho g} + \frac{\alpha_2 u_{m2}^2}{2g} + z_2 + h_w \tag{5.4}$$

式中,p 为流通截面上的压力值;ρ 为管道内流体的密度;α 为断面动能修正系数;u_m 为流通截面平均速度;g 为重力加速度;z 为管道的竖直高度;h_w 为水头损失;下标1、2分别表示不同的流通截面位置。因此,单位质量的流体在流动过程中的机械能损失为

$$\varphi_{12} = g h_{\mathrm{w}} = \frac{p_1 - p_2}{\rho} + \frac{\alpha_1 u_{\mathrm{m1}}^2 - \alpha_2 u_{\mathrm{m2}}^2}{2} + g(z_1 - z_2) \tag{5.5}$$

定义局部损失系数为

$$K = \frac{\varphi_{12}}{u_{\mathrm{m}}^2/2} \tag{5.6}$$

结合式(5.5)和式(5.6)可以发现,局部损失系数与压降值是直接相关的,因此在现有的损失系数确定方法中大多采用实验来确定压降值,从而计算出损失系数值。

而随着计算机技术的发展,CFD日益成为工程设计研究中的重要手段之一,其应用已经体现在流动、传热及更复杂的流固耦合等场合,且随着数值计算方法与计算机资源的发展,计算效率与精度也得以逐渐提高。本章将对三种结构下的等温单相湍流过程进行CFD模拟,并基于线性非平衡态热力学中的局域平衡假设发展管道湍流的熵产分析模型,通过定义并求解热力学损失系数的值来研究反应堆内局部水力构件的阻力特性。

5.2.2 阻力计算模型

1. 流动控制方程

由于在反应堆中的流动多为湍流流态,因此该计算模拟过程中,在连续性方程和动量方程之外,选用标准 $k-\varepsilon$ 两方程模型来进行湍流求解,具体的控制方程如下。

(1)连续性方程。

$$\frac{\partial}{\partial t} \rho + \nabla \cdot (\rho v) = 0 \tag{5.7}$$

式中,等号左边两项分别为控制体内的质量变化和通过控制体表面的质量流密度;ρ 为流体的密度;v 为流体的速度。

(2)动量方程。

$$\frac{\partial}{\partial t}(\rho v) + \nabla \cdot (\rho v v) = -\nabla p + \nabla \cdot \{\mu[\nabla v + (\nabla v)^{\mathrm{T}}]\} + \rho g \tag{5.8}$$

式中,等号左边项依次为非稳态项和对流项;右边项依次为正应力项、剪切应力项、重力项。其中,μ 为流体的动力黏度。

(3)湍动能方程。

$$\frac{\partial}{\partial t}(\rho k) + \nabla \cdot (\rho v k) = \nabla \cdot \left[\left(\mu + \frac{\mu_t}{\sigma_k}\right)\nabla k\right] + G_k + G_b - \rho\varepsilon \tag{5.9}$$

式中,k 为湍动能,即单位质量的流体在湍流态下所具有的脉动动能;G_k 为速度梯度引起的湍动能产生项;G_b 为浮力导致的湍动能产生项;σ_k 为湍流 Prandtl 数,对于该计算中的流体工质取为常数 1.0;ε 为湍流耗散率;μ_t 为流体的湍流黏度,是通过将湍流的脉动应力进行折算得到的。

(4)湍流耗散率。

$$\frac{\partial}{\partial t}(\rho\varepsilon) + \nabla \cdot (\rho v \varepsilon) = \nabla \cdot \left[\left(\mu + \frac{\mu_t}{\sigma_\varepsilon}\right)\nabla\varepsilon\right] + \frac{\varepsilon}{k}\left[C_1(G_k + G_b) - C_2\rho\varepsilon\right] \tag{5.10}$$

式中,C_1、C_2、σ_ε 皆为常数,分别取 1.44、1.92、1.0。

由于在本章节计算中,研究对象为稳态工况,因此上述各控制方程中的非稳态项在计算中可以略去。

2. 熵产分析模型

对于纯流动过程,单位体积流体因黏性作用而耗散的能量大小为

$$\varphi = 2\mu S_{ij} S_{ij} \tag{5.11}$$

式中,φ 和 S_{ij} 分别为耗散函数和流体的变形率张量。

由于反应堆内的流动多为湍流,因此根据 RANS 模型,可以将变形率张量改写为时均量与脉动量之和,即

$$S_{ij} = \overline{S_{ij}} + S'_{ij} \tag{5.12}$$

同时,耗散函数变为

$$\varphi = \overline{\varphi} + \varphi' = 2\mu(\overline{S_{ij}} + S'_{ij})(\overline{S_{ij}} + S'_{ij}) \tag{5.13}$$

而从热力学的角度来看,耗散函数可以描述为

$$\varphi = \dot{T}S_D \tag{5.14}$$

因此,评价能量耗散多少,关键在于对于熵产率的确定。

依据线性非平衡态热力学,结合 RANS 模型可以定义时均局部熵产率和脉动局部熵产率分别为

$$\dot{S}'''_D = \frac{\overline{\varphi}}{T} = \frac{\mu}{T}\left\{2\left[\left(\frac{\partial\overline{u}}{\partial x}\right)^2 + \left(\frac{\partial\overline{v}}{\partial y}\right)^2 + \left(\frac{\partial\overline{w}}{\partial z}\right)^2\right] + \right.$$

$$\left(\frac{\partial \bar{u}}{\partial y}+\frac{\partial \bar{v}}{\partial x}\right)^2+\left(\frac{\partial \bar{u}}{\partial z}+\frac{\partial \bar{w}}{\partial x}\right)^2+\left(\frac{\partial \bar{v}}{\partial z}+\frac{\partial \bar{w}}{\partial y}\right)^2\Bigg\} \tag{5.15}$$

$$\dot{S}_{D'}'''=\frac{\varphi'}{T}=\frac{\rho\varepsilon}{T} \tag{5.16}$$

总局部熵产率为

$$\dot{S}_D'''=\dot{S}_{\bar{D}}'''+\dot{S}_{D'}''' \tag{5.17}$$

分别对时均局部熵产率、脉动局部熵产率和总局部熵产率在流体域内进行积分,可以得到各部分的积分熵产率为

$$\dot{S}_{\bar{D}}=\int_V \dot{S}_{\bar{D}}'''\,\mathrm{d}V,\quad \dot{S}_{D'}=\int_V \dot{S}_{D'}'''\,\mathrm{d}V,\quad \dot{S}_D=\int_V \dot{S}_D'''\,\mathrm{d}V \tag{5.18}$$

由于流动过程中不可能准确确定局部结构的起止点,因此在计算过程中,采用具有一定长度的上下游结构,计算出总熵产值后,减去上下游未受扰动时的熵产值就可以得到因局部结构存在而引起的附加熵产值,即

$$\dot{S}_\zeta=\dot{S}_D-\dot{S}_{u,0}-\dot{S}_{d,0} \tag{5.19}$$

则局部损失系数为

$$K=\frac{T\dot{S}_\zeta}{\dot{m}u_m^2/2} \tag{5.20}$$

如果流动不是等温流动,或流体温度高于环境温度,假设环境温度为 T_0,则定义的热力学意义上的局部损失系数为

$$K_E=\frac{T_0}{T}K \tag{5.21}$$

5.2.3　局部结构几何模型

本章计算选择了三种基本的水力构件局部结构,即 90°弯管、突扩管和 T 形管,横截面均为圆形,它们的示意图如图 5.3 所示。为减小出入口效应的影响,在局部结构上下游都有一段距离。对于 90°弯管,管道内径为 $D=10$ cm,上游长度 $L_u=5D$,下游长度 $L_d=20D$;对于突扩管,突扩前内径为 $D_1=5$ cm,突扩后内径为 $D_2=10$ cm,上游长度 $L_u=10D_1$,下游长度 $L_d=15D_2$;对于 T 形管,管道截面内径为 $D=10$ cm,合流前两段上游长度均为 $L_u=5D$,下游长度为 $L_d=20D$。

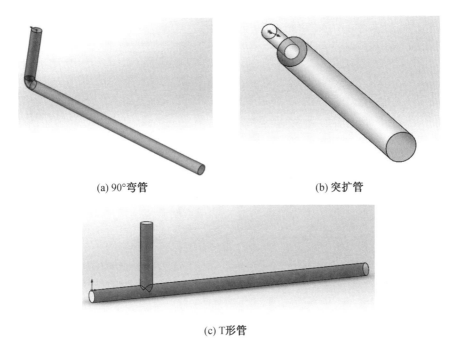

(a) 90°弯管　　　　　　　　　　　　　(b) 突扩管

(c) T形管

图 5.3　水力构件局部结构示意图

5.2.4　计算结果与分析

1. 弯管计算

选用液态水作为工质,流体温度 $T=20$ ℃,密度 $\rho=998.2$ kg/m³,动力黏度 $\mu=0.001\,003$ Pa·s。利用 ANSYS FLUENT 求解器对不同雷诺数下的湍流进行求解,并通过 UDF 功能进行局部熵产率计算,得到了不同雷诺数下的弯管内部流线分布与熵产率分布,如图 5.4 所示。

从图 5.4 中可以看出,在弯管上游,速度沿径向近似均匀分布,而经过弯管局部结构时,流线开始发生大角度偏折,导致速度出现了强不对称性分布,直至下游一段距离后,速度分布才开始回归到径向分布较为均匀的初始状态。随着雷诺数的增大,经过弯管时产生的漩涡区域增大,与之对应的是该区域有较大的耗散及较大的熵产率。由此可以发现,此处是产生局部阻力的主要位置。此外,当 $Re=5\,000$ 时,可以看出不仅在局部弯管结构处有较大的熵产率,在贴近管道壁面附近也有较大的熵产率,即说明二者大小至少在量级上相差不大。当 $Re=50\,000$ 和 $Re=10\,000$ 时,从图 5.4 中仅能看到弯管局部处较大的熵产率,而看

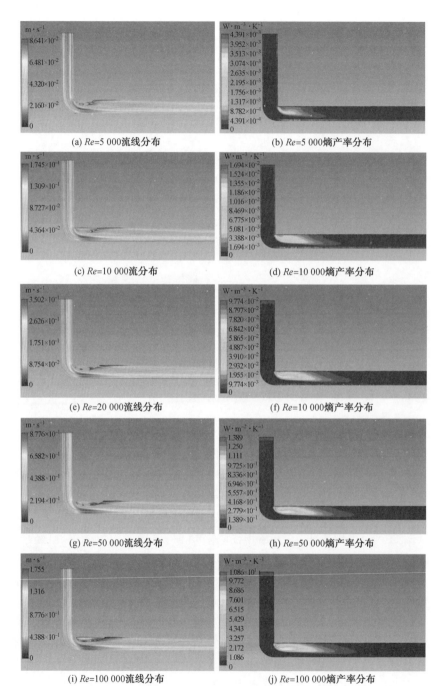

图 5.4 不同雷诺数下的弯管内部流线分布与熵产率分布

不到管壁附近的熵产率分布,说明此时弯管局部的熵产率是主要部分。通过不同雷诺数下的熵产率对比可以发现,随着雷诺数数的增大,脉动熵产率在总熵产率中所占的份额越来越大。

通过对整个流体域、上游、下游分别积分得到不同雷诺数下弯管内积分熵产率与热力学损失系数,见表 5.2。

表 5.2 不同雷诺数下弯管内积分熵产率与热力学损失系数

Re	积分熵产率 /(W·K^{-1})	未受扰动的 上游积分 熵产率 /(W·K^{-1})	未受扰动的 下游积分 熵产率 /(W·K^{-1})	热力学 损失系数 K_E
5 000	6.272 00×10^{-6}	5.653 11×10^{-7}	4.212 10×10^{-6}	0.881 8
10 000	2.516 26×10^{-5}	1.482 69×10^{-6}	1.340 28×10^{-5}	0.758 0
20 000	1.286 83×10^{-4}	6.473 98×10^{-6}	5.120 06×10^{-5}	0.654 6
50 000	1.382 76×10^{-3}	7.205 56×10^{-5}	5.516 28×10^{-4}	0.447 9
100 000	1.013 53×10^{-2}	4.685 90×10^{-4}	3.494 68×10^{-3}	0.455 2

利用所计算的值进行曲线拟合,可以得到热力学损失系数(弯管)随雷诺数的变化关系,如图 5.5 所示。

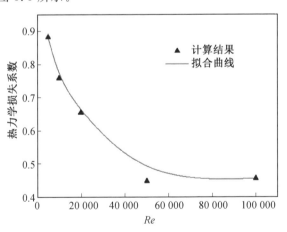

图 5.5 热力学损失系数(弯管)随雷诺数的变化关系

可以看出,热力学损失系数随雷诺数的增大而逐渐较小。当雷诺数较小时,损失系数减小速度较快;当雷诺数较大时,损失系数减小速度较慢,最终趋于稳定值。损失系数的减小不代表损失能量的减小,因为低雷诺数的流动本身具有的动能就小。

2. 突扩管计算

选用液态水作为工质,流体温度 $T=20\ ^\circ\text{C}$,密度 $\rho=998.2\ \text{kg/m}^3$,动力黏度 $\mu=0.001\ 003\ \text{Pa}\cdot\text{s}$。利用 ANSYS FLUENT 求解器对不同雷诺数下的湍流进行求解,得到了不同雷诺数下的突扩管内部流线分布与熵产率分布,如图 5.6 所示。

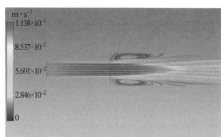

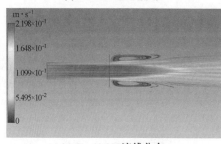
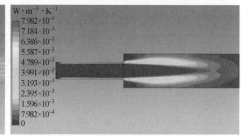
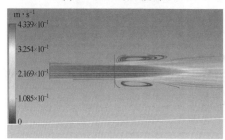

<table>
<tr><td>(a) Re=5 000流线分布</td><td>(b) Re=5 000熵产率分布</td></tr>
<tr><td>(c) Re=10 000流线分布</td><td>(d) Re=10 000熵产率分布</td></tr>
<tr><td>(e) Re=20 000流线分布</td><td>(f) Re=20 000熵产率分布</td></tr>
</table>

图 5.6　不同雷诺数下的突扩管内部流线分布与熵产率分布

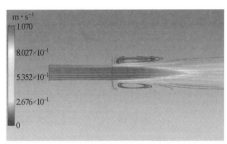

(g) Re=50 000流线分布　　　　　　　　(h) Re=50 000熵产率分布

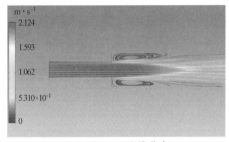
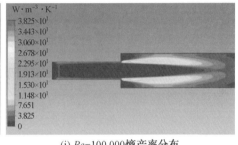

(i) Re=100 000流线分布　　　　　　　　(j) Re=100 000熵产率分布

续图 5.6

从图 5.6 中可以看出,流体在管道内突扩截面前速度基本上呈均匀分布,而在经过突扩截面时,会因流线不能突然间发生大的偏折而导致在管内出现两个近似对称的涡。雷诺数越小,宏观上的涡结构对称性越好,惯性越小。从Navier−Stokes 方程来看,惯性属于非线性力,对于系统稳定性会有较大影响。而当雷诺数越大时,流体的惯性将会越大,导致流动的稳定性越差,涡结构的对称性越差。从熵产率分布图中可以看出,不同雷诺数下的最大局部熵产率均出现在小径的管道的出口处,出现该现象的原因可能是流体经过突扩截面时,流线是先收缩后扩张,速度梯度有较大的变化,耗散作用也较强烈。

通过对整个流体域、上游、下游分别积分得到不同雷诺数下突扩管内积分熵产率与热力学损失系数,见表 5.3。利用所计算的值进行曲线拟合,可以得到热力学损失系数(突扩管)随雷诺数的变化关系,如图 5.7 所示。

表 5.3　不同雷诺数下突扩管内积分熵产率与热力学损失系数

Re	积分熵产率 /$(W \cdot K^{-1})$	未受扰动的 上游积分熵产率 /$(W \cdot K^{-1})$	未受扰动的 下游积分熵产率 /$(W \cdot K^{-1})$	热力学 损失系数 K_E
5 000	$3.476\ 70 \times 10^{-6}$	$7.308\ 26 \times 10^{-7}$	$1.010\ 11 \times 10^{-6}$	0.512 1
10 000	$2.105\ 38 \times 10^{-5}$	$1.633\ 75 \times 10^{-6}$	$2.948\ 12 \times 10^{-6}$	0.407 4
20 000	$1.572\ 89 \times 10^{-4}$	$9.418\ 79 \times 10^{-6}$	$1.180\ 08 \times 10^{-5}$	0.327 2
50 000	$2.347\ 89 \times 10^{-3}$	$1.087\ 96 \times 10^{-4}$	$1.263\ 39 \times 10^{-4}$	0.323 3
100 000	$1.184\ 25 \times 10^{-2}$	$7.255\ 90 \times 10^{-4}$	$7.944\ 63 \times 10^{-4}$	0.323 4

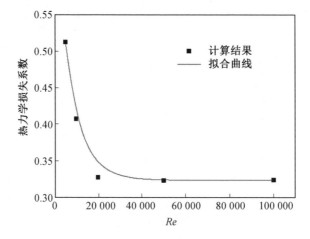

图 5.7　热力学损失系数(突扩管)随雷诺数的变化关系

由图 5.7 可以看出,当雷诺数较小时,热力学损失系数随雷诺数的增加而减小;而当 $Re > 20\ 000$ 时,其变化会越来越小,直至最后趋于稳定。该变化与常见的水力构件的损失系数变化趋势是一致的。此外,从图 5.7 中也可以看出,当雷诺数较大时,阻力系数将不再下降。因此,管路系统的损失能量将会越来越大,需要更多的能量来维持管路输运。

3. T 形管计算

选用液态水作为工质,流体温度 $T = 20\ ℃$,密度 $\rho = 998.2\ kg/m^3$,动力黏度 $\mu = 0.001\ 003\ Pa \cdot s$。利用 ANSYS FLUENT 求解器对不同雷诺数下的湍流进行求解和局部熵产率计算,得到了不同雷诺数下的 T 形管内部流线分布与熵产率分布,如图 5.8 所示。

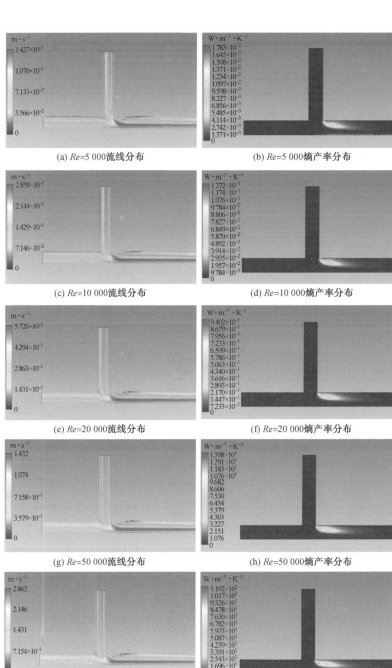

(a) Re=5 000流线分布　　　　　　　(b) Re=5 000熵产率分布

(c) Re=10 000流线分布　　　　　　(d) Re=10 000熵产率分布

(e) Re=20 000流线分布　　　　　　(f) Re=20 000熵产率分布

(g) Re=50 000流线分布　　　　　　(h) Re=50 000熵产率分布

(i) Re=100 000流线分布　　　　　　(j) Re=100 000熵产率分布

图 5.8　不同雷诺数下的 T 形管内部流线分布与熵产率分布

由图 5.8 可以看出,合流前的流体速度呈现均匀的分布,而当两股流体在 T 形管处发生汇合时,两股流体的流线均发生收缩和偏折,此后受流体惯性的影响,在 T 形管下部区域的流体速度较大,而在上部的区域速度较小,出现低压区和漩涡。而在局部熵产率分布图上,经过 T 形管合流后的管道上部区域出现了较大的熵产值,表明此处存在较大的耗散。而同时对比不同雷诺数下的熵产率分布图可以发现,雷诺数较大时,耗散区域显著扩大。

通过对整个流体域、上游、下游分别积分得到不同雷诺数下 T 形管内积分熵产率与热力学损失系数,见表 5.4。

表 5.4 不同雷诺数下 T 形管内积分熵产率与热力学损失系数

Re	积分熵产率 $/(\mathrm{W \cdot K^{-1}})$	未受扰动的上游 积分熵产率 $/(\mathrm{W \cdot K^{-1}})$	未受扰动的下游 积分熵产率 $/(\mathrm{W \cdot K^{-1}})$	热力学 损失系数 K_E
5 000	$1.256\ 33 \times 10^{-5}$	$2 \times 5.653\ 11 \times 10^{-7}$	$4.212\ 10 \times 10^{-6}$	2.130 2
10 000	$7.016\ 33 \times 10^{-5}$	$2 \times 1.482\ 69 \times 10^{-6}$	$1.340\ 28 \times 10^{-5}$	1.983 8
20 000	$4.413\ 22 \times 10^{-4}$	$2 \times 6.473\ 98 \times 10^{-6}$	$5.120\ 06 \times 10^{-5}$	1.738 6
50 000	$6.319\ 98 \times 10^{-3}$	$2 \times 7.205\ 56 \times 10^{-5}$	$5.516\ 28 \times 10^{-4}$	1.659 2
100 000	$4.777\ 88 \times 10^{-2}$	$2 \times 4.685\ 90 \times 10^{-4}$	$3.494\ 68 \times 10^{-3}$	1.598 5

利用所计算的值进行曲线拟合,可以得到热力学损失系数(T 形管)随雷诺数的变化关系,如图 5.9 所示。可以看出,当雷诺数较小时,损失系数随雷诺数的增加而减小;而当雷诺数数逐渐增大时,其变化会越来越小,但不同于前面两种结构,从图中并没有看出损失系数趋于稳定值,而 T 形管的损失系数也明显高于其他两种结构。

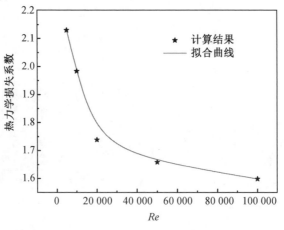

图 5.9 热力学损失系数(T 形管)随雷诺数的变化关系

5.3　蒸气直接接触冷凝现象数值模拟

5.3.1　引言

蒸气直接接触冷凝（direct contact condensation，DCC）现象是指当蒸气与过冷水接触时，因巨大的温差而导致强烈的传热作用，伴随着蒸气温度的下降而发生冷凝相变，局部产生压力、速度等参数变化的过程。该现象广泛存在于核反应堆系统中，如压水堆中的堆芯补水箱、稳压器卸压箱、堆芯换料水箱，以及沸水堆中的抑压池等。因此，准确了解蒸气直接接触冷凝过程中温度场、速度场及热混合效果的进行对于反应堆系统的安全具有重要的意义。

考虑到蒸气直接接触冷凝现象的普遍性和重要性，许多研究人员已经对DCC 过程进行了大量的理论和实验研究。Kerney 等和 Weimer 等针对静止过冷水池中的蒸气淹没射流进行了实验和理论研究，并且发展了计算蒸气射流穿透距离的半经验公式；Aya 等对蒸气射入过冷水的过程进行了实验研究，得到了低蒸气质量流量条件下的换热系数，并通过回归得到了半经验的公式；Chan 和 Lee 等通过研究重构了低蒸气质量流密度下的流型图；而在低质量流量密度条件之外，Chun 等将质量流量密度扩大到 1 500 kg/(m² · s)，并进行了水平蒸气管射流的实验研究，从中发现了锥形和椭圆形的射流形状，他们还发现蒸气射流的穿透距离是无量纲质量流密度和驱动势的函数；Song 等在较大的水池温度范围内进行了五种不同的水平喷嘴实验，研究了接触冷凝过程中的换热系数，并且观察到了三种不同形状的蒸气射流轮廓。截至目前，研究人员通过大量的实验研究了包括射流形状、射流长度、温度分布等典型特征，并分析了水池温度、蒸气质量流量和喷嘴的尺寸对于直接接触冷凝进程的影响。

随着近些年来计算多相流体力学的发展，一些数学模型与数值方法也被用来进行直接接触冷凝现象的研究。基于欧拉双流体模型，Gulawani 等利用商业计算流体软件 CFX 中的相变模型分析了直接接触冷凝过程中的流型和传热过程，通过模拟，分析了流场与温度场的特征；Dahikar 等利用 PIV、平面激光诱导荧光（PLIF）及 CFD 研究了直接接触冷凝过程，在模拟中采用了两种湍流模型，即 $k-\varepsilon$ 模型和大涡模拟（large eddy simulation，LES）；Shah 等基于欧拉双流体模型研究了超音速蒸气射流在过冷水池中的直接接触冷凝过程；Marsh 等建立了自己的数学模型，并且把它嵌入到商业软件中进行直接接触蒸气射流冷凝的研究,将该模型应用到工业尺度问题的分析上。

作为评估能量传递的有效手段之一,热力学分析越来越多地应用到黏性流动、传热和传质过程,以及多相流动过程中。冷凝是一个伴随着摩擦、温差传热及内部相变等不可逆性的过程,在该过程中的熵产与可用能的耗散之间存在着密切的关系。

本章将利用 FLUENT 中的 Mixture 模型对直接接触冷凝过程的两相流动传热进行模拟,相变过程通过嵌入 UDF 程序来实现。此外,基于局域平衡假设建立熵产分析模型,并采用该模型进行直接接触冷凝过程不可逆性的评估。

5.3.2 几何模型及参数

直接接触冷凝现象可能出现在许多不同类型的设备中,但是从机理上仍然可以视为简单结构中的流动与传热过程。因此,本章的计算是基于简化的六面体模型,尺寸为 560 mm×560 mm×870 mm,水池中充满过冷水,而饱和蒸气是通过直径为 5 mm 的竖直向下的管道排放到水池中的。蒸气管道位于水面的中心处,水下长度 250 mm。计算几何模型示意图如图 5.10 所示。

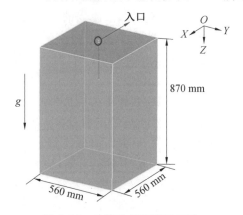

图 5.10　计算几何模型示意图

5.3.3 数学模型

本章考虑到高速蒸气射入过冷水时存在的强剪切作用,气液两相间存在明显的滑移速度,因此在计算过程中,选择 Mixture 模型进行直接接触冷凝过程的模拟。水为基本相,蒸气为第二相,两相均为可以互相穿透的介质。而发生在气液界面上的相变过程是通过基于分子动力学的相变模型来描述的。为进行湍流封闭,采用了具有标准壁面函数的标准 $k-\varepsilon$ 模型。主要的数学模型如下。

1. Mixture 模型

Mixture 模型是可用来模拟相间具有不同速度,而在较短的空间尺度上假设局部平衡的多相流。与欧拉双流体模型相比,该模型所求解的方程数目更少,因此其在很多情况下是欧拉双流体模型的良好替代品,包括在本章的计算研究中。

(1)连续性方程。

连续性方程描述的是流入和流出控制体边界的质量流与控制体内部的质量变化率之间的关系。对于混合物来说,基本方程形式为

$$\frac{\partial \rho_m}{\partial t} + \nabla \cdot (\rho_m v_m) = 0 \tag{5.22}$$

式中,ρ_m 和 v_m 分别是混合物的密度和质量加权速度,其定义为

$$\rho_m = \sum_{q=1}^{2} \alpha_q \rho_q, \quad v_m = \frac{\sum_{q=1}^{2} \alpha_q \rho_q v_q}{\rho_m} \tag{5.23}$$

其中,α_q 是第 q 相的体积分数。

(2)动量传递方程。

对于 Mixture 模型,在计算区域内仅求解单一的动量方程,其形式为

$$\frac{\partial}{\partial t}(\rho_m v_m) + \nabla \cdot (\rho_m v_m v_m) = -\nabla p + \nabla \cdot \{\mu_m [\nabla v_m + (\nabla v_m)^T]\} + \rho_m g + F_{dr}$$
$$\tag{5.24}$$

式中,等号左边分别为控制体内的动量时变项和穿过控制体边界的动量迁移项;等号右边分别为作用在控制体元素上的压力梯度、切应力、重力和滑移速度引起的相间作用力,其定义为

$$F_{dr} = \nabla \cdot \left(\sum_{q=1}^{2} \alpha_q \rho_q v_{dr,q} v_{dr,q} \right) = \nabla \cdot \left[\sum_{q=1}^{2} \alpha_q \rho_q (v_q - v_m)(v_q - v_m) \right] \tag{5.25}$$

式中,μ_m 是混合物的动力黏度,有

$$\mu_m = \sum_{q=1}^{2} \alpha_q \mu_q$$

(3)能量守恒方程。

对于混合物,能量方程为

$$\frac{\partial}{\partial t} \sum_{q=1}^{2} (\alpha_q \rho_q E_q) + \nabla \cdot \sum_{q=1}^{2} [\alpha_q v_q (\rho_q E_q)] = \frac{\partial}{\partial t} p + \nabla \cdot (\kappa_{eff} \nabla T) + \sum_{q=1}^{2} S_{E_q}$$
$$\tag{5.26}$$

式中,E_q 是第 q 相的总能量;S_{E_q} 是第 q 相的体积热源;κ_{eff} 是有效热导率,可以表示为

$$\kappa_{\mathrm{eff}} = \sum_{q=1}^{2} \alpha_q (\kappa_q + \kappa_t)$$

其中，κ_q 是第 q 相的导热系数；κ_t 是湍流导热系数，由湍流模型决定。

2. 湍流模型

考虑到通过蒸气管道喷嘴的蒸气射流速度较高，因此会在流场中出现扰动。在本计算中，选择标准 $k-\varepsilon$ 模型来进行湍流封闭，具体形式为

$$\frac{\partial}{\partial t}(\rho_{\mathrm{m}} k) + \nabla \cdot (\rho_{\mathrm{m}} v_{\mathrm{m}} k) = \nabla \cdot \left(\frac{\mu_{t,\mathrm{m}}}{\sigma_{\mathrm{k}}} \nabla k \right) + G_{k,\mathrm{m}} - \rho_{\mathrm{m}} \varepsilon \quad (5.27)$$

$$\frac{\partial}{\partial t}(\rho_{\mathrm{m}} \varepsilon) + \nabla \cdot (\rho_{\mathrm{m}} v_{\mathrm{m}} \varepsilon) = \nabla \cdot \left(\frac{\mu_{t,\mathrm{m}}}{\sigma_{\varepsilon}} \nabla \varepsilon \right) + \frac{\varepsilon}{k} (C_{1\varepsilon} G_{k,\mathrm{m}} - C_{2\varepsilon} \rho_{\mathrm{m}} \varepsilon) \quad (5.28)$$

式中，$\mu_{t,\mathrm{m}}$ 是混合物的湍流黏度，即

$$\mu_{t,\mathrm{m}} = C_{\mu} \rho_{\mathrm{m}} \frac{k^2}{\varepsilon}$$

$G_{k,\mathrm{m}}$ 是速度梯度引起的混合物的湍动能产生项，即

$$G_{k,\mathrm{m}} = \mu_{t,\mathrm{m}} [\nabla v_{\mathrm{m}} + (\nabla v_{\mathrm{m}})^{\mathrm{T}}] : \nabla v_{\mathrm{m}}$$

而上述方程中的常数取值为 $\sigma_{\mathrm{k}} = 1.0$，$\sigma_{\varepsilon} = 1.3$，$C_{\mu} = 0.09$，$C_{1\varepsilon} = 1.44$，$C_{2\varepsilon} = 1.92$。

3. 相变模型

从分子动力学角度来看，饱和界面上的冷凝速率即单位时间单位面积上的局部蒸气流量可以定义为

$$j^{+} = p_{\mathrm{g}} \sqrt{\frac{M}{2\pi R T_{\mathrm{g}}}} - p_{\mathrm{sat}} \sqrt{\frac{M}{2\pi R T_{\mathrm{sat}}}} \quad (5.29)$$

同样，饱和界面上的蒸发速率为

$$j^{-} = p_{\mathrm{l}} \sqrt{\frac{M}{2\pi R T_{\mathrm{l}}}} - p_{\mathrm{sat}} \sqrt{\frac{M}{2\pi R T_{\mathrm{sat}}}} \quad (5.30)$$

式中，p_{g}、T_{g}、p_{l} 和 T_{l} 分别是蒸气压力、蒸气温度、饱和水对应的蒸气压和该压力下的对应温度。由于相变过程总是出现在饱和点附近，因此假设 $T_{\mathrm{g}} = T_{\mathrm{sat}} + \Delta T$（以冷凝为例），可以得到冷凝速率为

$$j^{+} = \sqrt{\frac{M}{2\pi R}} \left(\frac{p_{\mathrm{g}}}{\sqrt{T_{\mathrm{sat}} + \Delta T}} - \frac{p_{\mathrm{sat}}}{\sqrt{T_{\mathrm{sat}}}} \right) = \sqrt{\frac{M}{2\pi R}} \frac{(p_{\mathrm{g}} - p_{\mathrm{sat}}) \sqrt{T_{\mathrm{sat}}} - p_{\mathrm{sat}} \dfrac{\Delta T}{2\sqrt{T_{\mathrm{sat}}}}}{\sqrt{T_{\mathrm{sat}}} \sqrt{T_{\mathrm{sat}}} + \dfrac{\Delta T}{2\sqrt{T_{\mathrm{sat}}}}}$$

$$(5.31)$$

忽略冷凝过程的过冷效应，则 $\Delta T \to 0$，上述方程可以简化为

$$j^+ = \sqrt{\frac{M}{2\pi R T_{sat}}}(p_g - p_{sat}) \tag{5.32}$$

同样,蒸发速率可以表示为

$$j^- = \sqrt{\frac{M}{2\pi R T_{sat}}}(p_l - p_{sat}) \tag{5.33}$$

经典的分子动力学认为从气相和液相释放的蒸气和水分子在移动到界面上时会被全部吸收。然而,实际过程中在界面上还存在反射行为。气液界面蒸发冷凝行为的分子机理如图 5.11 所示。因此,Knudsen 和 Prüger 分别定义了蒸发系数和冷凝系数,即

$$\gamma_e = \frac{转移到气相的液体分子数}{离开液相的液体分子数}$$

$$\gamma_c = \frac{被液相吸收的蒸气分子数}{黏附到液相的蒸气分子数}$$

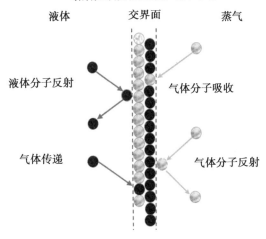

图 5.11　气液界面蒸发冷凝行为的分子机理

于是,蒸发冷凝模型就修改为

$$\begin{cases} j^+ = \gamma_c \sqrt{\dfrac{M}{2\pi R T_{sat}}}(p_g - p_{sat}) \\ j^- = \gamma_e \sqrt{\dfrac{M}{2\pi R T_{sat}}}(p_l - p_{sat}) \end{cases} \tag{5.34}$$

利用 Clapeyron－Clausius 方程,将平衡点附近的压力与温度关联起来,有

$$\frac{dp}{dT} = \frac{L}{T(v_g - v_l)} \tag{5.35}$$

则冷凝蒸发模型可以改写为

$$\begin{cases} j^+ = \gamma_c \sqrt{\dfrac{M}{2\pi R T_{sat}(p_g)}} \dfrac{\rho_l \rho_g}{\rho_l - \rho_g} L \dfrac{T_{sat}(p_g) - T}{T_{sat}(p_g)} \\[4mm] j^- = \gamma_e \sqrt{\dfrac{M}{2\pi R T_{sat}(p_l)}} \dfrac{\rho_l \rho_g}{\rho_l - \rho_g} L \dfrac{T_{sat}(p_l) - T}{T_{sat}(p_l)} \end{cases} \tag{5.36}$$

式中,T 是实际温度;$T_{sat}(p_g)$ 是压力 p_g 下的饱和温度;$T_{sat}(p_l)$ 是压力 p_l 下的饱和温度。

假设当界面上发生冷凝时蒸气泡为分散相,蒸发时液滴也为分散相。此外,分散相为具有相同直径的球形颗粒,则单位体积的界面面积为

$$A_{fg} = \frac{\alpha_p A_p}{V_{cell}} = \alpha_p \frac{\pi d_p^2}{6 \pi d_p^3} = 6 \frac{\alpha_p}{d_p} \tag{5.37}$$

式中,d_p 是分散相的直径;α_p 是分散相的体积分数。因此,单位体积的冷凝量和蒸发量为

$$\begin{cases} J^+ = j^+ A_{fg} = \underbrace{\dfrac{6\gamma_c}{d_g} \sqrt{\dfrac{M}{2\pi R T_{sat}(p_g)}} \dfrac{\rho_l}{\rho_l - \rho_g} L \alpha_g \rho_g}_{\Re_c} \dfrac{T_{sat}(p_g) - T}{T_{sat}(p_g)} \\[6mm] J^- = j^- A_{fg} = \underbrace{\dfrac{6\gamma_e}{d_l} \sqrt{\dfrac{M}{2\pi R T_{sat}(p_l)}} \dfrac{\rho_g}{\rho_l - \rho_g} L \alpha_l \rho_l}_{\Re_e} \dfrac{T_{sat}(p_l) - T}{T_{sat}(p_l)} \end{cases} \tag{5.38}$$

则单位体积的总相变量为

$$J_{net} = J^+ + J^- \tag{5.39}$$

4. 熵产分析模型

蒸气直接接触冷凝相变是对流换热的一种常见过程。从热力学角度来看,其不可逆因素包括各相物质的黏性耗散、相间动量交换、传热过程中的温差及流体域中的相变等,因此该过程中的熵产应该包括黏性耗散熵产、导热熵产、相变熵产和辐射熵产等。由于本章中各相物质的温度都较低,因此不考虑辐射的影响,后续将不进行辐射熵产的讨论。两相流动中对流换热示意图如图 5.12 所示。考虑对流换热场中的一点 (x, y),选取流体微元 $dxdy$ 为研究对象,以二维流动换热为例推导局部熵产率的分析模型。虽然所选控制体是二维的,但是同样的分析也可以应用在三维的模型中。

将上述模型视为开放的热力学系统,且在控制体 $dxdy$ 的界面上有质量和能量的输入输出,同时也伴随着熵的输运现象。由于 $dxdy$ 足够小,因此微元内的流体视为均匀分布(即热力学参数分布与位置无关),但是微元体的热力学状态

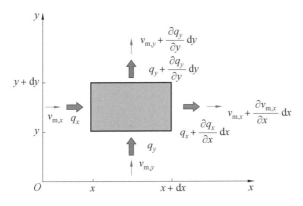

图 5.12 两相流动中对流换热示意图

随时间变化。基于上述假设,单位体积内的熵产率可以依据热力学第二定律
(SLA)得到,即

$$S = S_f + S_{gen} \tag{5.40}$$

$$
S_{gen} = \dot{S}'''_{gen}\mathrm{d}x\mathrm{d}y = \underbrace{\frac{q_x + \dfrac{\partial q_x}{\partial x}\mathrm{d}x}{T + \dfrac{\partial T}{\partial x}\mathrm{d}x}\mathrm{d}y + \frac{q_y + \dfrac{\partial q_y}{\partial y}\mathrm{d}y}{T + \dfrac{\partial T}{\partial y}\mathrm{d}y}\mathrm{d}x - \frac{q_x}{T}\mathrm{d}y - \frac{q_y}{T}\mathrm{d}x}_{①} +
$$

$$
\underbrace{\left(\rho_m + \frac{\partial \rho_m}{\partial x}\mathrm{d}x\right)\left(v_{m,x} + \frac{\partial v_{m,x}}{\partial x}\mathrm{d}x\right)\left(s_m + \frac{\partial s_m}{\partial x}\mathrm{d}x\right)\mathrm{d}y - \rho_m v_{m,x} s_m \mathrm{d}y}_{②} +
$$

$$
\underbrace{\left(\rho_m + \frac{\partial \rho_m}{\partial y}\mathrm{d}y\right)\left(v_{m,y} + \frac{\partial v_{m,y}}{\partial y}\mathrm{d}y\right)\left(s_m + \frac{\partial s_m}{\partial y}\mathrm{d}y\right)\mathrm{d}x - \rho_m v_{m,y} s_m \mathrm{d}x}_{③} +
$$

$$
\underbrace{\frac{\partial (\rho_m s_m)}{\partial t}\mathrm{d}x\mathrm{d}y}_{④} \tag{5.41}
$$

式中,等号右边各项中,第①项为边界上的热流引起的熵输运;第②项和第③项
为边界上的质量流引起的熵输运;第④项为控制体内部熵随时间的变化。上式
左右两边同除以 $\mathrm{d}x\mathrm{d}y$,可得到局部熵产率为

$$
\dot{S}'''_{gen} = \frac{1}{T}\left(\frac{\partial q_x}{\partial x} + \frac{\partial q_y}{\partial y}\right) - \frac{1}{T^2}\left(q_x\frac{\partial T}{\partial x} + q_y\frac{\partial T}{\partial y}\right) + \rho_m\left(\frac{\partial s_m}{\partial t} + v_{m,x}\frac{\partial s_m}{\partial x} + v_{m,y}\frac{\partial s_m}{\partial y}\right) +
$$

$$
s_m\left[\frac{\partial \rho_m}{\partial t} + v_{m,x}\frac{\partial \rho_m}{\partial x} + v_{m,y}\frac{\partial \rho_m}{\partial y} + \rho_m\left(\frac{\partial v_{m,x}}{\partial x} + \frac{\partial v_{m,y}}{\partial y}\right)\right]
$$

$$= \frac{1}{T} \nabla \cdot q - \frac{1}{T^2} (q \cdot \nabla T) + \underbrace{\rho_m \frac{ds_m}{dt}}_{②} + \underbrace{s_m \left[\frac{\partial \rho_m}{\partial t} + \nabla \cdot (\rho_m v_m) \right]}_{③} \tag{5.42}$$

根据热力学第一定律,对于对流区域中的无穷小微元,有

$$\rho_m \frac{de_m}{dt} = -\nabla \cdot q - p(\nabla \cdot v_m) + S_E \tag{5.43}$$

式中,等号左端项为混合物的内能随时间的变化;等号右端依次为导热引起的净热流、压缩引起的功变化及体积热源项。同时,内能的变化为

$$de_m = Tds_m - pd \frac{1}{\rho_m} \tag{5.44}$$

因此,式(5.42)中的第②项变为

$$\rho_m \frac{ds_m}{dt} = \frac{\rho_m}{T} \frac{de_m + pd \dfrac{1}{\rho_m}}{dt} = \frac{1}{T} \left[-\nabla \cdot q - p(\nabla \cdot v_m) + S_E \right] - \frac{p}{T\rho_m} \frac{d\rho_m}{dt}$$

$$= \frac{1}{T} \left\{ -\nabla \cdot q - \frac{p}{\rho_m} \left[\frac{\partial \rho_m}{\partial t} + \nabla \cdot (\rho_m v_m) \right] + S_E \right\} = \frac{1}{T}(-\nabla \cdot q + S_E)$$

$$\tag{5.45}$$

加上第①项后,局部熵产率为

$$\dot{S}_{gen}''' = -\frac{1}{T^2}(q \cdot \nabla T) + \frac{S_E}{T} \tag{5.46}$$

而上式中出现的体积热源 S_E 为黏性耗散与潜热释放之和,即

$$S_E = \varphi + L \cdot J_{net} = \bar{\varphi} + \varphi' + L \cdot J_{net}$$

$$= \tilde{\tau} : \nabla v_m + \rho_m \varepsilon + L \cdot J_{net} \tag{5.47}$$

式中, $\tilde{\tau}$ 是混合物的时均应力应变张量,即

$$\tilde{\tau} = \mu_m \left[\nabla v_m + (\nabla v_m)^T \right]$$

因此,该微元体内的局部熵产率为

$$\dot{S}_{gen}''' = \underbrace{\frac{\kappa_{eff}}{T^2}(\nabla T)^2}_{热传递} + \underbrace{\frac{\tilde{\tau} : \nabla v_m + \rho_m \varepsilon}{T}}_{流体摩擦阻力} + \underbrace{\frac{L \cdot J_{net}}{T}}_{内部相变} \tag{5.48}$$

5.3.4 计算参数设置

1. 求解细节信息

本章采用基于有限容积法(finite volume method,FVM)的 CFD 软件 ANSYS FLUENT 开展了三维的瞬态计算。在模拟中,采用了相间耦合求解方

法来求解控制方程,压力—速度耦合采用 SIMPLE 算法来进行处理。采用隐格式进行时间离散,动量方程和能量方程采用二阶迎风差分格式,湍动能方程、湍流耗散率方程和体积分数方程采用一阶迎风差分格式。考虑到两相流动和冷凝过程的不稳定性,因此在计算的前 0.1 s 所有变量的欠松弛因子均设定为 0.1,之后的欠松弛因子又设定为默认值。计算过程中,时间步长设定为 0.001 s。所有的计算工作都是在 4 核(Intel)、8 GB 内存的工作站上完成的。

针对求解过程,采用两类判据来判断计算是否收敛:除过能量方程的残差之外,其余控制方程的残差都设定为 1×10^{-3},能量方程的残差为 1×10^{-6};同一时间步长内,两相流域中积分熵产率的值基本上不随迭代步数发生变化。

边界条件定义如下:入口处为蒸气质量流量边界,60 kg/s,温度 374.15 K(稍高于 1.013×10^5 Pa 的饱和温度),压力 3 kPa(表压);出口为压力出口,0 Pa;水池的壁面和蒸气管道的管壁均设为绝热无滑移壁面。

初始条件定义如下:蒸气管内充满蒸气,温度和压力分别为 374.15 K 和 3 kPa;水箱中水温为 300 K,压力为 0 Pa。简单起见,在模拟过程中,相变温度设定为定值 373.15 K。

在计算中,流体域中的蒸气视为理想气体,其密度和比热容会随着温度和压力变化,而其他物性如黏度和热导率等均为常数,取自 FLUENT 中的材料库。水视为不可压缩流体,物性都是常数。工质的热物性见表 5.5。此外,在计算中,蒸发/冷凝系数均取为定值 0.01。

表 5.5　工质的热物性

	密度/(kg·m⁻³)	比热容/(J·kg⁻¹·K⁻¹)	黏度/(Pa·s)	热导率/(W·m⁻¹·K⁻¹)
蒸气	理想气体密度	理想气体比热容	1.34×10^{-5}	0.026 1
水	998.2	4 182	1.003×10^{-3}	0.6

2. 网格无关性验证

本章采用六面体的结构化网格进行区域离散,整个计算区域的网格采用 ICEM 软件划分。由于区域中管道为圆柱形,因此在此处利用 O 形网格以提高网格整体质量。一共划分了三套网格,节点数分别为 386 972、633 452 和 914 597。在计算之前,首先进行了网格密度对计算结果的影响研究。图 5.13 所示为三套网格中两个不同位置处($z_1 = 265$ mm,$z_2 = 280$ mm)轴向无量纲速度的横向分布。其中,网格 1 有 386 972 个节点;网格 2 有 633 452 个节点;网格 3 有 914 597 个节点。v_{max} 是三套网格中的最大速度。

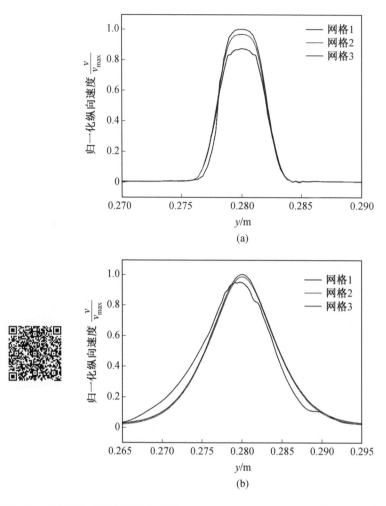

图 5.13 三套网格中两个不同位置处($z_1 = 265$ mm，$z_2 = 280$ mm)轴向无量纲速度的横向分布

5.3.5 计算结果与分析

1. 有效性验证

由于本章的计算基础是 Mixture 多相流模型和分子动力学，与之前的研究者所做的工作不同，因此采用另一个计算来验证所建立的数学模型的有效性。模型网格划分示意图如图 5.14 所示。该计算中的几何模型与 Takase 等研究中的结构相似。计算中入口的蒸气速度为 25 m/s，温度为 111 ℃，出口为压力出口。初始时水温为 20 ℃，水池内初始压力为 2.3 kPa。此外，蒸气相变温度为 110.5 ℃。

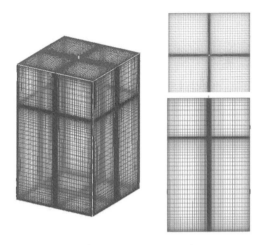

图 5.14　模型网格划分示意图

图 5.15 所示为径向温度分布的对比,图中给出了 CFD 计算和 Takase 等工作的径向温度分布。其中,X^+ 是无量纲横向距离;Z^+ 是距离蒸气管口的无量纲距离($X^+ = x/d_0$,$Z^+ = z/d_0$,d_0 是蒸气管道内径)。可以看出,二者在径向温度分布上吻合较好,这在一定程度上验证了模型的有效性。

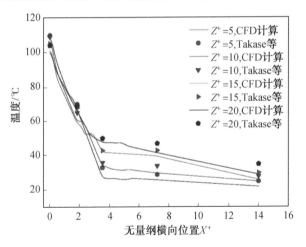

图 5.15　径向温度分布的对比

2. CFD 结果

（1）速度分布。

图 5.16 所示为不同时刻 $x=0$ 平面沿 z 轴方向速度分量云图。可以看出，较短的时间内，蒸气在管道中加速并且在管道出口附近达到最大值，然后形成了较为稳定的速度场。此外，蒸气释放到水池中后，与水体间作用而与水体发生动量交换，使蒸气的速度在较短距离内迅速降到 0，同时驱动着周围的水缓慢运动。

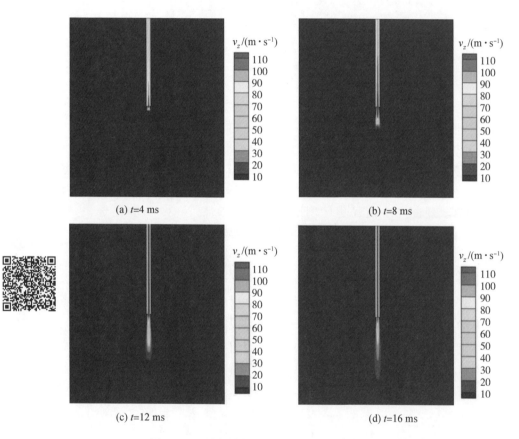

图 5.16 不同时刻 $x=0$ 平面沿 z 轴方向速度分量云图

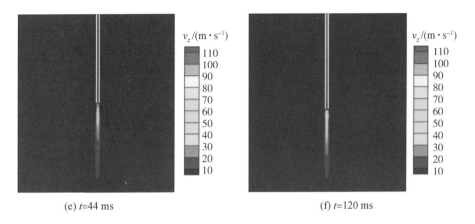

(e) $t=44$ ms　　　　　　　　　　　　　　　(f) $t=120$ ms

续图 5.16

图 5.17 所示为不同时刻不同轴向距离处径向速度分布。可以看出,在管道出口附近的核心区域,蒸气的速度在达到最大值后迅速降低。从射流的整个过程来看,短时间内($t=4$ ms,$t=8$ ms),$z=0.30$ m 处的速度几乎为 0。同时,在 $z=0.26$ m 附近,管道出口处高速蒸气与静止的水间的强剪切作用形成了回流循环区,这个发现与 Dahikar 等在实验和 CFD 计算中所得的结论基本一致。此外,从图中还可以看出,中心线处的速度并不是最大值,而当位置稍偏离中心线时,射流区的速度增大。与此同时,图中还反映出由于池水中射流的有限扩展距离,因此在管道出口附近速度变化很快,而在外部区域速度变化很平缓。

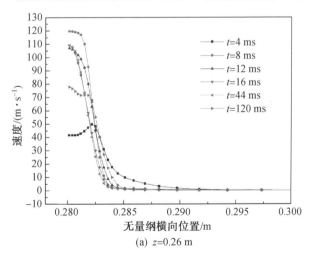

(a) $z=0.26$ m

图 5.17　不同时刻不同轴向距离处径向速度分布

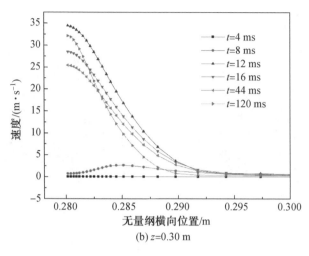

(b) $z=0.30$ m

续图 5.17

（2）温度分布。

传热现象是通过将控制体内能量源项与相变过程联系来进行研究的，通过瞬态计算得到温度场分布。图 5.18 所示为不同时刻 $x=0$ 平面的温度分布云图，图 5.19 所示为不同时刻不同轴向距离处径向温度分布。从图 5.18 中可以看出，管道中蒸气的温度基本上是常数 374.15 K，而当进入到水池后，会因蒸气与池水间的能量交换而发生温度的显著下降。图 5.18(a)~(d)体现出此时的温度场变化较大，而图 5.18(e)和图 5.18(f)体现出计算后期的温度场几乎为定常分布。由于蒸气的质量流密度较小、温度较低，因此在射流过程中，池水的温度几乎没有变化。

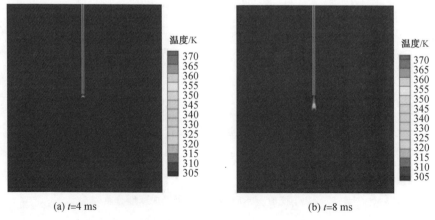

(a) $t=4$ ms   (b) $t=8$ ms

图 5.18　不同时刻 $x=0$ 平面的温度分布云图

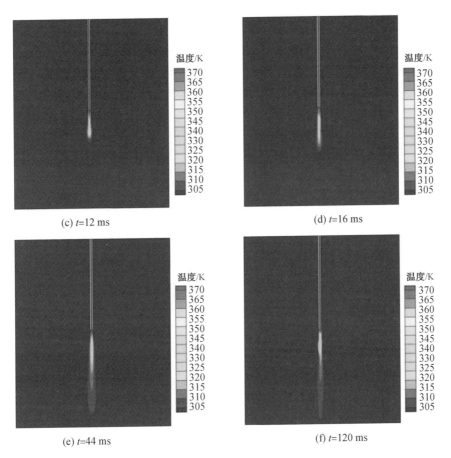

(c) $t=12$ ms

(d) $t=16$ ms

(e) $t=44$ ms

(f) $t=120$ ms

续图 5.18

　　从图 5.19 中可以发现温度分布与速度分布具有相同趋势,表明传热过程是与速度分布显著相关的。在蒸气射流的中心区域,过冷水被夹带入蒸气射流中,造成了射流内部温度的小扰动,如 $t=4$ ms 时 $z=0.26$ m 位置和 $t=8$ ms 时 $z=0.30$ m 位置。此外,气液交界面上出现了较大的温度下降,而在远离管道出口的区域温度变化平缓,所得结果与 Gulawani 等的工作中所得结论趋势基本一致。

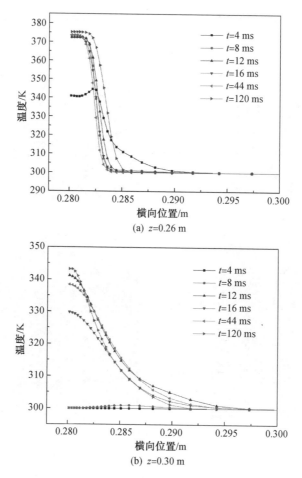

图 5.19　不同时刻不同轴向距离处径向温度分布

（3）射流形状。

当蒸气通过管嘴射入水池中后，管道出口附近会出现蒸气空穴，称为射流。图 5.20 所示为不同时刻 $x=0$ 平面的蒸气体积分数分布云图（射流形状）。根据图中的射流形状，可以明显区分出三个典型的阶段，即初始阶段（图 5.20（a）、（b））、发展阶段（图 5.20（c）、（d））及稳定（伴有小扰动）阶段（图 5.20（e）、（f））。在初始阶段，蒸气射入过冷水后迅速扩大，射流没有确定的形状；在发展阶段，射流开始呈现出椭圆边界，射流尺寸明显增大；在稳定阶段，射流依然是椭圆体形状，但是尺寸已经不再随着时间发生显著变化，偶尔会出现一些小扰动，如图 5.20（f）所示。出现上述现象的可能原因有：在初始阶段，蒸气以较高的速度进入水中,并在某些区域形成强烈的脉动,阻止射流形成稳定的形状;随着蒸气冷凝的进行,周围的水逐渐被加热,水的过冷度下降,使得射流的尺寸增大;脉动与过冷度的显著减小促使形成了稳定阶段。

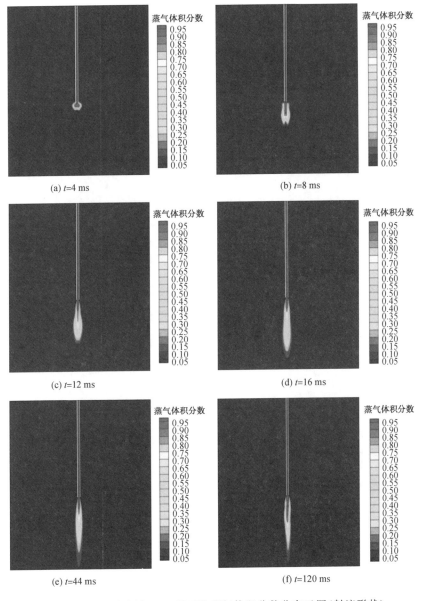

图 5.20　不同时刻 $x=0$ 平面的蒸气体积分数分布云图(射流形状)

（4）质量传递。

图 5.21 所示为不同时刻 $x=0$ 平面的实时冷凝速率云图。如果定义体积分数为 0.5 的区域为气液交界面,则对照蒸气体积分数分布云图即图 5.20 可以发现,蒸气主要在气液交界面上发生冷凝,其原因可能是此处有较大的温度梯度及较低的绝对温度。该计算结果中的冷凝速率是很小的,其原因可能是较低的质量流密度削弱了因湍流脉动而引起的传热。而在初始阶段的管口,冷凝速率比其他阶段的冷凝速率都大,这是池水的过冷度下降导致的。

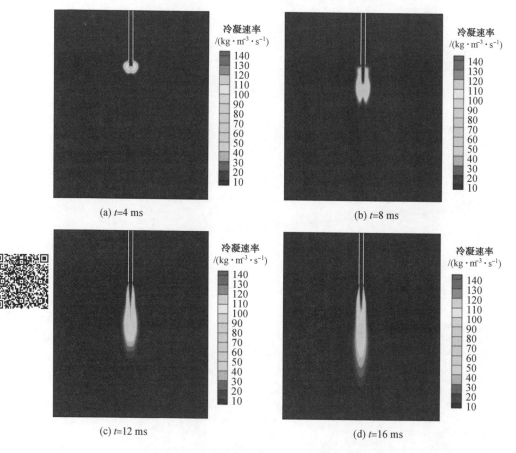

图 5.21　不同时刻 $x=0$ 平面的实时冷凝速率云图

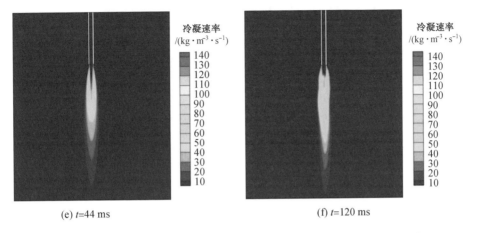

(e) $t=44$ ms   (f) $t=120$ ms

续图 5.21

3. 熵产结果

基于蒸气直接接触冷凝过程的 CFD 模拟,结合所发展的熵产分析模型,可以很容易地求得传热、黏性流动及相变引起的熵产。图 5.22 所示为不同时刻 $x=0$ 平面单位体积内的总熵产率分布云图。可以看出,无论什么阶段,局部体积熵产率在蒸气管道出口的管壁处均有最大的值。其原因可能在于当蒸气以较高速度冲入静止水中时,突然间失去了确定的边界来约束蒸气的流动。因此,强烈的脉动和较大的速度梯度导致了较强的耗散过程。此外,图 5.22 还反映出初始阶段的局部熵产率明显大于其他阶段,但是能观察到明显熵产率的区域要远小于其他阶段。在稳定阶段,除过局部区域的扰动所致的斑点外,局部熵产率随时间变化较小,这与前一部分的分析是对应的。与此同时,上述的分析表明了熵产率可以作为一个有用的参数来分析两相流的稳定性问题。

在得到局部体积熵产率之后,对其在整个两相流区域进行积分可以得到熵产率的值,即

$$\dot{S} = \int_{V} \dot{S}''' \mathrm{d}V \tag{5.49}$$

其可以用来体现整个流体域内的总耗散程度。

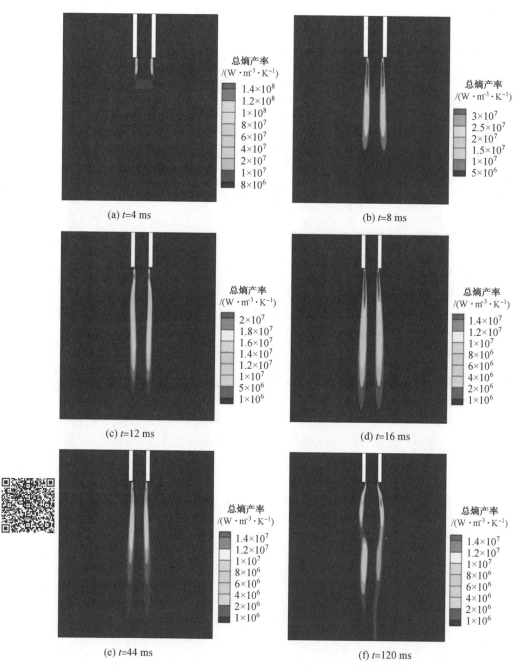

图 5.22　不同时刻 $x=0$ 平面单位体积内的总熵产率分布云图

图 5.23 所示为蒸气直接接触冷凝过程不同时刻两相流区域内的熵产率总体变化情况。可以看出,在初始阶段,熵产率相对较大,而脉动引起的熵产率在所有的四个不可逆因素(导热、平均速度梯度、脉动和相变)中占据了较大的比例(大于 80%);在发展阶段,总熵产率显著减小,而传热作用引起的熵产率在总熵产率中的比例逐渐增大;在稳定阶段,总熵产率随时间变化甚微,而传热引起的熵产率在所有的不可逆因素中占据着最大的比例。从整个接触冷凝的过程来看,脉动引起的熵产率逐渐减小,而传热和内部相变引起的熵产率几乎不随时间变化,直到其稳定值。蒸气直接接触冷凝过程熵产率变化见表 5.6。由于直接接触冷凝是一个复杂的过程,其中几个独立的过程互相影响,因此需要一个更加普适的参数来描述这些过程,如直接接触冷凝的稳定性及其进程。积分熵产率从热力学角度为该过程提供了分析的工具,同时也反映出熵有可能成为研究气液两相流动等现象的重要手段。

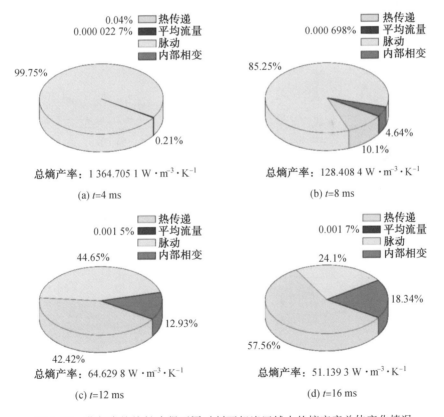

图 5.23　蒸气直接接触冷凝不同时刻两相流区域内的熵产率总体变化情况

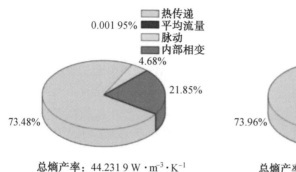
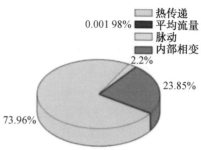

总熵产率：44.231 9 W·m⁻³·K⁻¹

总熵产率：40.588 6 W·m⁻³·K⁻¹

(e) *t*=44 ms

(f) *t*=120 ms

续图 5.23

表 5.6　蒸气直接接触冷凝过程熵产率变化

时间 /ms	热传递 熵产率 /(W·m⁻³·K⁻¹)	平均 熵产率 /(W·m⁻³·K⁻¹)	脉动 熵产率 /(W·m⁻³·K⁻¹)	相变 熵产率 /(W·m⁻³·K⁻¹)	总熵产率 /(W·m⁻³·K⁻¹)
2	0.047 28	0.000 16	12 750.010 00	0.748 53	12 750.808 0
4	0.528 59	0.000 31	1 361.270 00	2.902 08	1 364.705 1
8	12.972 81	0.000 90	109.472 90	5.961 74	128.408 4
12	27.417 57	0.000 99	28.857 47	8.353 80	64.629 8
16	29.435 16	0.000 87	12.324 87	9.378 35	51.139 3
20	31.364 92	0.001 03	7.308 97	6.737 53	45.412 4
24	30.304 58	0.000 86	4.674 26	9.812 91	44.792 6
28	30.894 48	0.000 86	3.516 69	9.737 98	44.150 0
32	31.557 28	0.000 87	2.879 75	9.679 14	44.117 0
36	32.043 26	0.000 87	2.494 88	9.656 55	44.195 6
40	32.342 19	0.000 87	2.242 67	9.655 05	44.247 1
44	32.499 60	0.000 87	2.067 93	9.663 49	44.231 9
120	30.018 36	0.000 79	0.890 96	9.678 50	40.588 6
180	30.861 76	0.000 62	0.426 36	9.481 06	40.759 8

5.4　自然循环系统模拟及不稳定性分析

5.4.1　引言

　　自然循环系统是指不需要外力驱动机构,仅依靠流体工质的密度差而运行的循环系统。相比于强迫循环系统,自然循环系统具备结构简单、非能动等特点,因此在反应堆系统和其他化工系统中广泛存在并应用。最新的反应堆设计中都在考虑安全因素时将自然循环作为设计核心之一。例如,典型的在轻水堆发生失水事故后一定时间内,要求主泵惰转,因此堆内的热量需要依靠自然循环系统释放到安全环境中。反应堆内的自然循环系统一般是流体在下部被加热,在顶部被冷却,依靠着冷热流体的密度差所产生的驱动压头推动工质在回路中循环。由于驱动压头与加热功率、加热段入口过冷度、系统压力和系统的几何结构等因素有关,因此相比于采用强迫循环的方式,自然循环的流动不稳定性现象更容易出现,表现为系统中的某些参数(如流量)随时间高频变化,从而造成设备等因受到交变应力的作用而疲劳,工作性能下降。因此,在实际的工程中应尽量避免这些现象的发生。

　　本章将从反应堆系统中抽象出一个简单的自然循环系统,并通过 RELAP5 系统程序建立该系统在不同系统压力和不同入口过冷度条件下的节点模型,采用加热段加热和下降段冷凝的形式进行循环系统的过程模拟,并分析系统的运行特性,采用固定系统流量而增加热负荷的方法来确定流动不稳定点及极限热负荷的值。

5.4.2　流动不稳定性机理及分析方法

　　对于稳定的流动系统,系统参数仅随空间位置变化而与时间变化无关。而在两相流动系统中,成核汽化、气泡破裂及流型转变等因素都可能会导致系统的参数发生起伏或脉动。根据气液两相流系统的特点,以及发生不稳定性时的系统参数变化行为,可以将流动不稳定性大致分为静态流动不稳定性和动态流动不稳定性两大类。当系统偏离原来工况状态或由原来的工况无规律地返回到另外的工况时,这种流动不稳定性称为静态流动不稳定性;而当系统参数呈现出类似于一定周期的等幅或发散的振荡时,这种不稳定性称为动态流动不稳定性。静态流动不稳定性经常会导致设备的烧毁;动态流动不稳定性会导致在加热面上反复出现浸润和干涸现象,造成设备的局部热疲劳。两种现象都对系统的运行有着重要的影响。

1. 静态流动不稳定性

为简化计算过程,在实际计算中取几何模型中心部分的三角区域进行计算。由于系统堆芯排列的规律性,因此三角区域可作为燃料组件的最小单元来研究。

(1) 流量漂移。

流量漂移是加热通道内气液两相流中最为常见的流动不稳定性之一,其特点是系统内的流量会突然发生变化。当系统内的压降值随着流量的增加而下降时,经常会发生该现象。图 5.24 所示为流体流过一根加热直管时的流动特性曲线。图中的实线 $OADBEC$ 是流动过程中管内压降随流量的变化关系,虚线 a 和 b 为外部流动特性曲线(如强迫循环中泵的扬程或自然循环形成的驱动压头)。

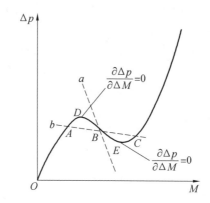

图 5.24　流体流过一根加热直管时的流动特性曲线

从实际的流动过程来看,当流体流过某一管道时,管道两侧的总压差为摩擦压降、加速压降和重位压降之和。结合图 5.24,图中 OAD 段为低质量流量时,水很快被加热汽化,管道的出口为过热蒸气,而当流量增大时,产生蒸气的量也会增大,因此系统的压降增大;DBE 段为当质量流量稍大时,欠热段的距离变长,管道出口的含气率开始下降,同时流速开始下降,压降值也显著下降至最低点 E 处,出口全为水;此后的变化曲线为过冷水的流动特性曲线,流量越大,压降值越大。因此,从图 5.24 及上述的描述中能够看出,压降与流量的变化曲线并非单调的关系,由此导致了流量漂移这种不稳定性现象。

（2）流型变迁。

流型变迁不稳定性发生在流道中的流型从泡状流变迁到环状流的过程中。在这个过程中若发生流量的随机减少行为，加热通道内就会出现含气率的骤增。而流型的转变导致流动阻力明显减小，系统的压降随之降低，产生了过剩压头，过剩压头又加速流体流动，导致流量增大，同时蒸气产生量又减小，直到不能维持环状流的流动，又恢复到之前的流型。如此反复，形成了流量的振荡现象，称为流型变迁不稳定性。这种不稳定性经常出现在各类管道中，影响着系统的运行特性。

2. 动态流动不稳定性

动态流动不稳定性经常是具有一定脉动周期的流动现象。这类不稳定性往往是因为在气液界面位置处传热与流动的耦合作用而形成了相界面的波动传递，而相界面波可以简单地分为压力波和密度波，正是这两种波的存在，导致在不同工况下出现了不同的动态流动不稳定性。

（1）声波脉动不稳定性。

声波脉动不稳定性是蒸气气膜对于流动扰动的热力反应造成的。当受热面处的气体边界层受到压缩波的压缩时，气膜的导热性能得到增强，蒸气产生率增加，空泡份额增大又导致了两相流动的压降增大，从而使流量值减小。同理，当松弛波传过受热面时，气体边界层膨胀，气膜的导热性能降低，蒸气产生率减小，空泡份额的减小又导致了两相流动的压降减小，从而使流量增大。这种不稳定性的特点是频率高。在欠热沸腾、泡核沸腾及膜态沸腾中都有可能出现这种不稳定性。

（2）密度波流动不稳定性。

密度波流动不稳定性是当加热通道的加热功率不变而突然降低进口流量时，单位质量的工质吸热量将会增大，大量的水蒸发导致管内工质空泡份额增大，混合物密度相应变小。这一扰动会对管道内的压降特性和传热特性产生影响。在特定的管道排列方式和运行工况参数等条件的共同影响下，就会发生密度波流动不稳定性现象。总的来说，这类不稳定性主要是由周期性变化的流体密度引起的，高低密度波的交替传播导致了系统流量的周期变化。因此，变化的周期与流体流过加热通道的时间密切相关。

3. 流动不稳定性的分析方法

由于气液两相流动过程的普遍性，而不稳定性对系统设备会造成较大的危害，因此为尽量避免不稳定性现象的发生，需要对不稳定性进行分析，以便从中找出能够指导工程设计与应用的结论。现有的分析方法主要包括理论解析和数学拟合。理论解析主要包含直接解析法、小扰动线性化原理及动量积分法;数学拟合大部分通过实验或模拟得到大量的数据,并从所得数据中提取关于两相流动不稳定性的相关信息,从而拟合出相关的能够用来判断流动不稳定性边界的经验关系式。

在本章的计算中,采用数学拟合的方法,利用系统软件 RELAP5 对不同工况下的自然循环系统流动现象进行模拟,并从中提取数据进行不稳定性的分析。

5.4.3 RELAP5 程序简介

反应堆功率偏移和泄漏分析程序(reactor excursion and leak analysis program,RELAP)是由美国 Idaho 国家工程实验室开发、美国核管理委员会(Nuclear Regulation Commision)批准的用于工程审评的瞬态热工水力分析程序。目前广泛使用的 RELAP5 在原有程序的均相流理论基础上开发了非均匀和非平衡态的模型,它可以在轻水堆(LWR)安全分析中模拟很多系统的瞬态现象,包括一回路、二回路、辅助系统等。一直以来,依赖于大量的实验数据与相关的理论研究,RELAP5 的版本不断更新,计算精度日益提高。

1. RELAP5 程序结构

RELAP5 采用 FORTRAN 语言编写,逻辑上采用传统的"上一下"式结构,主程序中包含不同模型的子程序。RELAP5 顶层结构如图 5.25 所示,由三大模块组成:输入块(INPUT)、瞬态/稳态块(TRNCTL)、提取块(STRIP)。

图 5.25　RELAP5 顶层结构

输入块处理输入信息,检查输入数据。瞬态/稳态块负责处理对瞬态和稳态进行选择,而在 RELAP5 中是加快瞬态运行速度,使所选的参数对时间的导数为零来实现稳态计算。提取块负责从再启动文件(restart plot file)中提取数据,以便将 RELAP5 计算结果传递到其他的计算程序或进行后处理操作。

2. RELAP5 数学模型

RELAP5 程序中的基本数学模型包括水力学模型、热构件模型、TRIP 系统模型、控制系统模型及点堆动力学模型。由于在本章的计算过程中不涉及点堆动力学,因此在接下来的部分着重介绍水力学模型及热构件模型。

(1)水力学模型。

RELAP5 中的水力学模型是用来求解流体流动的瞬态的一维两流体模型,可以用来计算气液混合物的流动。基本的微分控制方程如下。

①连续性方程。依据气液两相流与流体力学知识,建立气相和液相连续性方程,分别为

$$\frac{\partial}{\partial t}(\alpha_g \rho_g) + \frac{1}{A}\frac{\partial}{\partial x}(\alpha_g \rho_g v_g A) = \Gamma_g \tag{5.50}$$

$$\frac{\partial}{\partial t}(\alpha_f \rho_f) + \frac{1}{A}\frac{\partial}{\partial x}(\alpha_f \rho_f v_f A) = \Gamma_f \tag{5.51}$$

式中,A 为流通截面积,单位为 m^2;Γ_g 为气相的源项,单位为 $kg/(m^3 \cdot s)$;Γ_f 为液相的源项,单位为 $kg/(m^3 \cdot s)$。

一般情况下,流动过程中不包括额外的源或汇。而依据质量守恒,气体的产生等于液体生成项的相反数,即

$$\Gamma_g = -\Gamma_f \tag{5.52}$$

②动量守恒方程。针对反应堆内流动过程做出以下假设:忽略雷诺应力项;同一计算节块内,气液两相压力相同;除分层流外,其余流动中界面压力等于相压力;气液界面上没有动量储存。基于上述假设的动量守恒方程为

$$\alpha_g \rho_g A \frac{\partial v_g}{\partial t} + \frac{1}{2}\alpha_g \rho_g A \frac{\partial v_g^2}{\partial x}$$

$$= -\alpha_g A \frac{\partial p}{\partial x} + \alpha_g \rho_g B_x A - \alpha_g \rho_g A F_{w,g}(v_g) + \Gamma_g A(v_{i,g} - v_g) -$$

$$\alpha_g \rho_g A F_{i,g}(v_g - v_f) - C\alpha_g \alpha_f \rho_m A \left[\frac{\partial(v_g - v_f)}{\partial t} + v_f \frac{\partial v_g}{\partial x} - v_g \frac{\partial v_f}{\partial x}\right] \cdot \tag{5.53}$$

$$\alpha_f \rho_f A \frac{\partial v_f}{\partial t} + \frac{1}{2}\alpha_f \rho_f A \frac{\partial v_f^2}{\partial x}$$

$$= -\alpha_f A \frac{\partial p}{\partial x} + \alpha_f \rho_f B_x A - \alpha_f \rho_f A F_{w,f}(v_f) - \Gamma_g A(v_{i,f} - v_f) -$$

$$\alpha_f \rho_f A F_{i,f}(v_f - v_g) - C\alpha_f \alpha_g \rho_m A \left[\frac{\partial(v_f - v_g)}{\partial t} + v_g \frac{\partial v_f}{\partial x} - v_f \frac{\partial v_g}{\partial x}\right] \tag{5.54}$$

式中,B_x 为 x 方向质量力,单位为 m/s^2;$F_{w,g}$ 为壁面附近气相曳力系数;$F_{w,f}$ 为壁面附近液相曳力系数;$v_{i,g}$ 为界面处气相速度,单位为 m/s;$v_{i,f}$ 为界面处液相速

度,单位为 m/s;$F_{i,g}$ 为界面处气相曳力系数;$F_{i,f}$ 为界面处液相曳力系数;C 为虚拟质量力系数。式(5.53)为气相的动量方程,式(5.54)为液相的动量方程。

③能量守恒方程。假设流动过程中没有热通量,气液界面上没有能量储存,气液界面内没有相间的热传递。建立气相和液相的能量守恒方程为

$$\frac{\partial}{\partial t}(\alpha_g \rho_g U_g) + \frac{1}{A}\frac{\partial}{\partial x}(\alpha_g \rho_g U_g v_g A)$$

$$= -p\frac{\partial \alpha_g}{\partial t} - \frac{p}{A}\frac{\partial}{\partial x}(\alpha_g v_g A) + Q_{w,g} + Q_{i,g} + \Gamma_{i,g}h_g^* + \Gamma_w h_g' + \text{DISS}_g \tag{5.55}$$

$$\frac{\partial}{\partial t}(\alpha_f \rho_f U_f) + \frac{1}{A}\frac{\partial}{\partial x}(\alpha_f \rho_f U_f v_f A)$$

$$= -p\frac{\partial \alpha_f}{\partial t} - \frac{p}{A}\frac{\partial}{\partial x}(\alpha_f v_f A) + Q_{w,f} + Q_{i,f} - \Gamma_{i,g}h_f^* - \Gamma_w h_f' + \text{DISS}_f \tag{5.56}$$

式中,$Q_{w,g}$ 为壁面处气相的体积释热率,单位为 W/m^3;$Q_{w,f}$ 为壁面处液相的体积释热率,单位为 W/m^3;$Q_{i,g}$ 为界面处气相体积释热率,单位为 W/m^3;$Q_{i,f}$ 为界面处液相体积释热率,单位为 W/m^3;h_g^* 为主流内部蒸气焓,单位为 J/kg;h_f^* 为主流内部液体焓,单位为 J/kg;DISS 为单位体积内部的耗散项,单位为 W/m^3。

除上述几个主要的控制方程外,水力学模型中还包括状态关系式、基本组成模型、特殊过程模型及组件模型等,这些模型分别应用在不同的流动过程中。

(2)热构件模型。

热构件即计算模型中出现的用来导热的固体区域,通过该构件可以计算出与水力学构件相连的固体边界上的传热量。在反应堆系统内,常采用热构件来模拟堆芯燃料棒、蒸气发生器 U 形管及其他的换热管。

热构件采用一维导热模型,可以自定义材料属性及热源分布。计算时可以针对不同的模型在轴向和径向划分不同的网格点数,并定义不同的初始条件。由于热构件的设计初衷是用来计算水力学构件内输入的热通量,因此在热构件中需要进行边界条件的定义,包括绝热(对称)、对流和自定义边界三大类。

(3)其他模型。

除水力学模型和热构件模型外,RELAP5 中的数学模型还包括 TRIP 模型、控制系统模型和点堆动力学模型。TRIP 模型通过逻辑状态为各种系统部件提供触发信号;控制系统模型通过不同的变量运算为安注箱、伺服阀等部件提供运行方式;点堆动力学模型根据点堆中子动力学方程建立,用来描述堆内功率随时间的变化特性。

3. RELAP5 基本建模单元

反应堆系统大多是由阀门、管道、泵和罐体等组成的,因此 RELAP5 在建模

时同样也采用这些模块,主要由四部分组成:热工水力建模单元、热构件、TRIP 和控制变量。由于前一节对热构件、TRIP 和控制变量的作用已经进行了简单的介绍,因此此处主要介绍热工水力建模单元。在热工水力建模单元中,常用的有单一控制体(SNGLVOL)、管形或环形元件(PIPE/ANNULUS)、分支结构(BRANCH)、单一接管(SNGLJUN)、时间相关控制体(TMDPVOL)、时间相关接管(TMDPJUN)、阀门(VALVE)、泵(PUMP)及安注箱(ACCUM)等。

5.4.4　自然循环系统建模

分析了常见的自然循环系统后,从中简化抽出主要结构,并搭建图 5.26 所示自然循环系统 RELAP5 节点图,自然循环系统主要结构参数见表 5.7。

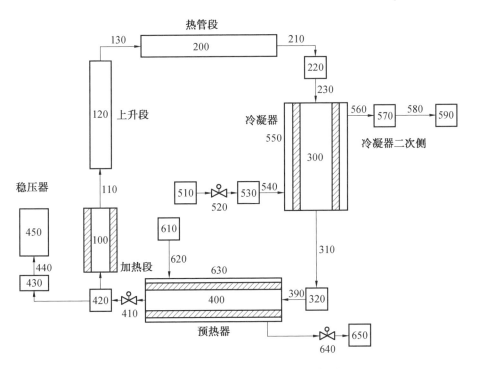

图 5.26　自然循环系统 RELAP5 节点图

表 5.7　自然循环系统主要结构参数

参量名称(控制体编号)	内径/m	长度/m
加热段(100)	0.016	3.0
上升段(120)	0.030	7.5
热管段(200)	0.030	10.0
冷凝段(300)	0.041	7.5
预热段(400)	0.030	10.0

该自然循环系统主要由加热段、上升段、热管段、冷凝器及其二次侧、预热器和稳压器构成。系统采用下部加热的方式,蒸气经过上部的上升段、热管段后,通过冷凝器充分冷凝,冷凝功率由冷却水的温度和流量来进行调整,后经过底部的恒温对流换热的方式进行预热以保证加热段入口处的欠热度。整个系统的压力由稳压器 TMDPVOL450 进行调节。

5.4.5　计算结果与讨论

1.敏感性分析

由于数值计算过程中都涉及对于连续性方程的离散求解,因此离散的方式等参数会对计算结果产生较大的影响。由于在本章的计算中涉及的结构和过程都较为简单,而数值计算方法默认采用半隐式的差分求解,因此在该部分敏感性分析中主要研究各段管道结构的空间节点数对计算结果的影响。

选择系统压力为 0.9 MPa,加热段热负荷为 1 kW,加热段入口过冷度为 0,研究加热段、上升段、冷凝段节点数分别为 10、20、50 时的系统参数变化情况。

图 5.27 所示为不同网格节点数下系统内变数变化情况。可以看出,节点数为 10、20、50 时均能体现出系统内参数的变化规律,且变化趋势是一致的。但是在一些局部变化处,节点数为 10 相较于其他两个节点数误差较大,因此考虑到计算精度和计算效率,最终选择加热段、上升段和冷凝段节点数为 20,其余管道的节点数为 10 来进行后续的计算分析。

1.两相流动不稳定性研究

在上述完成敏感性分析后,本处选择不同系统压力、不同过冷度下的气液两相流动为研究对象,逐步提高热功率,在每次提高热功率后,保证一段时间的稳定流动后再进一步提高加热功率,直至出现流量等系统参数的脉动现象,此时的热功率即为该压力与该入口过冷度下不发生不稳定流动的极限热负荷值。

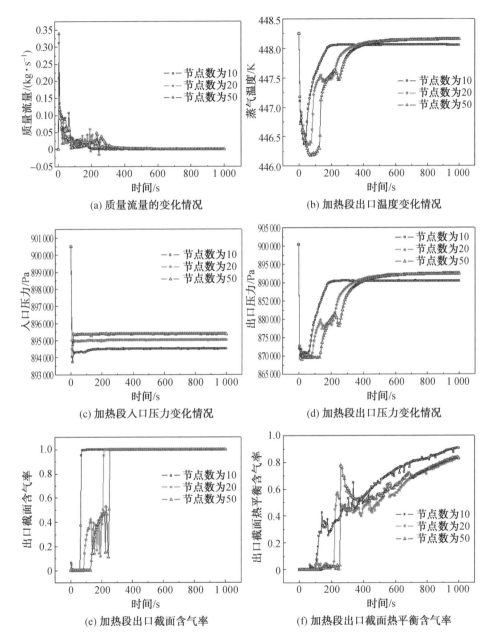

(a) 质量流量的变化情况

(b) 加热段出口温度变化情况

(c) 加热段入口压力变化情况

(d) 加热段出口压力变化情况

(e) 加热段出口截面含气率

(f) 加热段出口截面热平衡含气率

图 5.27　不同网格节点数下系统内变数变化情况

本章计算中分别研究了系统压力为 0.9 MPa 和 2.0 MPa,过冷度为 10 K、41 K 和 75 K 下的气液两相流动。以 0.9 MPa 过冷度为 41 K 为例,根据调研,确定该工况下的极限热负荷值约为 30.0 kW。而考虑到实际模拟中需要对热构件及流体进行预热处理,因此 0.9 MPa 下过冷度 41 K 时加热段热负荷值变化见表5.8。

表 5.8 0.9 MPa 下过冷度 41 K 时加热段热负荷值变化

时间/s	热负荷/kW
500	26.0
1 000	27.0
1 500	28.0
2 000	29.0
2 500	30.0
3 000	30.5
3 500	31.0
4 000	30.5
4 500	31.0
5 000	31.5
5 500	32.0
6 000	32.5
6 500	33.0
7 000	33.5
7 500	34.0
8 000	34.5

由热负荷变化结合图 5.27 可以看出,当热负荷较小时,流量等参数均处于稳定的无脉动状态。而随着热负荷的逐渐增大,达到某一阈值后,系统内的参数开始出现较大幅度的脉动,整个流动出现了不稳定现象。采用相同的方法研究了 0.9 MPa 下过冷度 10 K、41 K、75 K 时系统参数变化,如图 5.28~5.30 所示;2.0 MPa 下过冷度 10 K、41 K、75 K 时系统参数变化如图 5.31~5.33 所示。自然循环系统运行工况参数与极限热负荷见表5.9。

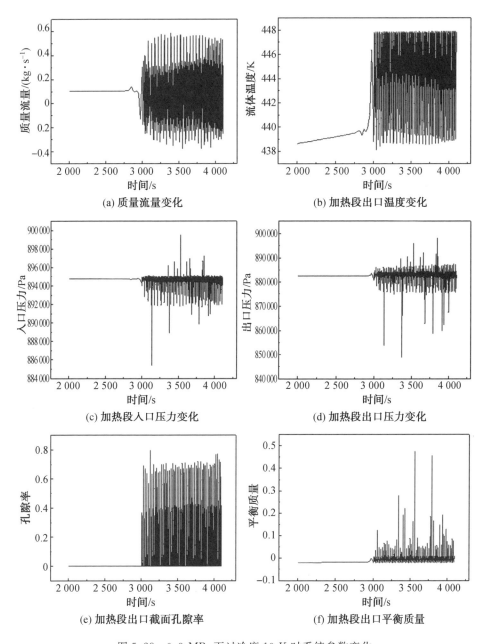

图 5.28　0.9 MPa 下过冷度 10 K 时系统参数变化

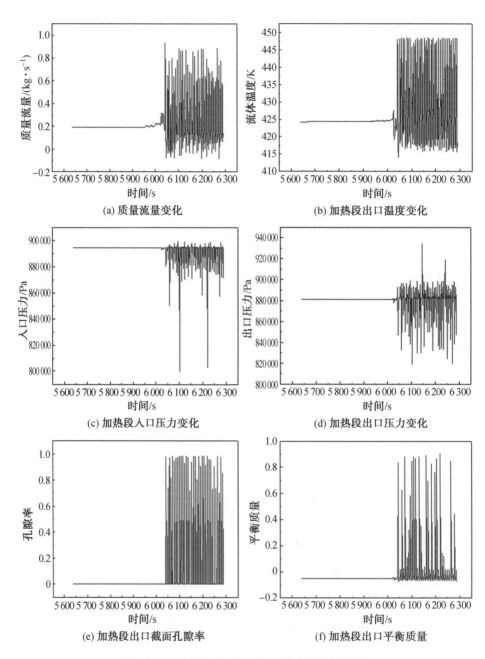

(a) 质量流量变化

(b) 加热段出口温度变化

(c) 加热段入口压力变化

(d) 加热段出口压力变化

(e) 加热段出口截面孔隙率

(f) 加热段出口平衡质量

图 5.29　0.9 MPa 下过冷度 41 K 时系统参数变化

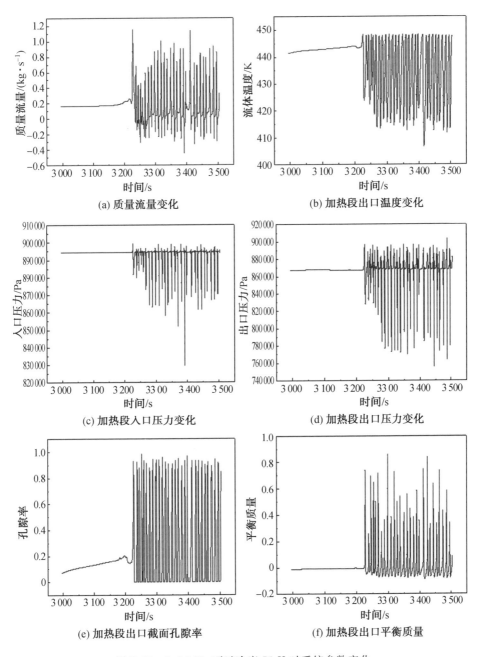

图 5.30　0.9 MPa 下过冷度 75 K 时系统参数变化

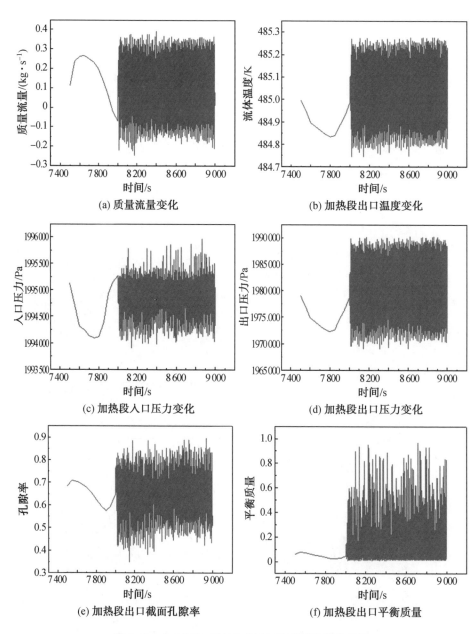

(a) 质量流量变化

(b) 加热段出口温度变化

(c) 加热段入口压力变化

(d) 加热段出口压力变化

(e) 加热段出口截面孔隙率

(f) 加热段出口平衡质量

图 5.31　2.0 MPa 下过冷度 10 K 时系统参数变化

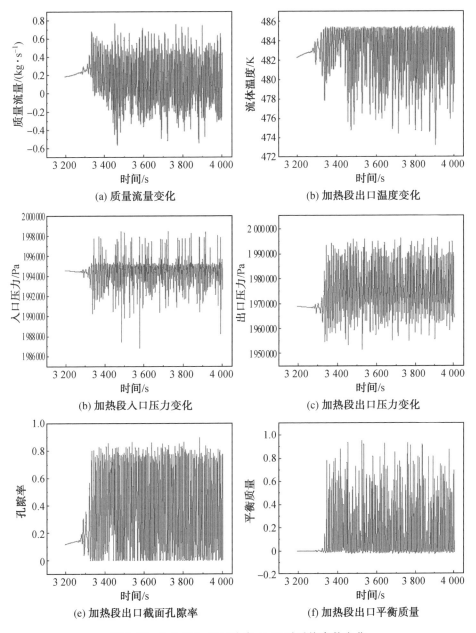

(a) 质量流量变化

(b) 加热段出口温度变化

(b) 加热段入口压力变化

(c) 加热段出口压力变化

(e) 加热段出口截面孔隙率

(f) 加热段出口平衡质量

图 5.32　2.0 MPa 下过冷度 41 K 时系统参数变化

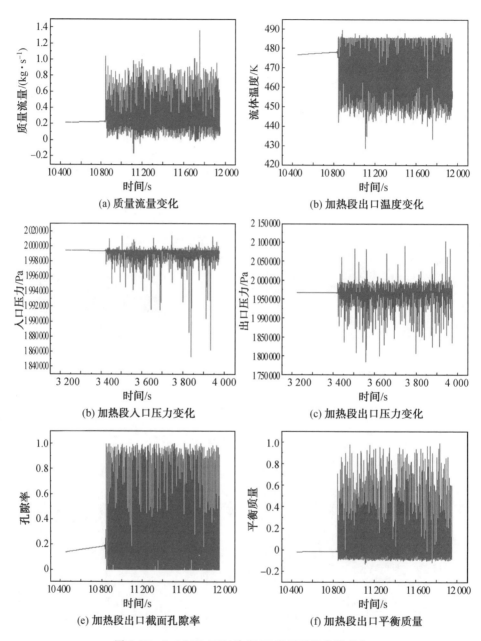

(a) 质量流量变化

(b) 加热段出口温度变化

(b) 加热段入口压力变化

(c) 加热段出口压力变化

(e) 加热段出口截面孔隙率

(f) 加热段出口平衡质量

图 5.33 2.0 MPa 下过冷度 75 K 时系统参数变化

表 5.9　自然循环系统运行工况参数与极限热负荷

过冷度	0.9 MPa	2.0 MPa
10 K	7.5 kW	13.0 kW
41 K	32.0 kW	38.5 kW
75 K	55.0 kW	70.0 kW

从表 5.9 中可以看出,在同一过冷度下,压力越大,极限热负荷越大;而同一压力下,过冷度越大,极限热负荷越大。这一点很容易解释:在相同过冷度下,系统的压力较高时,汽液的密度差减小,因此因密度差而产生的浮升力所致驱动压头的脉动将会显著缩小;而在相同压力下,过冷度较大时,流经加热段是势必需要吸收更多的热量,使过冷液达到饱和,并产生气泡,进而发生流动不稳定现象。因此,为避免流动不稳定现象的出现,应适当提高自然循环系统的压力,减小加热段入口的过冷度。

从图 5.28~5.30 中可以看出,同一系统压力时,过冷度不同,发生流动不稳定时参数变化存在较大的差异,过冷度越大,不稳定性的振幅越大。从系统流量变化中可以看出,当热负荷值超过极限热负荷时,整个系统的流量几乎是围绕着某一定值而发生高频的上下等幅振荡。从加热段入口和出口压力变化来看,二者几乎呈现出相同的趋势,只是由于在流动过程中存在摩擦压降、加速压降和重位压降等因素,因此入口与出口间始终存在着一定的压差。而从加热段出口截面含气率和出口热平衡含气率的变化中可以看出,在发生流动失稳之前,整个系统内的流体状态基本上均处于过冷的状态;当流动不稳定性现象出现时,加热段开始出现过冷沸腾乃至饱和沸腾现象,出口出现了大量的气泡;当热平衡含气率的值大于 0 时,表明此时流体处于饱和状态,同时反映出部分过冷液体在加热段中完成了从过冷态到饱和态。

图 5.31~5.33 为系统压力为 2.0 MPa 时,加热段入口过冷度分别为 10 K、41 K、75 K 时的系统运行参数变化,与 0.9 MPa 时的变化趋势相同,极限热负荷之前,系统内的流动为过冷流动,达到极限热负荷之后,流动失稳。对比其与0.9 MPa 下的变化规律同样可以发现,系统压力越高,发生流动失稳后振荡频率越高,振幅越小。

5.5 饱和气液两相流动的熵产特性

5.5.1 引言

气液两相流是核反应堆系统中的重要流动现象,可能出现在正常运行时的蒸气发生器二次侧,事故工况下的反应堆主冷却剂系统、安注系统及一些辅助系统中。当液体发生沸腾变为蒸气后,由于蒸气的导热性能明显弱于液体,因此会造成系统内的设备局部传热恶化。蒸气泡的出现及热流的持续输入可能会导致两相流的流型发生变化,引起流动不稳定现象,影响系统与设备的正常运行。虽然气体和流体都是流体,但是当二者共同作用时,会产生很多不同于单相流的现象。因此,准确认识并了解气液两相流动现象,并针对该现象建立准确的数学模型,分析流动特性是十分重要的。

此外,结构、流动参数等因素对于两相流动系统也有重要的影响,压降等参数已经成为两相流动分析中的重要组成部分。根据流动过程中的压降大小选择合适的驱动压头是核反应堆安全的重要保障。但是由于气液两相流流动系统的复杂性、动态性等特点,因此往往一个独立的参数难以反映出真正的系统特性。近年来,复杂性熵和多尺度样本熵等逐渐应用在两相流动的流型判别中。结果表明,小尺度下的样本熵变化特征可以用来分辨泡状流、弹状流及搅混流等典型流型,而大尺度下的样本熵波动特征可以用来分析流动的动力学特性。

本章基于局域平衡假设,建立气液两相流动的熵产分析模型,并依托于RELAP5软件模拟饱和气液两相流动过程,结合所建立的数学模型对于不同段的结构内的流动特性进行热力学分析评估,以便于后期进行两相流动系统的结构优化及流动特性分析。

5.5.2 两相流计算几何模型

本章在计算过程中采用RELAP5系统程序进行两相流动自然循环系统模拟,与前一章内容不同,本章的研究对象是饱和气液两相流动(或气液两相流饱和点附近的流动)系统,其节点图如图5.34所示。由于该流动为饱和流动或近饱和流动,因此不需要大功率的冷凝装置,而将原有的冷凝器与预热器合二为一,即整个系统主要由加热段、上升段、热管段、冷凝器及其二次侧、预热器、稳压器构成。系统采用下部加热的方式,经过上部的上升段、热管段后,经过冷凝器充分冷凝,冷凝功率由冷却水的温度和流量进行调整,其目的只是保证系统内的流体不至于成为过热蒸气。整个系统的压力由稳压器 TMDPVOL450 进行调节。

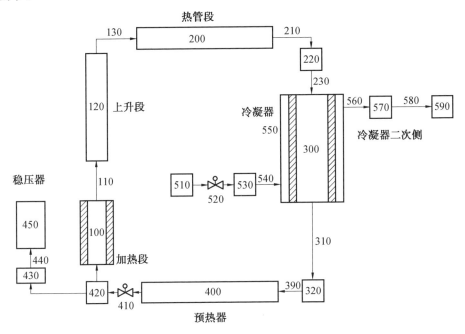

图 5.34　饱和气液两相流动系统节点图

在本次的计算中,选择系统压力为 2.0 MPa,加热段入口流体温度为饱和温度 485.35 K,加热器热功率为 2.0 kW,冷凝器二次侧冷却水温度为 485.0 K,主系统流量为 0.2 kg/s,二次侧流量约为 50.0 kg/s。饱和两相流动系统主要结构参数见表 5.10。

表 5.10　饱和两相流动系统主要结构参数

参量名称(控制体编号)	内径/m	长度/m
加热段(100)	0.016	3.0
上升段(120)	0.030	7.5
热管段(200)	0.030	10.0
冷凝段(300)	0.041	7.5
冷管段(400)	0.030	10.0

5.5.3 熵产分析模型

由于本章计算所采用的 RELAP5 是基于一维、非平衡的分相流模型之上的系统程序,因此为保证计算的统一性,下面的熵产分析模型建立过程的基准也是分相流模型,主要研究对象是加热段、上升段、热管段和冷凝段。

1. 各段熵产计算

(1) 加热段。

饱和气液两相流动热平衡模型如图 5.35 所示。根据热力学第二定律,流动方向上 $\mathrm{d}x$ 微元内的熵产为

$$\mathrm{d}\dot{S}'_{gen}\mathrm{d}x = \mathrm{d}S - \mathrm{d}S'_f\mathrm{d}x = \mathrm{d}(\dot{m}_v s_v + \dot{m}_1 s_1) - \frac{\mathrm{d}Q}{T_w} = \dot{m}_t\mathrm{d}s_t - \frac{\mathrm{d}Q}{T_w} \qquad (5.57)$$

式中,$\dot{m}_t$ 为两相流的质量流量;$\dot{m}_1$ 为液相质量流量;$\dot{m}_v$ 为气相质量流量;s_t 为两相混合物的比熵;s_1 为液相比熵;s_v 为气相比熵;T_w 为壁面温度;S_{gen} 为熵产;S_f 为熵流;S 为系统熵值。

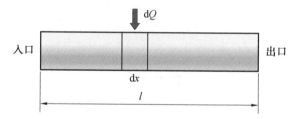

图 5.35 饱和气液两相流动热平衡模型

而对于两相流动的系统,热力学第一定律为

$$\mathrm{d}h_t = T\mathrm{d}s_t + v_t\mathrm{d}p \qquad (5.58)$$

式中,h_t 为两相混合物的比焓;v_t 为两相混合物的比容;T 为系统温度。

由于所选的研究对象为管内饱和流动,即管内流体的温度为饱和温度,因此式(5.58)可以改写为

$$\mathrm{d}h_t = T_{sat}\mathrm{d}s_t + v_t\mathrm{d}p \qquad (5.59)$$

式中,T_{sat} 为饱和温度。结合上式,熵产计算又可以写为

$$\mathrm{d}\dot{S}'_{gen}\mathrm{d}x = \dot{m}_t\frac{\mathrm{d}h_t}{T_{sat}} - \dot{m}_t\frac{v_t\mathrm{d}p}{T_{sat}} - \frac{\mathrm{d}Q}{T_w} \qquad (5.60)$$

引入质量含气率 x,则气液混合物的焓变为

$$\mathrm{d}h_t = \mathrm{d}[xh_v + (1-x)h_1] \qquad (5.61)$$

将式(5.61)沿加热段进行积分,可以得到

$$\dot{S}_{\text{gen},1} = \underbrace{\dot{m}_{\text{t}} \frac{[x_{\text{o}} h_{\text{v,o}} + (1-x_{\text{o}}) h_{\text{l,o}}] - [x_{\text{i}} h_{\text{v,i}} + (1-x_{\text{i}}) h_{\text{l,i}}]}{T_{\text{sat}}} - \frac{Q}{T_{\text{w}}}}_{\text{热传递}} + \underbrace{\dot{m}_{\text{t}} \frac{v_{\text{t}}}{T_{\text{sat}}} \Delta p_{\text{f},1}}_{\text{液体摩擦}}$$

$$(5.62)$$

式中,下标为 o 表示出口;下标为 i 表示入口。可以看出,熵产主要是传热与摩擦过程引起的,$\Delta p_{\text{f},1}$ 为加热段的压降。

（2）上升段。

上升段是加热段后的一段管道,虽然没有热源的持续输入,但是对流型转变等过程仍具有重要的意义。假设这部分流动为绝热流动,管内入口与出口的截面含气率相等,因此该过程的不可逆因素仅来自于流体黏性流动的压降。这部分的熵产为

$$\dot{S}_{\text{gen},2} = \dot{m}_{\text{t}} \frac{v_{\text{t}}}{T_{\text{sat}}} \Delta p_{\text{f},2} \qquad (5.63)$$

式中,$\Delta p_{\text{f},2}$ 为上升段的压降。

（3）热管段。

与上升段类似,该段管道内也没有加热,同样假设流动为绝热流动,管内入口与出口的截面含气率相等,因此这部分的熵产为

$$\dot{S}_{\text{gen},3} = \dot{m} \frac{v_{\text{t}}}{T_{\text{sat}}} \Delta p_{\text{f},3} \qquad (5.64)$$

式中,$\Delta p_{\text{f},3}$ 为热管段的压降。

（4）冷凝段。

在本计算模型中,从加热段出来的工质均处于饱和状态,经过上升段和热管段之后,进入冷凝段进行冷凝。二次侧的冷源采用对流方式将自然循环系统中的热量带出,可以认为冷源具有较大的热容及冷却能力,因此冷凝段管壁温度与冷源温度一致,管壁内没有能量累积,因此系统内的热量全都排放到二次侧冷源中,这部分的熵产为

$$\dot{S}_{\text{gen},4} = Q_4 \left(\frac{1}{T_{\text{sat}}} - \frac{1}{T_{\text{sec}}} \right) + \dot{m}_{\text{t}} \frac{v_{\text{t}}}{T_{\text{sat}}} \Delta p_4$$

$$= \underbrace{\dot{m}_{\text{t}} [x_{\text{o}} h_{\text{v,o}} + (1-x_{\text{o}}) h_{\text{l,o}}] - [x_{\text{i}} h_{\text{v,i}} + (1-x_{\text{i}}) h_{\text{l,i}}] \left(\frac{1}{T_{\text{sat}}} - \frac{1}{T_{\text{sec}}} \right)}_{\text{热传递}} + \underbrace{\dot{m}_{\text{t}} \frac{v_{\text{t}}}{T_{\text{sat}}} \Delta p_{\text{f},4}}_{\text{液体摩擦}}$$

$$(5.65)$$

式中,$\Delta p_{\text{f},4}$ 为冷凝段的压降。

2. 各段摩擦压降计算

出现在式(5.62)~(5.65)中的 Δp_{f} 为各段中的摩擦压降。由于摩擦压降难

以直接计算,因此采用总压降减去重位压降和加速压降得到,即

$$\Delta p_\mathrm{f} = \Delta p - \Delta p_\mathrm{g} - \Delta p_\mathrm{a} \tag{5.66}$$

(1)加热段。

由于入口处的液体可以视为饱和液体,且沿程为均匀加热过程,因此重位压降和加速压降为

$$\Delta p_\mathrm{g,1} = \rho' g L_1 - \frac{(\rho' - \rho'')}{1 - \psi} g L_1 \left\{ 1 - \frac{\psi}{(1-\psi)x_\mathrm{e}} \ln \left[1 + \left(\frac{1}{\psi} - 1 \right) x_\mathrm{e} \right] \right\} \tag{5.67}$$

$$\Delta p_\mathrm{a,1} = G^2 \left[\frac{(1-x_\mathrm{o})^2}{\rho'(1-\alpha_\mathrm{o})} + \frac{x_\mathrm{o}^2}{\rho''\alpha_\mathrm{o}} - \frac{1}{\rho'} \right] = \frac{\dot{m}_\mathrm{t}^2}{A_1^2} \left[\frac{(1-x_\mathrm{o})^2}{\rho'(1-\alpha_\mathrm{o})} + \frac{x_\mathrm{o}^2}{\rho''\alpha_\mathrm{o}} - \frac{1}{\rho'} \right] \tag{5.68}$$

$$\psi = \frac{\rho''}{\rho'} S$$

式中,ρ' 为液相密度;ρ'' 为汽相密度;α_o 为出口截面含气率;x_e 为出口质量含气率;L_1 为管道长度;G 为质量流速;A_1 为管道截面面积。

(2)上升段。

上升段由于处于饱和状态且沿程没有加热,假设截面含气率沿通道长度不变,因此压降为

$$\Delta p_\mathrm{g,2} = [\rho''\alpha + \rho'(1-\alpha)] g L_2 \tag{5.69}$$

$$\Delta p_\mathrm{a,2} = G^2 \left\{ \left[\frac{(1-x_2)^2}{\rho'(1-\alpha_2)} + \frac{x_2^2}{\rho''\alpha_2} \right] - \left[\frac{(1-x_1)^2}{\rho'(1-\alpha_1)} + \frac{x_1^2}{\rho''\alpha_1} \right] \right\}$$

$$= \frac{\dot{m}_\mathrm{t}^2}{A_2^2} \left\{ \left[\frac{(1-x_2)^2}{\rho'(1-\alpha_2)} + \frac{x_2^2}{\rho''\alpha_2} \right] - \left[\frac{(1-x_1)^2}{\rho'(1-\alpha_1)} + \frac{x_1^2}{\rho''\alpha_1} \right] \right\} \tag{5.70}$$

(3)热管段。

热管段由于处于饱和状态且沿程没有加热,假设截面含气率沿通道长度不变,因此压降为

$$\Delta p_\mathrm{g,3} = 0 \tag{5.71}$$

$$\Delta p_\mathrm{a,3} = G^2 \left\{ \left[\frac{(1-x_2)^2}{\rho'(1-\alpha_2)} + \frac{x_2^2}{\rho''\alpha_2} \right] - \left[\frac{(1-x_1)^2}{\rho'(1-\alpha_1)} + \frac{x_1^2}{\rho''\alpha_1} \right] \right\}$$

$$= \frac{\dot{m}_\mathrm{t}^2}{A_3^2} \left\{ \left[\frac{(1-x_2)^2}{\rho'(1-\alpha_2)} + \frac{x_2^2}{\rho''\alpha_2} \right] - \left[\frac{(1-x_1)^2}{\rho'(1-\alpha_1)} + \frac{x_1^2}{\rho''\alpha_1} \right] \right\} \tag{5.72}$$

(4)冷凝段。

冷凝段由于采用对流带走主系统中的热量,假设沿程过程的冷凝为均匀放热的过程,因此压降为

$$\Delta p_\mathrm{g,4} = \rho' g L_4 - \frac{(\rho' - \rho'')}{1 - \psi} g L_4 \left\{ 1 - \frac{\psi}{(1-\psi)x_\mathrm{o}} \ln \left[1 + \left(\frac{1}{\psi} - 1 \right) x_\mathrm{o} \right] \right\} \tag{5.73}$$

$$\Delta p_{\mathrm{a},4} = G^2 \left\{ \left[\frac{(1-x_2)^2}{\rho'(1-\alpha_2)} + \frac{x_2^2}{\rho''\alpha_2} \right] - \left[\frac{(1-x_1)^2}{\rho'(1-\alpha_1)} + \frac{x_1^2}{\rho''\alpha_1} \right] \right\}$$

$$= \frac{\dot{m}^2}{A_4^2} \left\{ \left[\frac{(1-x_2)^2}{\rho'(1-\alpha_2)} + \frac{x_2^2}{\rho''\alpha_2} \right] - \left[\frac{(1-x_1)^2}{\rho'(1-\alpha_1)} + \frac{x_1^2}{\rho''\alpha_1} \right] \right\} \tag{5.74}$$

5.5.4　结果与讨论

利用 RELAP5 程序对上述的饱和气液两相流动过程进行模拟,得到基本的流动参数,并结合上述所建立的熵产分析模型,得到加热段、上升段、热管段及冷凝段熵产随时间变化情况,如图 5.36～5.39 所示。

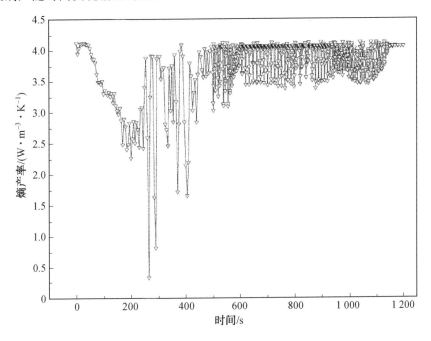

图 5.36　加热段熵产随时间变化情况

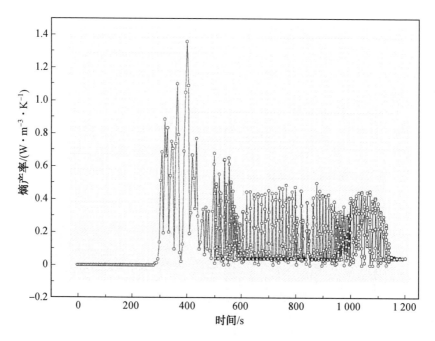

图 5.37　上升段熵产随时间变化情况

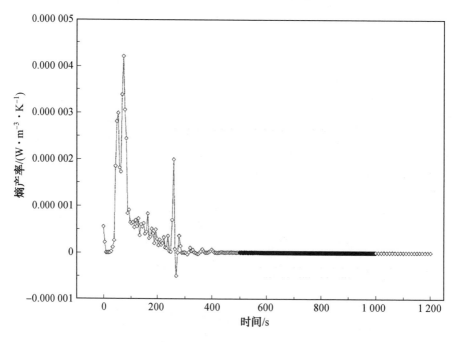

图 5.38　热管段熵产随时间变化情况

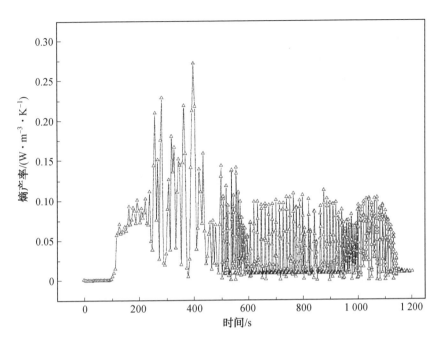

图 5.39　冷凝段熵产随时间变化情况

从图 5.36 中可以看出,系统运行初期加热段内的熵产率有较大的波动,其原因可能是突然间引入的热流使得系统出现了扰动,而后期当系统呈现出较为稳定的特征时,熵产值只是在 3.5~4.0 W/K 内小范围波动。由于熵产是一个组合的参数,因此系统内的任何流动参数变化都有可能造成熵产值或大或小的变化。从一定意义上说,该参数起到了将原有系统参数的波动进行放大的作用,便于研究人员更为细致地了解系统的运行特性。

相反,对于上升段(图 5.37)而言,初始时的熵产率几乎为 0,表示此时上升段内的耗散较小。而到了后期,当加热段的熵产率围绕在 3.5~4.0 W/K 附近小范围脉动时,上升段的熵产也在 0.0~0.4 W/K 范围内脉动,表明上升段对于系统内的耗散及运行特性也有重要的影响。

图 5.38 所示为热管段熵产随时间变化情况。同样,起始阶段熵产率呈下降趋势,直至最后稳定于 0 附近,其原因可能是该段管道为水平管,流动过程中几乎没有流型的转变,因此耗散较小。

　　图 5.39 所示为冷凝段熵产随时间变化情况。不同于其他几段,起始阶段的熵产呈现出一种小范围上升的趋势,可能与二次侧换热有关。后期熵产值在 0~0.1 范围内波动,数值小于加热段和上升段,大于热管段。由此可见,此段的耗散对于整个系统的耗散贡献也是较大的。

第6章

兆瓦级空间核电源热管式辐射冷却器热工特性研究

　　本章对给定散热量的热管式辐射冷却器进行热工特性分析和优化
设计研究。首先,建立热管式辐射冷却器的热阻模型,分析其传
热过程,在给定热负荷的条件下,运用 Matlab 软件编写程序,研究兆瓦级
热管式辐射冷却器结构参数、载热流体性质等变量对辐射冷却器质量的
影响;其次,介绍遗传算法(genetic algorithm,GA)的基本原理及遗传算
法的特点,并运用遗传算法对给定热负荷下的热管式辐射冷却器的影响
参数进行优化选择,得到用遗传算法求得的辐射冷却器质量比之前通过
穷举法得到的质量轻;最后,改变遗传算法中的交叉概率 P_c 和变异概率
P_m,得到其对优化效果的影响。

6.1　热管式辐射冷却器发展概况

6.1.1　热管式辐射冷却器研究背景和意义

随着科学技术的不断发展,人类开始走向更深更远的太空,现有的常规空间电源如太阳能电源及化学燃料电源,因使用寿命较短、工作依赖阳光、能量密度较小等缺点而难以满足长距离、无光照的深空探测需求。图 6.1 所示为不同类型的空间电源使用范围,在越是长时间的工作区间及远离太阳的深空探索任务情况下,能量密度越大,功率越高,并且对太阳无依赖性的空间核电源比化学电源和太阳能电源的优势越明显。

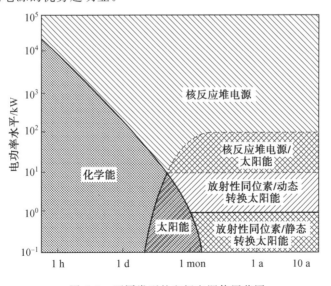

图 6.1　不同类型的空间电源使用范围

20 世纪 50 年代起,美国、苏联就开展了对空间核电源的相关研究工作,开发出了很多种电源方案。但兆瓦级空间核电源的研究工作目前很少,航空航天技术发展到现在,兆瓦级空间核电源的设计及优化问题已经逐渐引起人们的注意。现有火箭的效率(有效载荷/起飞总质量)几乎都在 5% 以下,航天器质量每减少 1 kg 就可以让火箭减轻至少 20 kg。空间辐射冷却器是空间核电源中由高温热管和散热片组成的将热电转换后的余热向空间辐射的部件,占据了航天器相当一部分的体积和质量。此外,对于兆瓦级空间核电源来说,由于其大功率的特性,为保证航天器正常运行,需要尽可能快并尽可能多地将余热向空间辐射,因此需要更多的换热面积及更高的换热温度。但更多的换热面积会导致辐射冷却器的质量加重;更高的换热温度会导致核电源中的冷源与热源温差减小,热电转换的效率降低。因此,如何设计使空间辐射冷却器在满足散热条件下质量和体积最小是极为重要的。航天器未来发展的方向如图 6.2 所示。

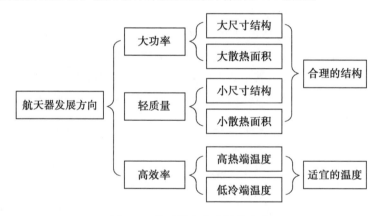

图 6.2　航天器未来发展的方向

6.1.2　热管工作原理

热管是一种在热控制中广泛应用的高效传热装置。热管充分利用了热传导原理和相变介质快速热传递的性质,可以将发热物体的热量迅速传递到热源外,具有易启动、结构简单、冗余性好等特点。此外,热管还具有高导热性、高可靠性及无须额外电力来源等特点,广泛用于高热通量电子设备的冷却和卫星的温度调节等。

热管径向截面如图 6.3 所示,热管工作原理图如图 6.4 所示。典型的热管由热管包壳、吸液芯、液态环腔和中心气腔构成。热管被加热的一端称为蒸发段,热量经热管管壁传递给吸液芯(多孔材料),再传递给吸液芯中的液态工作介质使之蒸发汽化,该热量即为液态工作介质的蒸发潜热。热管蒸发段蒸气温度高,所引起的压力差驱动蒸气从中心气腔流向热管另一端,高温蒸气在另一端遇冷凝结,同时释放出潜热,这一端称为冷凝段。热管冷凝段冷凝的饱和液体受到管芯多孔材料的毛细力重新流回蒸发段。如此循环往复,热量就由热管一端传递至热管另一端。

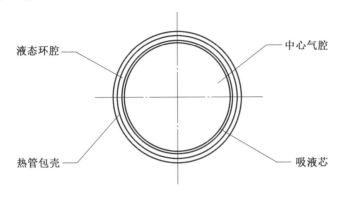

图 6.3　热管径向截面

根据应用需要,可在热管蒸发段与冷凝段之间布置绝热段,绝热段对管外严格绝热,保证蒸发段吸收的热量全部传递到冷凝段。

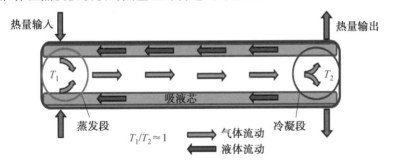

图 6.4　热管工作原理图

除导热系数大的性能外,热管还具有以下特性。

(1)等温性。

热管中心通道内是饱和气体,在流动过程中压降和温降都很小。

(2)可变性。

通过独立改变蒸发段或冷凝段的加热面积来改变热流密度,解决一些传热问题。

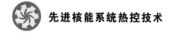

(3)可逆性。

吸液芯型热管的任意一端受热即可作为蒸发段,另一端即为冷凝段,该特点可用于空间设备的温度展平。

(4)开关特性。

热管内热量只允许向一个方向流动,并且只有当热源的温度高于某一温度时,热管才会开始工作。

(5)恒温特性。

可变导热管可以使冷凝段的热阻随着能量的增加而降低,可以在热源热流密度增加的情况下实现温度的控制。

(6)环境适应性。

热管的形状可以依据工作环境而变化,既可应用于重力场,也可应用于无重力场。

6.1.3 遗传算法基本原理及特点

20 世纪 60 年代,美国、德国等国家的一些科学家开始研究模拟生物和人类进化的方法求解复杂的优化问题,代表性人物为美国著名科学家 J. H. Holland,他和他的学生一直在对他所提出的一种模拟优化方法——遗传算法进行理论研究并开拓其应用领域。遗传算法是模仿达尔文生物进化机制发展的基于自然选择原理和自然遗传机制的计算模型,是一种模拟自然界中的生命进化机制的搜索(寻优)算法。

遗传算法具有以下几方面的特点。

(1)遗传算法从问题解的串集开始搜索,而不是从单个解开始。这是遗传算法与传统优化算法的极大区别。传统优化算法是从单个初始值迭代求最优解的,容易误入局部最优解。遗传算法从串集开始搜索,覆盖面大,利于全局择优。

(2)遗传算法同时处理群体中的多个个体,即对搜索空间中的多个解进行评估,减少了陷入局部最优解的风险,同时算法本身易于实现并行化。

(3)遗传算法基本上不用搜索空间的知识或其他辅助信息,而仅用适应度函数值来评估个体,在此基础上进行遗传操作。适应度函数不仅不受连续可微的约束,而且其定义域可以任意设定,这一特点使得遗传算法的应用范围大大扩展。

(4)遗传算法不是采用确定性规则,而是采用概率的变迁规则来指导其搜索方向。

(5)具有自组织、自适应和自学习性。遗传算法利用进化过程获得的信息自行组织搜索时,适应度大的个体具有较高的生存概率,并获得更适应环境的基因结构。

(6)此外,算法本身也可以采用动态自适应技术,在进化过程中自动调整算法控制参数和编码精度,如使用模糊自适应法。

6.1.4　研究现状

1.热管式辐射冷却器优化研究现状

近年来,热管式辐射冷却器的性能研究是国内外学者热点。谢荣建等运用遗传算法对地球静止轨道热控系统中热管式辐射冷却器进行性能研究,得出热控制要求下最轻的散热器质量;刘道等对空间堆热管式辐射冷却器进行了初步设计分析,得到了相应功率下必要热管根数及最佳冷却流体流量;石佳子等对空间热排放系统泡沫炭换热器进行设计与优化,设计了满足换热需求下,最优泡沫炭换热器的整体布置结构;Wang 等对微通道散热器进行了优化设计,在微小通道条件下,对多个目标进行优化设计;Jebrail 等对热管式热电偶散热器进行了研究;Bieger 等对微重力环境下的热管长度、厚度参数进行了优化设计,在满足热管散热功率的条件下,得出其设计热管的最佳参数;Sam 等提出了一种应用于实际工程设计应用的热管散热器的优化,考虑到功率最大的状态、太阳能通量、散热和元件的设计温度上限,确定最佳散热器的尺寸;HUNG 等对于基于空间的热管散热器系统,介绍了一种应用于实际工程设计应用的热管散热器的设计优化方法,该设计中使用的热被动技术主要包括多层绝缘橡皮布、光学太阳能反射器、热涂层、界面填料和恒定传导热管,通过安装的热管的最小质量实现散热器的最小质量;Chang 等开发了热管散热器的计算机模型,用来获得最佳质量和散热器翅片效率评估;Wang 等进行了数值与实验相结合的研究,测量和优化新型微热管散热器设计的传热性能,数值模型表明,单个微热管的最大传热能力与线径的平方成比例增加,最佳电荷量随热通量的增加而减小,最大传热能力随线间距的增加而增大,并且散热器的总体最大热传输能力受到导线间距、散热器长度和散热器表面辐射能力的强烈支配,实验证明了数值模拟的正确性;Zhang W W 等为俄罗斯 TOPAZ-Ⅱ空间核电源系统提出了一种碱金属热管散热器,采用以钾为工质的高温热管,丝网作为芯层,采用不锈钢制成,选择整体碳碳翅片覆盖和连接热管作为整个辐射冷却器来进行辐射散热,结果表明所设计的热管散热器满足 TOPAZ-Ⅱ电力系统在正常工作条件下的废热排出要求,具有理想的冗余度。

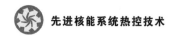

2. 遗传算法对散热器优化分析现状

遗传算法是一种有效求系统优化问题的通用方法，在很多领域上都有其应用。

Hull 等研究了遗传算法在工程上应用特点，选择星球表面可移动探测车为对象，详细介绍了遗传算法在星球表面可移动探测车上散热器的优化设计，主要有遗传算法的详细步骤，如适应度函数的选定、遗传算子的改进等，将运用Matlab 计算得到的仿真结果与相关散热器结构优化软件的优化相比，一致性很好。

Kim 等针对基于节点的航天器散热器设计，提出了一种用于辐射器节点组合的最佳设计解决方案。使用适合于多目标（辐射器尺寸和拓扑结构优化）优化的遗传算法，并建立了小型热模型（验证热模型），验证了基于节点的航天器辐射器设计方法的多目标优化问题。测试问题的数值最优解与分析最优解一致。因此，确定了基于节点的航天器散热器设计方法的多目标优化在实际散热器设计中的适用性和可行性。

李劲松等基于遗传算法理论，结合散热器的换热及阻力性能与散热器结构参数的关系研究，将散热器的外形尺寸和肋片的参数作为优化目标，建立影响LED 散热的优化组合模型。结果表明，基于遗传算法的散热器优化设计不仅可以提高散热器的传热效能，还可以降低散热器的设计和运行成本，可应用于热工方面多种散热器的优化设计。

黄晓明等对翅片式热管散热器进行模拟，研究自然对流条件下不同翅片参数对散热器换热特性的影响。结合多目标遗传算法（NSGA－Ⅱ），以翅片表面传热系数和肋面效率为优化对象，对散热器整体做出综合优化。结果表明，肋面效率对散热器性能的影响有限，提高表面传热系数可显著降低散热器总热阻。与未优化方案相比，所选优化方案可使基板热端面温度下降 3.5 K，散热器热阻降低 18.22%。

总的来说，目前所查文献对将遗传算法应用于辐射冷却器的优化设计文献较少，而且本书研究对象为兆瓦级热管式辐射冷却器，相关研究少，可以借鉴遗传算法应用于其他领域的方法进行优化设计。

6.2　兆瓦级空间核电源热管式辐射冷却器设计分析及计算流程

6.2.1　热管式辐射冷却器选材

空间热管式辐射冷却器是航天器热控系统的主要散热部件,由多个热管式辐射冷却器单元组成,其工作过程为:流动的冷却剂工质从热源吸收经热电转换后的废热,在冷却剂工质流经辐射冷却器时,热量被传递至辐射冷却器,辐射冷却器上安装热管,热量经热管传递给辐射翅片,辐射翅片底部加装隔热层,屏蔽热量向航天器的辐射,热量最后通过辐射向外排往空间环境。

为维持兆瓦级核电源的内部温度的相对稳定,保证兆瓦级热管式辐射冷却器的散热能力,本章对热管式辐射冷却器进行设计分析。

图 6.5 所示为空间热管辐射散热系统示意图。

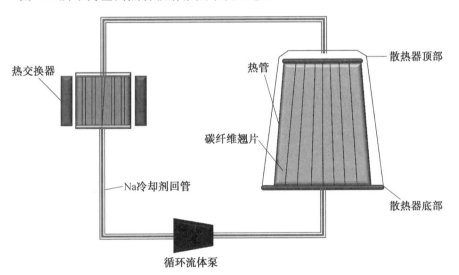

图 6.5　空间热管辐射散热系统示意图

空间核动力装置的辐射冷却器常使用的是高温热管,高温热管所选取的材料见表 6.1。

表 6.1　高温热管所选取的材料

名称	材料
热管管壳	镍合金
工作介质	钠
多孔吸液芯	钼铼合金(Mo-14%Re)

热管管壳材料选取高强度质量比、高导热率的镍合金,镍合金的主要物性参数见表 6.2。

表 6.2　镍合金的主要物性参数

物性	密度/(kg·m^{-3})	导热系数/(W·m^{-1}·K^{-1})
镍合金	8 810	88

热管工质选取钠,钠的熔、沸点和工作温度范围见表 6.3。

表 6.3　钠的熔、沸点和工作温度范围

液态工质	熔点/℃	沸点/℃	工作温度范围/℃
钠	98	892	600~1 200

热管管芯的结构选择流动阻力小、毛细力大的干线芯,热管吸液芯材料选取钼铼合金(Mo-14%Re),钼铼合金(Mo-14%Re)的物性参数见表 6.4。

表 6.4　钼铼合金(Mo-14%Re)的物性参数

物性	密度/(kg·m^{-3})	导热系数/(W·m^{-1}·K^{-1})
钼铼合金	11 090.00	70.90

吸液芯结构是一种多孔结构,体积孔隙率 $\theta_{eff}=0.69$,其等效导热系数 λ_{eff} 为

$$\lambda_{eff}=\frac{\lambda_l[(\lambda_l+\lambda_s)-(1-\theta_{eff})(\lambda_l-\lambda_s)]}{[(\lambda_l+\lambda_s)+(1-\theta_{eff})(\lambda_l-\lambda_s)]} \tag{6.1}$$

式中,λ_l 为吸液芯内液体材料导热系数,单位为 W·m^{-1}·K^{-1};λ_s 为吸液芯内固体材料导热系数,单位为 W·m^{-1}·K^{-1}。

热管与裸碳纤维翅片焊接选用 Ticusil 活性钎焊合金,Ticusil 活性钎焊合金的物性参数见表 6.5。

表 6.5　Ticusil 活性钎焊合金的物性参数

材料	熔点/℃	沸点/℃	导热系数/(W·m⁻¹·K⁻¹)
Ticusil	780	900	219

热管冷凝段钎焊连接上裸碳纤维翅片,裸碳纤维的物性参数见表 6.6。

表 6.6　裸碳纤维的物性参数

材料	熔化温度/℃	轴向导热率/(W·m⁻¹·K⁻¹)	密度/(kg·m⁻³)
裸碳纤维	>2 500	700~900	1 800~2 200

6.2.2　热管式辐射冷却器设计参数选定

参考辐射器的经典参数,对于兆瓦级空间核电源,堆芯功率为 3.2 MW,转换效率为 31.8%,废热排出要求为 2.18 MW。热管式辐射冷却器主要设计参数见表 6.7。

表 6.7　热管式辐射冷却器主要设计参数

参数	数值
电源功率水平/MW	4.46
热电转换效率/%	31.8
废热排出功率/MW	3.0
辐射冷却器进口温度/K	800
冷却剂回路质量流量/(kg·s⁻¹)	8
冷却剂回路管道直径/mm	50

辐射冷却器中热管尺寸参数见表 6.8。

表 6.8　辐射冷却器中热管尺寸参数

参数	数值
热管管壳厚度/mm	0.50
热管蒸发段外径/mm	80.00
热管冷凝段外径/mm	18.00
中心气腔半径/mm	7.50
干线芯厚度/mm	0.30

续表6.8

参数	数值
液腔厚度/mm	0.70
吸液芯有效孔径/μm	18.00
吸液芯孔隙率	0.69
热管蒸发段长度/m	0.40
热管冷凝段长度/m	2.00
Ticusil 钎焊层厚度/mm	1.00

冷却剂回路工作介质可选择液态金属锂或钾,碱金属钾和锂的基本热力学性质见表 6.9。

表 6.9　碱金属钾和锂的基本热力学性质

工作流体	临界温度/K	临界压力/MPa	分子质量
钾	2 222	16.2	39.09
锂	4 086	172.2	6.94

液态钾物性参数为

$$\lambda_1 = 92.95 - 0.058\ 1T + 11.727\ 4 \times 10^{-6} T^2 \tag{6.2}$$

$$C_p = 1\ 436.72 - 0.580T + 4.627 \times 10^{-4} T^2 \tag{6.3}$$

$$\ln \mu = -6.484\ 6 - 0.429\ 03\ln T + 485.3/T \tag{6.4}$$

$$\rho \times 10^{-3} = 0.902\ 813\ 76 - 0.169\ 907\ 11(T \times 10^{-3}) - 0.268\ 647\ 69\ (T \times 10^{-3})^2 -$$
$$0.505\ 681\ 88\ (T \times 10^{-3})^3 - 0.465\ 379\ 12\ (T \times 10^{-3})^4 +$$
$$0.203\ 781\ 07\ (T \times 10^{-3})^5 - 0.034\ 771\ 31\ (T \times 10^{-3})^6 \tag{6.5}$$

液态锂物性参数为

$$\lambda_1 = 24.8 - 45 \times 10^{-3} T + 11.6 \times 10^{-3} T^2 \tag{6.6}$$

$$C_p = 4.516\ 5 + 4.627 \times 10^{-3} T + 2.628 \times 10^{-6} \times T^2 \tag{6.7}$$

$$\ln \mu = -4.164\ 4 - 0.637\ 4\ln T + 292.1/T \tag{6.8}$$

$$\rho \times 10^{-3} = 0.537\ 999\ 43 - 0.016\ 043\ 986(T \times 10^{-3}) - 0.099\ 963\ 362\ (T \times 10^{-3})^2 +$$
$$0.054\ 609\ 894\ (T \times 10^{-3})^3 - 0.015\ 087\ 628\ (T \times 10^{-3})^4 +$$
$$0.002\ 704\ 559\ 3\ (T \times 10^{-3})^5 - 0.000\ 315\ 377\ 39\ (T \times 10^{-3})^6 \tag{6.9}$$

式中,λ_1 为液态碱金属的导热系数,单位为 W·m^{-1}·K^{-1};ρ 为碱金属的密度,单位为 kg·m^{-3};C_{pl} 为碱金属的定压热容,单位为 J·kg^{-1}·K^{-1};T 为温度,单

位为 K;μ 为液态碱金属动力黏度,单位为 Pa·s。

辐射翅片材料选取裸碳纤维材料,热管式辐射冷却器翅片参数设计见表 6.10。

表 6.10   热管式辐射冷却器翅片参数设计

参数名称	数值
选择性涂层表面发射率	0.85
碳纤维密度/(kg·m^{-3})	2 210
碳纤维导热系数/(W·m^{-1}·K^{-1})	800
碳纤维翅片长度/mm	80.00
碳纤维翅片厚度/mm	0.30
隔热层厚度/mm	1.00

6.2.3   热管式辐射冷却器单元热分析建模

当兆瓦级空间辐射冷却器正常工作时,热量来源为冷却剂流体温降,热量去向为空间环境的辐射散热。选取第 i 个热管式辐射冷却器单元作为研究对象,热管式辐射冷却器单元由单根热管和加装在热管两侧的裸碳纤维翅片组成。当空间辐射冷却器正常工作时,图 6.6 所示为热管式辐射冷却器热阻示意图。

图 6.6   热管式辐射冷却器热阻示意图

1.热管式辐射冷却器单元向宇宙空间的辐射散热

兆瓦级航天飞行器处于深空宇宙,无对流换热。由于热管的等温性,因此将三维翅片沿热管方向简化成单位长度的二维翅片辐射散热模型,如图 6.7 所示。

设翅长(相邻热管间距)为 L_f,翅厚为 δ_f,翅根温度为 T_{root}。以翅根与翅片下端绝热层的交点为坐标原点建立直角坐标系 $x[0,L_f],y[0,\delta_f]$。

二维模型内部节点控制方程为

$$\frac{\partial^2 T}{\partial x^2}+\frac{\partial^2 T}{\partial y^2}=0 \tag{6.10}$$

各边界条件如下。

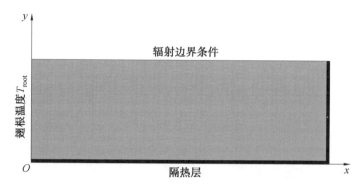

图 6.7　二维翅片辐射散热模型

左边界为

$$T(0,y)=T_{\text{root}} \tag{6.11}$$

下边界为

$$\frac{\partial T}{\partial y}(x,0)=0 \tag{6.12}$$

右边界为

$$\frac{\partial T}{\partial x}(L_{\text{f}},y)=0 \tag{6.13}$$

上边界为

$$T(i,ny)=T(i,ny-1)-\varepsilon\sigma(T\,(i,ny)^4-T_\infty^4)\mathrm{d}y \tag{6.14}$$

运用有限差分和迭代法可计算二维翅片模型稳态热分布。

(1)对二维模型划分网格,沿横坐标方向将翅长 L_{f} 分成 x 个点,沿纵坐标方向将翅厚 δ_{f} 划分成 y 个点,则有

$$\mathrm{d}x=\frac{L_{\text{f}}}{x-1} \tag{6.15}$$

$$\mathrm{d}y=\frac{\delta_{\text{f}}}{y-1} \tag{6.16}$$

(2) $x=L_{\text{f}},y=0$ 为绝热面; $x=0$ 时翅根面温度恒为 T_{root}。翅片上表面为辐射边界,代入辐射边界条件进行计算,有

$$T(i,ny)=T(i,ny-1)-\varepsilon\sigma(T\,(i,ny)^4-T_\infty^4)\mathrm{d}y \tag{6.17}$$

式中,ε 为表面发射率;σ 为黑体辐射常数,取 5.67×10^{-8} W/(m^2 · K^4)。

(3)翅片内点遵循导热定律,用有限差分法计算,差分格式选择中心差分可得

$$T(i+1,j) = \cfrac{\cfrac{T(i+1,j)+T(i-1,j)}{\mathrm{d}^2 x} + \cfrac{T(i,j+1)+T(i,j-1)}{\mathrm{d}^2 y}}{\cfrac{2}{\mathrm{d}^2 x} + \cfrac{2}{\mathrm{d}^2 y}} \tag{6.18}$$

（4）进行迭代计算，保证精度后就可以得出单位翅长辐射面各点的温度，代入下式可求得辐射冷却器单元总的散热量 $Q_{R,i}$，即

$$Q_{R,i} = 2l_{hp} \int_{x=0}^{x=L_f} \varepsilon\sigma \left(T(x,\delta_f)^4 - T_\infty^4 \right) \mathrm{d}x \tag{6.19}$$

2. 热管式辐射冷却器单元流体换热计算

若流过第 i 个热管式辐射冷却器单元前冷却剂流体入口温度为 $T_{f1,i}$，经过第 i 个热管式辐射冷却器单元后，冷却剂流体温度下降，冷却剂流体出口温度设为 $T_{f2,i}$，设热管式辐射冷却器单元单位时间内的从冷却剂流体吸收的热量为 Q_i，则有

$$Q_i = c_p \dot{m}(T_{f1,i} - T_{f2,i}) \tag{6.20}$$

式中，c_p 为冷却剂流体的定压热容，单位为 $J \cdot kg^{-1} \cdot K^{-1}$；$\dot{m}$ 为冷却剂流体质量流量，单位为 $kg \cdot s^{-1}$。

若热量由冷却剂流体传递到裸碳纤维翅片翅根的总换热热阻为 R，热管蒸发段温度为 $T_{f,i}$，则有

$$Q_i = \frac{T_{f,i} - T_{root}}{R} \tag{6.21}$$

接下来考虑热量由冷却剂流体传递到裸碳纤维翅片翅根总换热热阻 R 的计算。

冷却剂流体回路与热管蒸发段结构采用干连接设计。干连接是在流体回路管道外部套有设计成环形的热管蒸发器。干连接结构的对流换热属于管内强制对流换热。选用普朗特数很小的液态金属，对于均匀热流边界条件，有

$$Pe = Pr \cdot Re \tag{6.22}$$

$$Nu = 4.82 + 0.0185 Pe^{0.8} \tag{6.23}$$

式中，Pr 为普朗特数；Pe 为佩克莱数。使用范围：$Re = 3.6 \times 10^3 \sim 9.05 \times 10^5$，$Pe = 10^2 \sim 10^4$。

热量由冷却剂流体传递到热管蒸发段外壁的过程中，换热热阻分为两部分：一是冷却剂流体与冷却剂流体管道的对流换热，二是热量由冷却剂流体管内壁传递到冷却剂流体管外壁。则这个过程的换热热阻 R_1 为

$$R_1 = \frac{1}{\pi d_{in} h_c l_p} + \frac{\ln \dfrac{d_{out}}{d_{in}}}{2\pi \lambda_{cp} t_p} \tag{6.24}$$

式中，d_{in} 为冷却剂流体管道的内径，单位为 m；d_{out} 为冷却剂流体管道的外径，单位为 m；λ_{cp} 为冷却剂流体管道管壁径向导热系数，单位为 W·m^{-1}·K^{-1}；h_c 为冷却剂流体管道管内换热系数，单位为 W·m^{-2}；l_p 为冷却剂流体管道长度，单位为 m；t_p 为冷却剂流体管道厚度，单位为 m。

再考虑热量由热管蒸发段外壁传递至裸碳纤维翅片翅根处的换热热阻 R_2。设热量从热管蒸发段管壁外部传到热管蒸发段内表面过程中沿管壁径向的导热热阻为 R_{hpv}，有

$$R_{hpv} = \frac{\ln \dfrac{d_{hpvo}}{d_{hpvi}}}{2\pi \lambda_{hp} t_{hpv}} \tag{6.25}$$

式中，d_{hpvo} 为热管蒸发段外径，单位为 m；d_{hpvi} 为热管蒸发段内径，单位为 m；λ_{hp} 为热管管材径向导热系数，单位为 W·m^{-1}·K^{-1}；t_{hpv} 为热管蒸发段管壁厚度，单位为 m。

热管吸液芯管芯的结构选择流动阻力小、毛细力大的干线芯管芯，热管沿管径方向的热阻很小，且由于热管沿轴向的等温性，因此可以忽略热管工质从热管蒸发段到热管冷凝段换热热阻。

设热量从热管冷凝段管壁内部传到热管蒸发段外表面过程中沿管壁径向的导热热阻为 R_{hpc}，有

$$R_{hpc} = \frac{\ln \dfrac{d_{hpco}}{d_{hpci}}}{2\pi \lambda_{hp} t_{hpc}} \tag{6.26}$$

式中，d_{hpco} 为热管冷凝段外径，单位为 m；d_{hpci} 为热管冷凝段内径，单位为 m；t_{hpc} 为热管冷凝段管壁厚度，单位为 m。

设热量通过热管冷凝段外壁与翅片连接的钎焊层的导热热阻为 R_o，有

$$R_o = \frac{1}{2\pi \lambda_o t_o} \tag{6.27}$$

式中，λ_o 为钎焊层材料径向导热系数，单位为 W·m^{-1}·K^{-1}；t_o 为钎焊层厚度，单位为 m。

热管蒸发段外壁传递至裸碳纤维翅片翅根处的换热热阻 R_2 为

$$R_2 = R_{hpv} + R_{hpc} + R_o \tag{6.28}$$

则冷却剂流体传递到裸碳纤维翅片翅根总换热热阻 R 为

$$R = R_1 + R_2 \tag{6.29}$$

6.2.4　热管式辐射冷却器系统热分析计算

已知热管式辐射冷却器冷却剂流体入口温度 $T_{\text{fl},1}$ 及总设计散热功率 Q_0，采用迭代法从第一个热管式辐射冷却器单元开始计算，对热管式辐射冷却器系统进行热分析。

假设第 i 个热管式辐射冷却器单元冷却剂流体出口温度为 $T_{\text{f2},i}$，由式(6.20)可计算热管式辐射冷却器单元单位时间内的从冷却剂流体吸收的热量 Q_i，由式(6.21)可计算裸碳纤维翅片翅根温度 T_{root}，进而由式(6.19)可计算热管式辐射冷却器单元的辐射散热量 $Q_{\text{R},i}$。如果热管式辐射冷却器只有裸碳纤维翅片的上辐射面散热，其余面严格绝热，则热管式辐射冷却器单元单位时间内从冷却剂流体吸收的热量 Q_i 等于此单元通过裸碳纤维翅片翅片的散热量 $Q_{\text{R},i}$，即

$$Q_{\text{R},i} = Q_i \tag{6.30}$$

若计算得出 $Q_i = Q_{\text{R},i}$，则假设冷却剂流体出口温度为 $T_{\text{f2},i}$ 成立，且有 $T_{\text{f2},i} = T_{\text{fl},i+1}$，即第 $i+1$ 个热管式辐射冷却器单元的冷却剂流体入口温度 $T_{\text{fl},i+1}$ 等于第 i 个热管式辐射冷却器单元的冷却剂流体出口温度 $T_{\text{f2},i}$；反之，则令 Q_i 等于 $Q_{\text{R},i}$，迭代计算可得出冷却剂流体出口温度 $T_{\text{f2},i}$。

若辐射冷却器单元的散热量之和 $\sum_{N=1}^{i} Q_{\text{R},i}$ 等于热管式辐射冷却器总设计散热功率 Q_0，则计算完成。

若计算得出辐射冷却器单元数量为 N，则热管式辐射冷却器总面积和总质量为

$$A = N(2L_{\text{f}} + d_{\text{o}})l_{\text{hpc}} \tag{6.31}$$

$$M = 2NL_{\text{f}}l_{\text{hpc}}\delta_{\text{f}}\rho_{\text{fin}} + N\frac{\rho_{\text{hp}}\pi l_{\text{hp}}\left[(d_{\text{o}} + \delta_{\text{hp}})^2 - d_{\text{o}}^2\right]}{4} \tag{6.32}$$

式中，L_{f} 为翅片长度，单位为 m；d_{hpci} 为热管冷凝段内径，单位为 m；λ_{hp} 为热管管材径向导热系数，单位为 $W \cdot m^{-1} \cdot K^{-1}$；$t_{\text{hpc}}$ 为热管冷凝段管壁厚度，单位为 m；N 为辐射冷却器单元数；l_{hpc} 为热管冷凝段长度，单位为 m；δ_{f} 为热管厚度，单位为 m；ρ_{fin} 为裸碳纤维翅片密度，单位为 $kg \cdot m^{-3}$；ρ_{hp} 为热管材料密度，单位为 $kg \cdot m^{-3}$。

热管辐射器的迭代计算设计计算框图如图 6.8 所示。

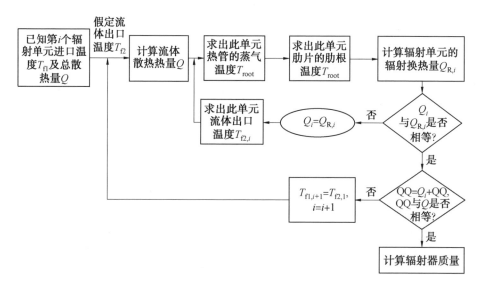

图 6.8　热管辐射器的迭代计算设计计算框图

6.3　基于穷举法的热管式辐射冷却器优化分析

6.3.1　参数变量对辐射冷却器系统质量的影响预测

穷举法的基本思想是在一个有穷的可能解集合中不遗漏、不重复地搜索每一种可能情况。其充分利用计算机处理的高速特性,避免了复杂的逻辑推理,使问题简单化。穷举法的关键是要确定正确的穷举范围,对于连续函数,需要对其解集合进行离散。

运用 Matlab 软件,基于穷举法对兆瓦级热管式辐射冷却器系统进行计算分析,研究兆瓦级热管式辐射冷却器结构参数、载热流体性质等变量对辐射冷却器质量的影响,通过控制变量在一定范围内变化,得出使得兆瓦级热管式辐射冷却器系统质量最轻的变量参数。研究兆瓦级热管式辐射冷却器结构参数、载热流体性质等变量对辐射冷却器质量的影响,先根据各公式得出各变量之间的关系。

(1)裸碳纤维翅片厚度 δ_f。

δ_f 增加对裸碳纤维翅片的表面温度影响不大,但由式(6.32)可知,热管式辐射冷却器的系统总质量 M 会随着 δ_f 的增加而增大。

（2）裸碳纤维翅片长度 L_f。

当 L_f 增加时，由式（6.19）可知单元辐射冷却器散热量 $Q_{R,i}$ 增加，热管式辐射冷却器的系统总质量 M 会随着 L_f 的增加而减小，但当 L_f 增加到一定程度时，裸碳纤维翅片热阻很大，导致裸碳纤维翅片不靠热管侧表面温度很低，辐射能力较差，此时由式（6.32）可知热管式辐射冷却器的系统总质量 M 会随着 L_f 的增加而增加，M 存在最小值。

（3）冷却剂流体的质量流量 m。

当 m 增加时，由式（6.24）可知热量由冷却剂流体传递到裸碳纤维翅片翅根的总换热热阻 R 减小，由式（6.20）可知单元辐射冷却器传热量增加，热管式辐射冷却器的系统总质量 M 会随着 m 的增加而减小。

（4）热管式辐射冷却器入口温度 T_{fl}。

当 T_{fl} 增加时，由式（6.19）可知单元辐射冷却器散热量 $Q_{R,i}$ 增加，热管式辐射冷却器的系统总质量 M 会随着 T_{fl} 的增加而减小。

6.3.2　程序代码验证

为验证所建立的热分析计算模型及编译代码的合理性，选取翅片长度 L_f 为 8 cm、翅片厚度 δ_f 为 1 mm 的裸碳纤维翅片，研究裸碳纤维翅片分别在 400 K、570 K、750 K 的翅根温度下表面各点温度分布情况，将基于 Matlab 编程计算结果与 FLUENT 模拟计算结果进行对比分析，计算结果对比图如图 6.9 所示。

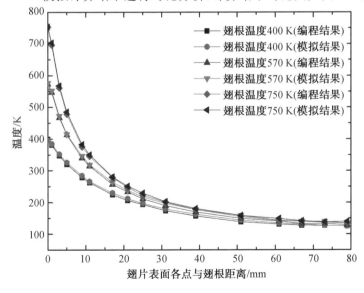

图 6.9　计算结果对比图

由以上结果可知,利用 Matlab 编程计算结果与利用 FLUENT 模拟计算结果匹配度较好,温度的变化趋势也基本吻合,在合理的误差范围内,证明上述所建模型及编程计算可用于计算翅片的工作状况并得到相对准确的结果。

6.3.3 热管式辐射冷却器的质量优化设计分析

根据式(6.31)和式(6.32),热管式辐射冷却器系统的质量 M 与总散热面积 A 只相差比例系数,当翅片厚度 δ_f 一定时,M 与 A 呈线性关系。因此,本章以热管式辐射冷却器系统的质量 M 为优化目标函数,选取冷却剂流体的质量流量 m、裸碳纤维翅片长度 L_f、裸碳纤维翅片厚度 δ_f、热管式辐射冷却器入口温度 T_{fl} 为变量,热管式辐射冷却器的质量优化设计变量及变化范围见表 6.11。

表 6.11　热管式辐射冷却器的质量优化设计变量及变化范围

变量	变化范围
δ_f/mm	0.1～0.9
L_f/cm	1.5～9.5
m/(kg · s^{-1})	2～14
T_{fl}/K	400～1 000

在 Matlab 软件中对连续函数进行离散处理,可得到优化目标函数——热管式辐射冷却器系统的质量 M 随所选变量变化的图线。

1. 翅片厚度对热管式辐射冷却器质量的影响

选取裸碳纤维翅片厚度 δ_f 为变量,每 0.1 mm 计算热管式辐射冷却器的系统总质量 M。翅片厚度对热管式辐射冷却器质量的影响设计变量及变化范围见表 6.12。裸碳纤维翅片厚度 δ_f 与热管式辐射冷却器系统总质量 M 的变化关系曲线如图 6.10 所示。

表 6.12　翅片厚度对热管式辐射冷却器质量的影响设计变量及变化范围

变量	变化范围
δ_f/mm	0.1～0.9
L_f/cm	0.5
m/(kg · s^{-1})	7
T_{fl}/K	800

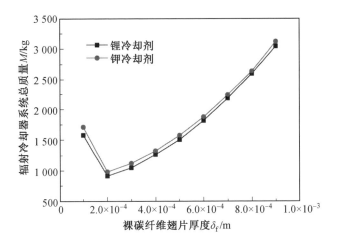

图 6.10　裸碳纤维翅片厚度 δ_f 与热管式辐射冷却器系统总质量 M 的变化关系曲线

使用锂作为冷却剂流体,当裸碳纤维翅片厚度由 0.1 mm 增加到 0.9 mm 时,热管式辐射冷却器系统总质量 M 开始降低,从 0.2 mm 开始,质量增加,当裸碳纤维翅片厚度为 0.2 mm 时,热管式辐射冷却器系统总质量取得最小值 972.9 kg。使用钾作为冷却剂流体时,有相似结论,但钾作为冷却剂流体时,所需辐射冷却器质量几乎都高于锂。当裸碳纤维翅片厚度由 0.1 mm 增加到 0.2 mm时,结论与推测并不完全一致,这是因为当裸碳纤维翅片厚度过小时,由热管传递至裸碳纤维翅片的热量也很小,导致裸碳纤维翅片表面温度过低,热管式辐射冷却器单元辐射散热量小,所需辐射单元数就过多,导致热管式辐射冷却器系统总质量增加。

2. 翅片长度对热管式辐射冷却器质量的影响

选取翅片长度 L_f 为变量,每 0.5 cm 计算热管式辐射冷却器的系统总质量 M。翅片长度对热管式辐射冷却器质量的影响设计变量及变化范围见表 6.13。裸碳纤维翅片长度 L_f 与热管式辐射冷却器系统总质量 M 的变化关系曲线如图 6.11 所示。

表 6.13　翅片长度对热管式辐射冷却器质量的影响设计变量及变化范围

变量	变化范围
δ_f/mm	0.2
L_f/cm	1.5~9.5
m/(kg·s^{-1})	7
T_{fl}/K	800

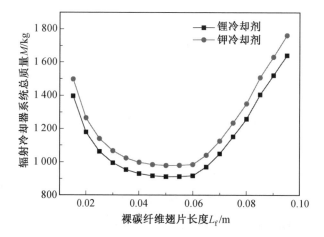

图 6.11　裸碳纤维翅片长度 L_f 与热管式辐射冷却器系统总质量 M 的变化关系曲线

使用锂作为冷却剂流体,当裸碳纤维翅片长度从 0.015 m 到 0.095 m 变化时,热管式辐射冷却器质量呈现先减小后增大的趋势。当裸碳纤维翅片长度为 0.05 m 时,热管式辐射冷却器质量取得最小值 972.9 kg。使用钾作为冷却剂流体时,有相似结论,但钾作为冷却剂流体时,所需辐射冷却器质量几乎都高于锂。

结论与推测基本一致,当 L_f 增加时,由式(6.19)可知单元辐射冷却器散热量 $Q_{R,i}$ 增加,热管式辐射冷却器的系统总质量 M 会随着 L_f 的增加而减小。但当 L_f 增加到一定程度时,裸碳纤维翅片热阻很大,导致裸碳纤维翅片不靠热管侧表面温度很低,辐射能力较差,此时由式(6.32)可知热管式辐射冷却器的系统总质量 M 会随着 L_f 的增加而增加,M 存在最小值。

3.冷却剂流体质量流量对热管式辐射冷却器质量的影响

选取冷却剂流体的质量流量 m 为变量,每 0.1 kg/s 计算热管式辐射冷却器的系统总质量 M。冷却剂流体质量流量对热管式辐射冷却器质量的影响设计变量及变化范围见表6.14。冷却剂流体质量流量 m 与热管式辐射冷却器系统总质量 M 的变化关系曲线如图 6.12 所示。

表 6.14　冷却剂流体质量流量对热管式辐射冷却器质量的影响设计变量及变化范围

变量	变化范围
δ_f/mm	0.2
L_f/cm	5
m/(kg · s^{-1})	2~10
T_{fl}/K	800

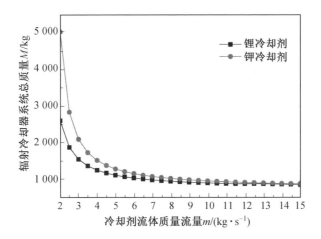

图 6.12　冷却剂流体质量流量 m 与热管式辐射冷却器系统总质量 M 的变化关系曲线

锂冷却剂流体质量流速对总热阻的影响如图 6.13 所示。结论与推测基本一致,使用锂作为冷却剂流体,当冷却剂流体质量流量 m 增大时,热量经由冷却剂流体至裸碳纤维翅根 R 越小,由式(6.21)可知 T_{root} 越大。由式(6.19)可知,裸碳纤维翅片辐射热量越大,则热管式辐射冷却器系统质量越小。当 $\dot{m}$ 大于 9 kg/s时,热管式辐射冷却器系统质量基本不变,这是因为冷却剂流体质量流量 m 对热量经由冷却剂流体至裸碳纤维翅根的热阻贡献很小。使用钾作为冷却剂流体时有相似结论,但钾作为冷却剂流体时,所需辐射冷却器质量几乎都高于锂

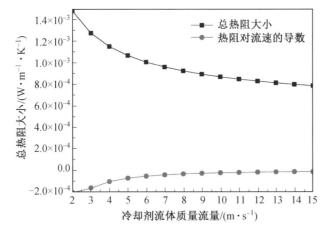

图 6.13　锂冷却剂流体质量流速对总热阻的影响

的所需质量。

考虑到泵功率不应超出核电源电功率的 5%,且当 $\dot{m}$ 大于 $9\ \mathrm{kg/s}$ 时,热管式辐射冷却器系统质量基本不变,则流量 m 取 $9\ \mathrm{kg/s}$ 为宜。

4. 入口温度对热管式辐射冷却器质量的影响

选取热管式辐射冷却器入口温度 T_{fi} 为变量,每 $25\ \mathrm{K}$ 计算热管式辐射冷却器的系统总质量 M。入口温度对热管式辐射冷却器质量的影响设计变量及变化范围见表 6.15。冷却剂流体入口温度 T_{fi} 与热管式辐射冷却器的系统总质量 M 的变化关系曲线如图 6.14 所示。

表 6.15　入口温度对热管式辐射冷却器质量的影响设计变量及变化范围

变量	变化范围
$\delta_{\mathrm{f}}/\mathrm{mm}$	0.2
$L_{\mathrm{f}}/\mathrm{cm}$	5
$m/(\mathrm{kg}\cdot\mathrm{s}^{-1})$	9
$T_{\mathrm{fi}}/\mathrm{K}$	$400\sim1\,000$

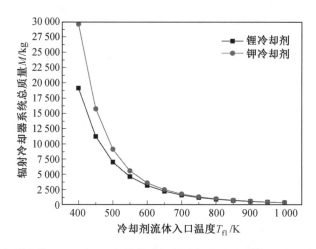

图 6.14　冷却剂流体入口温度 T_{fi} 与热管式辐射冷却器系统总质量 M 的变化关系曲线

结论与推测基本一致,使用锂作为冷却剂流体,当热管式辐射冷却器入口温度 T_{fi} 增大时,T_{root} 也增大。由式(6.32)可知,裸碳纤维翅片辐射热量越大,热管式辐射冷却器系统质量 M 越小。使用钾作为冷却剂流体时有相似结论,但钾作为冷却剂流体时,所需辐射冷却器质量几乎都高于锂的所需质量。

但是依靠增加 T_{fi} 来降低热管式辐射冷却器系统质量的制约因素很多,具体如下。

(1)增加 T_{fl} 相当于增加空间核电源的冷源温度(废热排出温度),这样空间核电源热电转化的效率就会降低,这有时是不可接受的。

(2)热管工质——液态金属碱金属工作温度为 600～1 200 ℃,若工作温度过高,则冷却剂流体回路工质会发生汽化,严重恶化辐射冷却器系统正常工作。

(3)材料耐高温性能限制,现有的材料在高温下容易发生变形等问题。

因此,结合前人设计经验,T_{fl} 选择 800 K 为宜。

6.3.4 物性参数对辐射冷却器质量的影响

本节以热管式辐射冷却器系统的质量 M 为优化目标函数,选取冷却剂流体的比热容 C_p、裸碳纤维密度 ρ_{fin}、热管材料密度 ρ_{hp} 为变量,物性参数对辐射冷却器质量的影响设计变量及变化范围见表 6.16。

表 6.16　物性参数对辐射冷却器质量的影响设计变量及变化范围

变量	变化范围
$C_p/(\mathrm{kJ \cdot kg^{-1} \cdot K^{-1}})$	2.5～5.0
$\rho_{\mathrm{fin}}/(\mathrm{kg \cdot m^{-3}})$	2 210～3 000
$\rho_{\mathrm{hp}}/(\mathrm{kg \cdot m^{-3}})$	8 400～10 000

1.冷却剂比热容对热管式辐射冷却器质量的影响

选取冷却剂比热容 C_p 为变量,每 50 $\mathrm{J \cdot kg^{-1} \cdot K^{-1}}$ 计算热管式辐射冷却器的系统总质量 M。冷却剂流体定压比热容 C_p 与热管式辐射冷却器系统总质量 M 的变化关系曲线如图 6.15 所示。

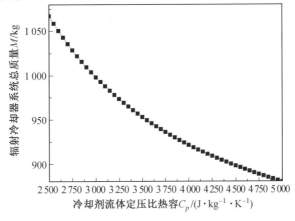

图 6.15　冷却剂流体定压比热容 C_p 与热管式辐射冷却器系统总质量 M 的变化关系曲线

由图 6.15 可知,冷却剂流体比热容越大,所需辐射冷却器质量越小。锂工质的比热容要远大于钾工质,故锂适合作为冷却剂。

2. 裸碳纤维密度对热管式辐射冷却器质量的影响

选取裸碳纤维密度 ρ_{fin} 为变量,每 50 kg·m^{-3} 计算热管式辐射冷却器的系统总质量 M。裸碳纤维密度 ρ_{fin} 与热管式辐射冷却器系统总质量 M 的变化关系曲线如图 6.16 所示。

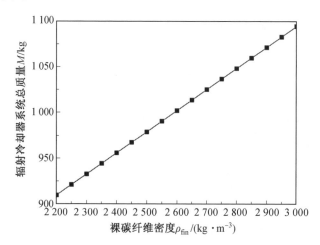

图 6.16　裸碳纤维密度 ρ_{fin} 与热管式辐射冷却器系统总质量 M 的变化关系曲线

由图 6.16 可知,翅片材料裸碳纤维密度越大,所需辐射冷却器质量越大。因此,减小翅片材料裸碳纤维密度是未来辐射冷却器发展方向。

3. 热管材料密度对热管式辐射冷却器质量的影响

选取热管材料密度 ρ_{hp} 为变量,每 50 kg·m^{-3} 计算热管式辐射冷却器的系统总质量 M。热管材料密度 ρ_{hp} 与热管式辐射冷却器系统总质量 M 的变化关系曲线如图 6.17 所示。

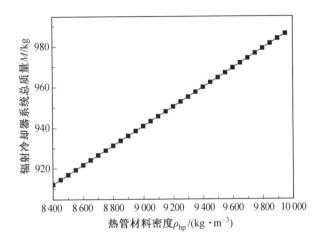

图 6.17　热管材料密度 ρ_{hp} 与热管式辐射冷却器系统总质量 M 的变化关系曲线

由图 6.17 可知,热管材料裸碳纤维密度越大,所需辐射冷却器质量越大。因此,减小热管材料密度是未来辐射冷却器发展方向。

6.4　基于遗传算法的热管式辐射冷却器优化分析

上一节已经计算过热管式辐射冷却器质量 M 在选定变量下的相应最小值,但由于穷举法对于连续函数需要对其解集合进行离散处理,因此最优解可能在离散处理中被遗漏。为寻找到最优解,本节将进一步研究。遗传算法以其简单通用、应用范围广等显著特点,奠定了其先进地位。本节将运用遗传算法对热管式辐射冷却器进行优化分析。

6.4.1　遗传算法的基本原理

1. 遗传算法中的生物遗传学概念

由于遗传算法是由进化论和遗传学机理产生的直接搜索优化方法,因此在这个算法中要用到各种进化和遗传学的概念。

首先给出遗传学概念、遗传算法概念和相应数学概念三者之间的对应关系。这些概念如下。

(1)个体。遗传算法中处理的对象、结构。

(2)群体。个体的集合,对应于遗传学中的生物种群。

(3)染色体(位串)。个体特征的二进制表现形式,对应于遗传学的染色体。

(4)基因。染色体中的元素,表示不同的特征。

(5)适应度。某一个体对生存环境的适应程度大小。

(6)种群。一组根据选择概率定出的个体。

(7)选择。模拟生物界优胜劣汰的自然选择,从群体中选择适应度大的个体产生下一子代。

(8)交叉。互换一组染色体某些对应位上的基因片段,进而根据交叉原则产生新个体。

(9)交叉概率。互换一组染色体某些对应位上的基因片段概率,一般为0.65~0.90。

(10)变异。某一染色体上基因发生变化,某些元素被改变。

(11)变异概率。某一染色体上基因发生变化概率,一般为 0.001~0.01。

2. 遗传算法的步骤及流程图

遗传算法优化的操作过程包括三个基本操作:选择、交叉、变异。遗传算法的基本步骤是在执行遗传算法之前,首先把问题的可行解表示成一组二进制编码串,即染色体;然后把染色体置于环境中,对这些染色体进行相应的遗传优化操作产生下一代染色体群;最后经过一代一代进化,得到适应度最大的染色体,即问题的最优解。

第一步:随机生成初始种群。

第二步:计算种群中的个体的适应度大小。

第三步:依据遗传概率,对种群每个个体进行遗传操作并产生下一代群体。

第四步:若遗传算法终止条件未满足,则返回第二步;反之,则输出最优解。

遗传算法流程图如图 6.18 所示。

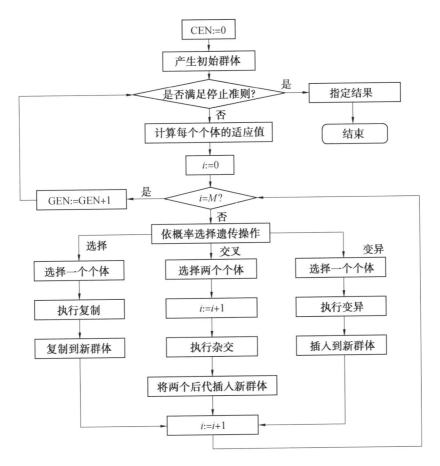

图 6.18　遗传算法流程图

遗传算法有很多种具体的不同实现过程,以上介绍的是标准遗传算法的主要步骤,此算法会一直运行,直到找到满足条件的最优解为止。

6.4.2　遗传算法参数介绍

本章以热管式辐射冷却器系统总质量 M 为优化目标函数,选取裸碳纤维翅片长度 L_f、裸碳纤维翅片厚度 δ_f 等为变量,遗传算法设计变量取值见表 6.17。采用二进制编码将解空间的数据表示成遗传空间的基因型串结构数据,要求精度为 10^{-6}。

表 6.17　遗传算法设计变量取值

变量	变化范围
$\delta_{\mathrm{f}}/\mathrm{mm}$	0.1～0.2
$L_{\mathrm{f}}/\mathrm{cm}$	4.5～5.5
$m/(\mathrm{kg \cdot s^{-1}})$	9
$T_{\mathrm{fl}}/\mathrm{K}$	800

1. 遗传编码和产生初始群体

第一步要确定编码的策略,采用二进制形式将裸碳纤维翅片长度 L_{f}、裸碳纤维翅片厚度 δ_{f} 表示为一个 $\{0,1\}$ 二进制串。

由于 L_{f} 和 δ_{f} 区间长度分别为 0.08 和 0.000 8,精度是 0.000 001,有

$$2^{16} < 80\ 000 \leqslant 2^{17}$$
$$2^{9} < 800 \leqslant 2^{10}$$

因此 $m=m_1+m_2=17+10=27$ bit,故二进制串长至少需要 27 位。

然后通过随机方法产生一个初始种群,种群中的个体数目为 40 个。

2. 定义适应度函数

热管式辐射冷却器系统总质量 M 优化问题求的是质量函数的最小值,适应度函数可以定义为

$$M(F)=F_{\max}-F \tag{6.33}$$

式中,$F_{\max}$ 为适应度函数 F 的一个最大值。

3. 遗传算法计算过程基本操作

遗传算法计算操作过程包含三个基本操作:选择、交叉、变异。

(1)选择。

选择是在群体中选择适应度大的个体产生新的下一代的过程。

根据每个个体的适应度大小选择,适应度越大的染色体被遗传到下一代群体的概率越大。常用的选择算子有轮盘赌选择、最佳保留选择等。本书选用轮盘赌选择,各个染色体适应度正比于选择概率,选择概率的计算公式为

$$P(x_i)=\frac{F(x_i)}{\sum\limits_{j=1}^{N}F(x_j)} \tag{6.34}$$

式中,F 为适应度函数;P 为个体被选择概率。

（2）交叉。

交叉是根据交叉概率从随机配对的染色体中互换某些位上的基因以产生新的个体,交叉概率一般为 0.65～0.90。

常用的交叉操作有单切点交叉和双切点交叉。

①单切点交叉。单切点交叉操作是在配对染色体 F1 和 F2 上随机选择一个切点,将切点两侧子串进行交换,产生两个新的个体 N1 和 N2(图 6.19)。

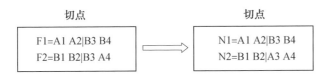

图 6.19　单切点交叉示意图

②双切点交叉。双切点交叉操作是在配对染色体 F1 和 F2 上随机选择两个切点,将切点两侧子串进行交换,产生两个新的个体 N1 和 N2(图 6.20)。

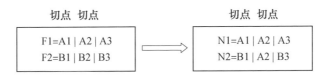

图 6.20　双切点交叉示意图

（3）变异。

变异是对个体的某一个或某一些基因上的基因值依据变异概率进行改变。常用的变异操作有按位交换变异、倒序、插入。

其中,倒序是染色体 F1 的某一个或某一些基因发生变化,产生新个体 N2(图 6.21)。

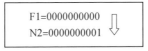

图 6.21　倒序示意图

变异是一种随机操作,使遗传算法保持种群多样性,与选择、交叉结合在一起,保证了遗传算法的有效性。变异概率不能很大,一般为 0.001～0.01。

4.终止条件

遗传算法可设两类常见终止条件:设定最大代数的方法,此种方法简单,但精确程度较差;设定判定准则,当解已经收敛时,就可以终止算法,如连续几代种群平均适应度的差值小于某一阀值。

5. 遗传算法参数选择

在程序运行前需要设置遗传算法参数,遗传算法参数选择见表 6.18。

表 6.18　遗传算法参数选择

初始种群数 n	编码串长 l	交叉概率 P_c	变异概率 P_m	最大代数	代沟 G
40	27	0.7	0.001 5	150	0.9

6.4.3　遗传算法优化计算

1. 单变量翅片长度的热管式辐射冷却器质量优化

选取裸碳纤维翅片长度 L_f 为变量,单变量翅片长度的热管式辐射冷却器质量优化设计变量及变化范围见表 6.19。裸碳纤维翅片长度 L_f 与目标函数热管式辐射冷却器系统总质量 M 的遗传算法如图 6.22 所示。

表 6.19　单变量翅片长度的热管式辐射冷却器质量优化设计变量及变化范围

变量	变化范围
δ_f / mm	0.2
L_f / cm	4.5~5.5
$m/(\text{kg} \cdot \text{s}^{-1})$	9
T_{fl}/K	800

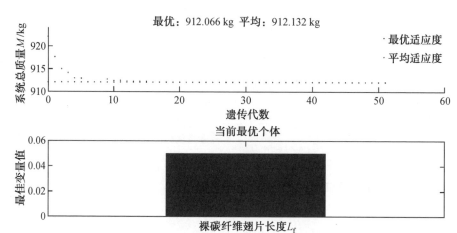

图 6.22　裸碳纤维翅片长度 L_f 与目标函数热管式辐射冷却器系统总质量 M 的遗传算法

单变量翅片长度的热管式辐射冷却器质量优化遗传算法参数选择见表 6.20。

表 6.20　单变量翅片长度的热管式辐射冷却器质量优化遗传算法参数选择

初始种群数 n	编码串长 l	交叉率 P_c	变异概率 P_m	最大代数	代沟 G
40	17	0.7	0.001 5	150	0.9

比较遗传算法和穷举法的结果,穷举法表明,当裸碳纤维翅片长度 L_f 取 0.05 m 时,热管式辐射冷却器系统总质量 M 取得最小值为 912.10 kg;遗传算法结果表明,当裸碳纤维翅片长度 L_f 取 0.050 7 m 时,热管式辐射冷却器系统总质量 M 取得最小值为 912.066 kg。结果表明,裸碳纤维翅片长度 L_f 取 0.05 m 附近时热管式辐射冷却器系统总质量 M 取得最小值。

2. 单变量翅片厚度的热管式辐射冷却器质量优化

选取裸碳纤维翅片厚度 δ_f 为变量,单变量翅片厚度的热管式辐射冷却器质量优化设计变量及变化范围见表 6.21。裸碳纤维翅片厚度 δ_f 与目标函数热管式辐射冷却器系统总质量 M 的遗传算法如图 6.23 所示。

表 6.21　单变量翅片厚度的热管式辐射冷却器质量优化设计变量及变化范围

变量	变化范围
δ_f/mm	0.1~0.2
L_f/cm	5
m/(kg・s^{-1})	9
T_{fi}/K	800

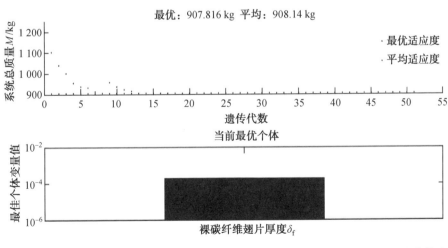

图 6.23　裸碳纤维翅片厚度 δ_f 与目标函数热管式辐射冷却器系统总质量 M 的遗传算法

单变量翅片厚度的热管式辐射冷却器质量优化遗传算法参数选择见表 6.22。

表 6.22　单变量翅片厚度的热管式辐射冷却器质量优化遗传算法参数选择

初始种群数 n	编码串长 l	交叉概率 P_c	变异概率 P_m	最大代数	代沟 G
40	10	0.7	0.001 5	150	0.9

遗传算法结果表明,当裸碳纤维翅片厚度 δ_f 取 0.001 6 m 时,热管式辐射冷却器系统总质量 M 取得最小值 907.816 kg。

3. 热管式辐射冷却器翅片参数质量优化

选取裸碳纤维翅片长度 L_f 和厚度 δ_f 为变量,热管式辐射冷却器翅片参数质量优化设计变量及变化范围见表 6.23。两变量与目标函数热管式辐射冷却器系统总质量 M 的遗传算法如图 6.24 所示。

表 6.23　热管式辐射冷却器翅片参数质量优化设计变量及变化范围

变量	变化范围
δ_f/mm	0.1～0.2
L_f/cm	4.5～5.5
$m/(\text{kg} \cdot \text{s}^{-1})$	9
T_{fl}/K	800

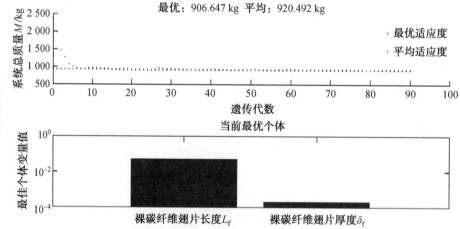

图 6.24　两变量与目标函数热管式辐射冷却器系统总质量 M 的遗传算法

热管式辐射冷却器翅片参数质量优化遗传算法参数选择见表 6.24。

表 6.24　热管式辐射冷却器翅片参数质量优化遗传算法参数选择

初始种群数 n	编码串长 l	交叉概率 P_c	变异概率 P_m	最大代数	代沟 G
40	27	0.7	0.001 5	150	0.9

比较遗传算法和穷举法的结果,穷举法表明,当裸碳纤维翅片长度 L_f 取 0.05 m、裸碳纤维翅片厚度 δ_f 取 0.2 mm 时,热管式辐射冷却器系统总质量 M 取得最小值为 912.10 kg;遗传算法结果表明,当裸碳纤维翅片长度 L_f 取 0.050 7 m、裸碳纤维翅片厚度 δ_f 取 0.16 mm 时,热管式辐射冷却器系统总质量 M 取得最小值为 906.647 kg,优化了 0.63% 的系统质量。通过比较不同方法的结果,可得穷举法因为需要对可行解进行离散化处理而导致可能丢失最优解。

4. 多参数辐射冷却器质量优化

选取裸碳纤维翅片长度 L_f、厚度 δ_f 和入口温度 T_{fl} 等为变量,多参数辐射冷却器质量优化设计变量及变化范围见表 6.25。三变量与目标函数热管式辐射冷却器系统总质量 M 的遗传算法如图 6.25 所示。

表 6.25　多参数辐射冷却器质量优化设计变量及变化范围

变量	变化范围
δ_f/mm	0.1~0.2
L_f/cm	4.5~5.5
m/(kg·s^{-1})	6~9
T_{fl}/K	400~800

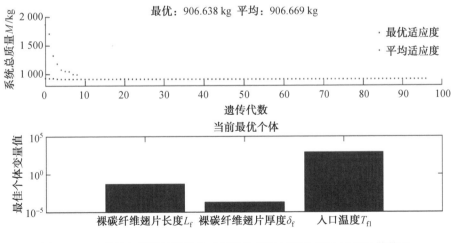

图 6.25　三变量与目标函数热管式辐射冷却器系统总质量 M 的遗传算法

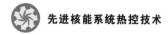

多参数辐射冷却器质量优化遗传算法参数选择见表 6.26。多变量遗传算法优化如图 6.26 所示。

表 6.26　多参数辐射冷却器质量优化遗传算法参数选择

初始种群数 n	编码串长 l	交叉概率 P_c	变异概率 P_m	最大代数	代沟 G
40	37	0.7	0.001 5	150	0.9

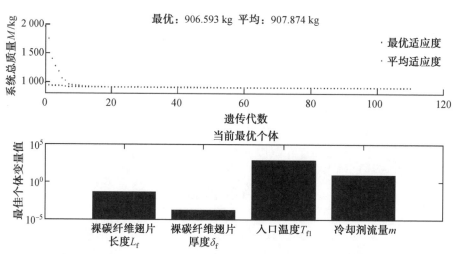

图 6.26　多变量遗传算法优化

比较遗传算法和穷举法的结果,穷举法表明,当裸碳纤维翅片长度 L_f 取 0.05 m、裸碳纤维翅片厚度 δ_f 取 0.2 mm 时,热管式辐射冷却器系统总质量 M 取得最小值为 912.10 kg;遗传算法结果表明,当裸碳纤维翅片长度 L_f 取 0.050 7 m、裸碳纤维翅片厚度 δ_f 取 0.16 mm、入口温度 T_{fl} 取 800 K、冷却剂流量 m 取 9 kg·s⁻¹时,热管式辐射冷却器系统总质量 M 取得最小值为 906.593 kg,优化了 0.63% 的系统质量。

6.4.4　遗传算法算子参数的影响

遗传算法算子对遗传算法的寻优性及敛散性有着很大关系,为研究交叉和变异对遗传算法的影响,改变遗传算法中的交叉概率 P_c 和变异概率 P_m,得到其对优化效果的影响。

1. 交叉概率对遗传算法的影响

改变交叉概率 P_c,交叉概率对遗传算法的影响遗传算法参数选择见表6.27,

各变量变化范围见表 6.21,交叉概率对遗传算法的影响如图 6.27 所示。

表 6.27　交叉概率对遗传算法的影响遗传算法参数选择

初始种群数 n	编码串长 l	交叉概率 P_c	变异概率 P_m	最大代数	代沟 G
40	27	0.9	0.001 5	150	0.9

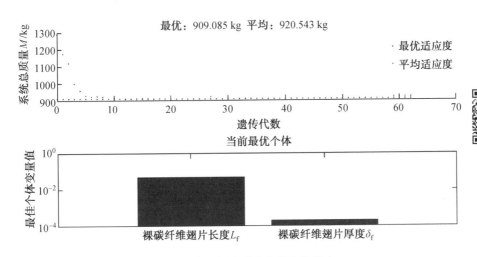

图 6.27　交叉概率对遗传算法的影响

　　比较遗传算法交叉概率不同的结果可知,当交叉概率 P_c 增大时,遗传算法收敛过程加快,这是因为大的交叉概率可以使染色体之间的交换更为频繁,加速群体收敛过程,但随之而来的是过高的交叉概率会使最佳染色体片段交换,容易使遗传算法陷入局部最优解中。交叉概率对遗传算法的影响比较见表 6.28。

表 6.28　交叉概率对遗传算法的影响比较

交叉概率 P_c	迭代次数	最佳个体/kg	最佳翅长/m	最佳翅厚/mm
0.7	90	906.647	0.050 7	0.160
0.9	62	909.085	0.051 1	0.163

2. 变异概率对遗传算法的影响

　　改变变异概率 P_m,变异概率对遗传算法的影响遗传算法参数选择见表 6.29,各变量变化范围见表 6.21。变异概率对遗传算法的影响如图 6.28 所示。

表 6.29　变异概率对遗传算法的影响遗传算法参数选择

初始种群数 n	编码串长 l	交叉概率 P_c	变异概率 P_m	最大代数	代沟 G
40	27	0.7	0.002 0	150	0.9

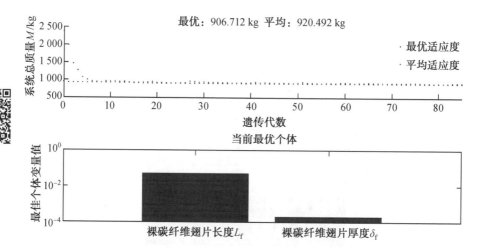

图 6.28　变异概率对遗传算法的影响

　　比较遗传算法变异概率 P_m 不同的结果可知,变异概率 P_m 对结果影响不大,这是因为变异概率 P_m 在遗传算法中通常取得很小,一般取 0.000 1～0.01,这对遗传算法大体结果影响不大,大的变异概率会使种群中出现更多的新染色体,这会提高遗传算法的搜索能力,但如果变异概率取得过大,则会破坏遗传算法的特性。变异概率对遗传算法的影响比较见表 6.30。

表 6.30　变异概率对遗传算法的影响比较

变异概率 P_m	迭代次数	最佳个体/kg	最佳翅长/m	最佳翅厚/mm
0.001 5	90	906.647	0.050 7	0.160
0.002 0	86	906.712	0.050 7	0.161

第7章

池式低温堆系统吸收式热泵余热回收技术

本章首先研究池式低温堆技术的发展和现状,针对低温余热回收技术和吸收式热泵技术进行调研和总结,选择使用第二类溴化锂吸收式热泵进行反应堆余热回收。然后利用守恒原理和传热分析,深入研究第二类溴化锂吸收式热泵系统的设计过程,完成了热泵的参数确定、模型建立、换热面积计算等工作。在讨论了蒸发温度、吸收温度、发生温度、冷凝温度等单个因素操作参数对系统性能的影响之后,对这些参数进行拟合分析,借助遗传算法进行系统的优化设计,得到最大性能系数、最小换热面积及最佳评价参数,并选择合适的热泵结构进行讨论。本章最后从静态回收周期和动态回收周期方面对系统进行经济性分析,并讨论系统的节能效益和环保效益。最终得出结论:第二类溴化锂吸收式热泵对提高池式低温供热堆的整体利用效率、增大供热面积、降低因增加供热复合而产生的污染物排放有着积极意义。

7.1　池式低温堆系统余热回收技术发展概况

7.1.1　研究背景及意义

我国环境保护和能源供需失衡的双重压力随着经济迅速发展和可持续发展推进而逐步增大。能源的快速消费及安全供应成为社会关注的焦点问题。能源结构图如图 7.1 所示。可以看出,我国仍以煤炭和石油为主,化石燃料制热在未来很长一段时间内仍会占主导地位。

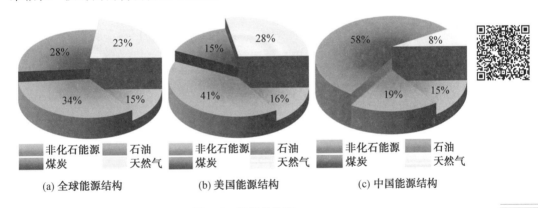

图 7.1　能源结构图

(a) 全球能源结构　　(b) 美国能源结构　　(c) 中国能源结构

人们对生活舒适度的要求不断提高,供暖需求也随之提高,供热的规模迅速扩大,随之而来的是供热能耗的增加。2020 年,我国供热面积已有 98.82 亿 m^2,预计 2035 年供热面积将达到 204.7 亿 m^2。目前我国城镇集中供热中,燃煤热电联产约占总供热的 48%,燃煤锅炉约占总供热的 33%,而清洁热源只占总供热的 4%,建筑供热方式主要依靠燃煤锅炉等方式来提供热量,大量化石能源消耗导致环境污染情况十分严重。

　　随着淘汰落后产能政策和节能减排措施在全社会推行,全国各级政府近年来加快了拆除低热效率、高污染耗能的区域锅炉的速度。《北方地区冬季清洁取暖规划(2017—2021年)》由十部委联合发布,将核能纳入清洁取暖能源之一,提出要探索研究核能供暖技术,强化清洁供暖的科技创新,促进现役核电机组向周边地区供热,安全发展低温泳池反应堆供暖示范工程。随着低碳举措的推行,能源结构转型的主要方向已从散煤燃烧、小锅炉和压减大型燃煤锅炉转变为清洁供热项目。

　　作为安全稳定的清洁能源,小型化模块堆逐渐受到市场和产业界的重视。冬季寒冷、供暖周期长的北欧国家比较流行使用商用核电机组进行区域供热,具有较成熟和丰富的商用经验。在我国,低温核供热技术经过30余年的持续投入,现在已形成了系列化设计,能为市场提供可靠稳定的清洁能源,可满足居民供暖、制造工业蒸气及淡化海水等多种需求。根据国家发改委联合国家能源局发布的《能源技术革命创新行动计划(2016—2030年)》,到2050年,核能在供热等方面将具备规模建设条件。未来将持续推进核能供暖示范项目,进一步显现该项技术的在安全性、先进性和市场竞争力方面的竞争力,可能在我国北方地区清洁供暖市场占大量的份额。

　　能源高效利用的关键在于能源的梯级利用和余热的回收。目前,我国能源利用的效率约为30%～50%,可再生能源在能源结构中所占的比例不到8%,多数余热以各种形式被排放到大气中。低温余热利用技术是深入节能的重要领域,其中热泵技术在余热制冷制热中表现出优异的节能效果和环境友好性,利用热泵进行余热回收已成为当前研究的热点问题。由于热泵所需要的低温热源分布非常广泛,比较容易获取,因此热泵在社会不同领域被广泛应用。国内的溴化锂吸收式热泵节能项目主要集中在热电厂、油田等领域,这些领域共同的特点是有着足够多的可利用低温余热资源和较高的生产需求,能实现能量梯级利用。并且,溴化锂吸收式热泵在工作时可以承担部分热负荷,能够缓解机组之间热电的强耦合关系。

　　在理论价值层面的研究意义中,不可否认的是目前学术界在低温堆及吸收式热泵方面研究成果不少,且推进了我国在商用供热堆及热泵行业的发展,但是在供热堆余热回收利用方面提出的研究少之甚少。本书提出第二类溴化锂吸收式热泵余热回收系统,以最初的理论为基础,在某种程度上,对反应堆余热回收利用方面的理论研究进行了丰富,对未来相关学科的发展具有丰富和促进作用。

在现实层面的研究意义中,本书针对性地对池式低温堆余热回收进行研究,利用供热网三回路回水作为驱动热源,这样不仅可以更少地耗费能源,还可以改善和提高环境品质,有利于扩大低温堆供热面积和调节热网水温,有助于科研人员对其他商业小型堆及大型堆的余热利用进行总体把握,提高核能供热的经济性,进一步改善大型核电厂反应堆堆余热排出造成近海水温提升,不利于海洋环境发展等问题。

7.1.2 国内外研究现状

1. SPLTHR 技术

核能供热不是一个新的概念。我国从 20 世纪 60 年代就开始了第一次尝试。瑞士、瑞典、芬兰、乌克兰、俄罗斯及保加利亚等许多国家在这项技术上都花费了大量的时间,付出了很多努力,但是都没有使得核能供热城市大规模商业化获得成功。核能供热方式通常可以分为两种:一种是抽取核电厂的乏汽为管网水提供热量;另一种是利用专用供热堆直接进入热网为用户供热。核能区域供热技术在国际上已取得了较大发展,主要采用大型核电机组热电联供的方式。目前全世界在运行的核电站中有十分之一的机组同时生产蒸气或热水为周边区域进行供热。但是由于我国北方内陆地区没有核电厂,因此不能推广核电厂热电联供的方式,只能运用核供热堆。

1981 年,清华大学核能技术研究所首次提出了发展低温供热堆。1985 年,王大中院士主持低温核供热堆研发工作,经过科学论证,决定选择壳式一体化自然循环水冷堆路线,并计划建设一座 5 MW 低温核供热堆以掌握其核心技术。1995 年,低温核电供热堆(简称低温堆)在中国政府报告中被列为"科技五大突破"之一。1996 年,《中华人民共和国国民经济和社会发展"九五"计划和 2010 年远景目标纲要》将低温核供热技术列入。在过去的几十年中,中国已经建造了 19 个池式反应堆(swimming pool-type low temperature heating reactor,SPLTHR),如中国原子能科学研究院的 49-2 堆、微堆、CARR 堆及中国核动力研究设计院的岷江堆等。此外,我国已经建设或批准了 50 多台大型核电机组。其中,49-2 堆从 1959 年开始建造,是我国唯一超 50 年寿命的反应堆,并于 2017 年 11 月 28 日完成供热 168 h,标志着 SPLTHR 项目完成了从实验验证、工程示范到商业推广"三步走"的第一步。这些反应堆在安全性方面有着辉煌的记录,技术先进,大大改善了对核电的舆论,并为核供热的发展创造了良好的氛围。

SPLTHR 产生的热量通过两级换热直接传递给热网用户。SPLTHR 供热系统示意图如图 7.2 所示。据总设计师柯国土介绍,目前研制的 SPLTHR 型号和代号确定为"燕龙"和"DHR-400",是目前世界上在研最大的供热核反应堆。据测算,一座 400 MW 的低温供热堆可以为 2 000 万 m^2 建筑面积的住宅供热,等同于 20 万户三居室的面积。SPLTHR 的基本特征如下。

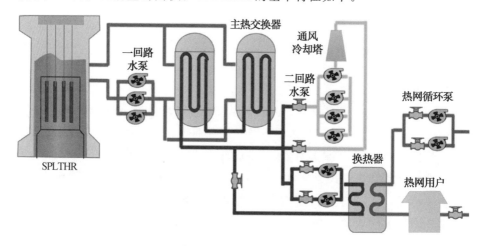

图 7.2　SPLTHR 供热系统示意图

(1)技术成熟。

SPLTHR 供热就是将堆芯放在常压水池深处,利用水的静压力提高堆芯出口温度,从而满足供热需求。目前国内已建成多座 SPLTHR 供热堆,累计运行近 500 堆年,系统设备简单,运行维护简便。

(2)厂址适应性好。

内陆、沿海都可建厂,不受地质条件、地震条件等影响,并且在退役后可恢复绿色使用。

(3)具有固有安全性。

堆芯始终处于淹没状态,在任何事故下都可以依赖固有反馈特性自动停堆。如果停堆后不采取任何余热冷却手段,则 1 800 t 水可保证 20 多天堆芯不会裸露,实现"零堆熔"。

(4)与热网适配性好。

热交换后,SPLTHR 三回路中水的温度为 60~90 ℃,可以直接接入城镇集中供热管网,不需要修改或改造当前的供热管网。

(5)环境友好。

一座 400 MW 供热核反应堆每年可以替代 32 万 t 燃煤,从而减少烟尘、二氧化碳、氮氧化物、二氧化硫及灰渣的排放。而且,反应堆每年消耗的核燃料约为 2.5 t,与燃煤所需 32 万 t 煤炭和 10 万 t 灰渣的运送量相比,其运输压力可大大减轻。

在文章研究方面,Zhang 等具体介绍了近年来在技术可行性、经济性、安全性等方面的研究进展,说明我国 SPLTHR 技术是成熟的,在经济上是有竞争力的,并且具有出色的固有安全性;Hou 等研究了 SPLTHR 非能动余热排出系统是在低温条件下运行的,通过对 30 组非能动余热排出系统换热器垂直管束外自然对流数据的分析,发现拟合的关联式与实验数据吻合较好,可为工程应用提供重要参考;张乐等基于 Simulink 建立了 SPLTHR 的全厂主系统模型,并在此基础上研究该堆的供热控制调节方法。SPLTHR 旨在承载城市的基本热负荷,采用稳压功率反应堆运行,主要设计工作包括反应堆工程,支持公共工程和建筑物。这些建筑物包括反应堆工厂、补充工厂、支撑设施工厂和排气塔。额度稳态仿真设计见表 7.1,后续低温热泵余热回收系统的设计也以此为依据。

表 7.1　额度稳态仿真设计

参数	反应堆功率/MW	一回路热/冷段	二回路热/冷段	三回路热/冷段
仿真值	399.34	98.00 ℃/68.05 ℃	93.51 ℃/63.56 ℃	89.85 ℃/60.05 ℃
设计值	400	98 ℃/68 ℃	93 ℃/65 ℃	90 ℃/60 ℃

2. 低温余热回收技术现状

目前,中国工业能源消耗占全国能源消耗的 70%,余热占消耗总量约 17%～67%,其中有 60% 可回收。大部分余热被直接排放到环境中,造成了浪费和环境污染。各行业余热资源占该行业燃耗量的比例见表 7.2。根据温度高低可将余热品位划分为三种,即高品位、中品位和低品位。高品位热源在生产过程中已通过工艺节能技术、余热锅炉技术等实现有效利用。低品味热源由于温度较低,利用难度较大,因此在国内通常被直接废弃。回收利用低温余热具有较大的难度,但这种热源数量庞大,综合利用的潜力较高。据报道分析,低温余热资源占工业废热总量的 54%,若能将这部分资源妥善回收利用,不仅可以为节约能源、减少环境热污染做出贡献,还可以降低建设公用工程的资金消耗。

表 7.2　各行业余热资源占该行业燃耗量的比例

行业	余热资源来源	占燃料消耗量的比例
冶金	轧钢加热炉、平炉、均热炉、转炉高炉、焙烧窑等	33%以上
化工	化学反应热,如造气、变换气、合成气等的物理显热;可燃烧热,如炭黑尾气、电石气等的燃料热建材	15%以上
建材	高温烟气、窑顶冷却、高温产品等	约40%
玻璃	玻璃窑炉、搪瓷窑、坩埚窑等	约20%
造纸	洪缸、蒸锅、废气、黑液等	约15%
纺织	烘干机、浆纱机、蒸煮炉等	约15%
机械	锻造加热炉、冲天炉、热处理炉及汽锤排气等	约15%

直接换热是目前工艺较为成熟的技术,使用范围最广。该技术在保持能量形式不变的情况下,将余热资源通过热交换返回到系统内部,以满足自身工艺需要或产生热水供厂区及区域民生供暖使用等。该技术一般采用管式或板式换热器增大传热面积,但会造成钢材使用量和设备占地面积大大增加。因此,国内外学者研制了高效热管换热技术。但直接换热属于能量的降级利用,热源温度差较小,且只能进行热利用,用途依然受限。除直接利用热量外,低温余热回收的方式还包括吸收式制冷、热泵和热功转换等。

(1)吸收式制冷。

吸收式制冷中能量转换的方式主要是逆卡诺循环,过程包括冷凝、蒸发、吸收等。过去几十年主要发展的是吸附式制冷技术,循环技术有热波循环、覆叠循环等。遇到夏季高温作业可以进行余热回收时,利用这项技术可以减少使用空调、风扇等,装置的冷却率被有效地提高,实现了电能和热能的节约。目前制冷技术面临的主要难题是效率较低,仍需研发新型的高性能复合材料。

(2)热泵。

热泵属于高效的热能转换装置。该技术以热力循环为基础,把热能从低温处转移至高温处。这段过程需要消耗一些高品位的能量,如机械能、电能等。截至目前,吸收式热泵、蒸气喷射式热泵和压缩式热泵等热泵类型在工业中应用非常普遍。热泵技术作为主要的低温余热升级利用技术,大量地在蒸发、蒸馏、干燥和浓缩等工艺过程中使用。尽管它的检修周期长,但在运行阶段产生的附加费用较少,高效、节能及经济性体现得非常明显。

热功转换技术是把低品位余热资源转换成电能或机械能进行利用,主要为有机朗肯循环和卡琳娜循环。但该技术在国外发展多年,国内如何将结构进一步优化、降低成本、提高实用性是未来的发展方向。当低温余热资源在以上两种方式利用中都存在较大困难时,可以选择热功转换进行利用。

为使低温余热资源得到充分的利用,需要掌握以下几个方面的原则:第一,对生产工艺进行尽可能的优化,保证对换热流程进行合理的设计,使工艺耗能降低,从而保证生产工艺中低温余热减少;第二,对厂区及厂区周边的工业和民用的用电需求等进行综合调查,根据用户利用周期的长短和距离的远近等进行合理利用规划;第三,依据余热的品质、数量、实际的需求量等进行梯级利用,使传热温差在最大限度内减少;第四,详细考虑低品质余热的利用方案,如材料耐腐蚀性、技术成熟度和经济效益状况等。

在低温余热回收利用过程中,应按照余热量、余热性质、显热潜热特性和用户需求等特性,选择合适的利用技术,以得到更好的回收效率、经济性和实际可行性。Wang 等提出新的经济指标,通过分析指标得到结论:对于低于 60 ℃的余热资源,当温度提升范围较低时,压缩式热泵是最适合的选择,当温度升高范围较大时,第一类吸收式热泵是更优的选择;但对于 60～95 ℃的余热热源,第二类吸收式热泵的性能表现最好。Tan 在比较不同类型热泵的能量和经济性时发现,当用户热量需求与余热热量的比值大于 0.5 时,压缩式热泵的能量性能更好;当比值小于 0.5 时,则应选择第二类吸收式热泵。当经济性一定,比值大于 0.7 时,选择蒸气喷射式热泵;反之,则选择第二类吸收式热泵。

3. 吸收式热泵技术研究现状

著名的卡诺循环原理在 1824 年被法国工程师卡诺提出,并奠定了热泵技术发展的理论基础,但是热泵技术在 20 世纪 70 年代世界能源危机以后才得到发展。直到今天,有超过 1.3 亿台的热泵机组在全球正常运行,供热总量超过了 4.7×10^{10} GJ/a。法国、瑞典和日本等国家主要生产以空气为热源的家用小型热泵,而德国和英国更注重在大型商业和公共建筑物的热回收系统中运用大型热泵装置。热泵使得日本全年能耗水平降至 20 世纪 80 年代初的 1/3 左右,空气源热泵可以满足民众全年日常生活中的采暖制热、空调制冷和热水供应等需求。

在研究热泵技术的过程中,中国通常会根据其工作原理进行分类,主要包括吸收式热泵、压缩式热泵和吸附式热泵。吸收式热泵通常可以发挥高温热源优势,提高低品位热源的利用效率,供热过程无污染。第一类吸收式热泵换热示意图如图 7.3 所示,其通过消耗部分高品位热能,回收利用大量低温余热,然后以中高温形式供给用户。第二类吸收式热泵换热示意图如图 7.4 所示,其在不供给其他高品位热源的情况下,通过输入的废热来驱动热泵系统运行,提高一部分热能的温度,将高温蒸气或者热水输送给热网用户,另一部分温度降低,被排放到环境中。Duarte 等建立了单级第二类吸收式热泵的效率模型,以循环比为自变量对热泵系统的效率和经济性目标进行了优化;Yu 等对第二类吸收式热泵的热负荷、效率及经济性等方面进行了优化分析。

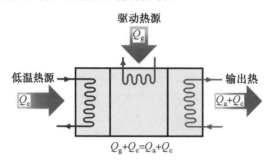

图 7.3　第一类吸收式热泵换热示意图

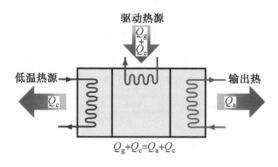

图 7.4　第二类吸收式热泵换热示意图

　　我国近年来吸收式热泵在建筑供热、温度转换、余热回收等方面取得了较快的进展。目前国内吸收式热泵在工业余热回收中的应用主要集中在 50 ℃左右的热循环水或 70～90 ℃低温蒸气中的热量及其他形式的废热,用于其他形式生产生活的需求。例如,程瑞等利用热泵技术对钢铁企业自备电厂的循环冷却水加以回收利用,给出余热回收系统的流程。研究表明,采用余热回收系统对循环冷却水进行回用于供暖,系统的 COP 值可达 1.64。薛岑等提出图 7.5 所示电厂余热吸收式回收系统,采用蒸气双效溴化锂吸收式热泵机组作为空调冷热源,对原有空调系统和热回收系统的运行能耗进行了模拟。结果表明,热回收占总收益的 48.1%,产生了很大的经济效益和社会效益。舒斌等针对热电联产机组,用反平衡算法对某厂 125 MW 热电联产机组进行了模拟,得到的结论为机组在接带吸收式热泵后供电煤耗下降约 70 g/(kW·h),验证了在热电联产机组使用热泵可以起到"降耗"的作用。热电联产机组热泵供热系统示意图如图 7.6 所示。

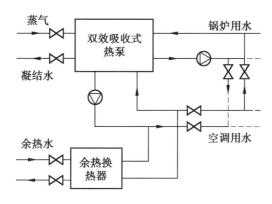

图 7.5　电厂余热吸收式回收系统

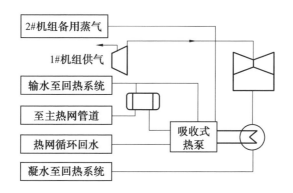

图 7.6　热电联产机组热泵供热系统示意图

　　由于系统存在不可逆损失,因此不可避免地会出现漏热损失、传热损失等问题,现有的理论热力循环模型并不能很好地反映吸收式热泵的真实运行状态。研究中通常都以稳态形式来计算吸收式热泵热力学模型,不能对参数改变引起的响应性能变化及系统的稳定性进行量化分析。未来吸收式热泵研究方向之一可能是建立动态的热力学模型。

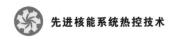

7.2 溴化锂吸收式热泵余热回收系统建模

7.2.1 第二类溴化锂吸收式热泵

第二类溴化锂吸收式热泵通过使用驱动热能将低温余热热能转移到输出热源。该热泵是利用工质水的蒸发冷凝,溴化锂溶液吸收及解析水蒸气的循环过程中的传热作用来达到这一目的。热泵不消耗高品位热源,可制取蒸气,也可以输出热水,回收成本周期较短。

在利用溴化锂吸收式热泵回收余热方面,国内外许多专家学者都进行了深入研究和分析。Jeong 等进行了动态模拟,考虑各种设计参数和操作条件,如换热面积、溶液循环速率、外部水的温度和流量等,提出了用于回收低温余热的吸收式热泵;Yang 等主要利用了 90~136 ℃ 范围内的废热,提出了用于低温废热回收的新型级联吸收变压器;Keil 等探索了在德国回收工业余热利用领域中成功利用溴化锂吸收式热泵技术的三个实施案例。

吸收式热泵技术在我国的发展始于 20 世纪 60 年代,但是由于当时经济条件和科学技术条件较为困难,因此进展缓慢。溴化锂热泵的出现为热泵市场带来了又一个春天。赵政权等拟合出了在相应温区下吸收温度、余热源初温和终温以及冷却水初温的经验关联式,解决了热泵热力计算量大且过程复杂的问题;胡玉峰等对热泵系统进行了改造,用一台溴化锂吸收式热泵机组替代了原来的一台电驱动螺杆式热泵机组,改造后的热泵机组运行稳定,具有较高的经济效益;王虹雅等建立了一种双效溴化锂吸收式热泵系统的数值模型,通过分析得到一个结论,即热泵系统的性能系数会随着蒸发器进口余热水的温度升高而提高。

随着我国对节能技术的不断重视,第二类吸收式热泵在废热处理中的地位越来越重要。截至目前,溴化锂吸收式热泵的相关研究主要分为三种:理论分析方法、仿真模拟法和现场实验法。理论分析方法联立了溴化锂溶液和水蒸气的相关参数及能量守恒原理,分析热泵循环的主要参数对其性能的影响。仿真模拟方法即编译计算机语言,建立模型并输入参数后进行仿真计算,以得到较为准确的性能数据曲线。现场实验法通过对已完工的热泵机进行调试实验,探究不同工况下机组的最佳工作参数和性能表现。

国内很多学者通过构建仿真模拟模型进行了一些相关参数的计算。吴永飞等构建了新型溴化锂吸收式热泵的相对集中稳态仿真模拟模型,并建立了一台

1∶1的原型样机,通过比较原型的实验数据和仿真模拟的数据,证实了仿真模拟的可行性,此外,他们还采用C++语言创建了一种热泵数据采集软件;杨莜静等分别在名义状态和实际状态两种状态下设计了一种模拟模型,采用现场试验的方法验证仿真的可行性;张学峰用 Matlab 中的仿真模块进行热泵建模,重点考查了单一工况下热泵的运行情况,并得出了系统吸收器和发生器交换热量的具体数值;赵迪等对分别对单效和双效第二类溴化锂吸收式热泵进行了分析,通过比较得到结论,双效吸收式热泵具有升温能力方面的优越性,而单效吸收式热泵具有更大的供热量和优异的热利用率。本书研究的第二类溴化锂吸收式热泵主要应用于热网供热,更需要的是热效率,因此选择单效吸收式热泵可以有效地降低成本,延长设备的使用寿命。

7.2.2　工质简介

1.吸收式热泵常用工质对

吸收式热泵系统使用的是由两种沸点不同的物质组成的二元溶液作为循环工质。其中,易挥发低沸点的物质用作制冷剂,高沸点物质用作吸收剂。目前,工业上使用最多的两种工质是溴化锂和氨。为确保吸收系统的工作性能,需要选择合适的工质对。吸收剂对制冷工质的要求是要有较强的吸收性,而制冷工质的选择既要考虑其热物理特性,也要考虑其理化特性(如毒性、易爆、环境污染等)。如果工作介质中的吸收剂有较大的吸附容量,则需要较少的吸收剂再循环,这不仅节约了热量,而且降低了各个装置的热负载,还降低了液体泵的动力。

根据工质对所含工质的种类,工质对大体可分为以下四种类型。

(1)水为制冷工质对。

在相同工况下,二元工质对中的溴化锂－水工质对,其 COP、生态学性能系数(ECOP)的数值是第二类吸收式热泵中的最高值。因为水的冰点为 0 ℃,所以在采用溴化锂－水工质对时,低温源的温度不能低于该温度,否则会导致设备构件内部结晶。

(2)氨为制冷工质对。

作为一种吸收剂,由于水对氨的强吸附特性,因此其在某些特定的尾气处理方面有很大的应用价值,还可以利用低温源,如零下的温度。然而,由于氨水的沸点差异较小,氨气在蒸发器内蒸发时往往会产生大量的水蒸气,对蒸气的纯度有一定的影响,因此需要精馏。通过对双效第二类吸收热泵的分析,得出氨－氮氧化锂系统比溴化锂－水的性能稍逊一筹,但其运行范围更大,抗温、抗压等干扰能力也更强。

（3）醇为制冷工质对。

甲醇类工质具有良好的热物理性能和稳定性，对金属无腐蚀性。然而，目前该类工质存在密度低、水蒸气压高、易燃、黏性大、易在气相中与吸收剂混和等缺点，限制了其应用范围。与之相比，乙醇制冷剂的工作性能稍差，但在低温下工作。由于乙醇对空气的吸收率较高，因此无须采用蒸馏工艺。但是，当采用醇溶液时，必须要考虑到结晶的可能性。Yin 等研究发现，在 150 ℃以下，溴化锂－水工质对比三氟乙醇系列的综合性能好，而输出温度在 150 ℃以上时则反之。

（4）氟利昂为制冷工质对。

氟利昂是一种无毒、无腐蚀性、化学稳定性好的工质，适合在 0 ℃以下太阳能制冷。目前常用的工质有氟利昂 22－二甲基甲酰胺、氟利昂 22－四甘醇二甲醚、氟利昂 22－酞酸二丁脂等。在较高的发生温度和较低的冷凝温度时，使用氟利昂 22－二甲基甲酰胺是最好的选择。此外，与氢氟烃制冷剂相比，CO_2 这种环境友好型工质是良好的替代品。

2. 一般特性

本书中所述的第二类吸收式热泵以水中溶解固体溴化锂制成的溴化锂水溶液作为工质，工质对中水为制冷剂，溴化锂溶液为吸收剂。溴化锂水溶液是一种无色透明液体，无毒，不会发生变质、分解或挥发，同时吸湿性良好，并且其蒸发温度和溶解温度在相同压力下比水的饱和温度高，溶液沸腾时几乎只有水产生水蒸气，极少带有溴化锂。因此，吸收式循环的工质用该溶液就不需要进行蒸馏，是比较理想的。水的价格低廉，取用方便，具有气化潜热大、无味、无毒、不爆炸、不易燃烧等优点，所以以此作为制冷剂。但常压下水具有很高的汽化温度，当降低汽化温度时，随之也会降低汽化压力，汽化比容会变得很大。

溴化锂溶液的溶解度随温度变化而变化，通过溴化锂溶液的焓－浓度图可以进行吸收式的热力循环计算，无论是饱和液态还是过冷液态溶液的比焓，都可以在图上用等温线与等含量线的交点求得。溴化锂溶液的焓－浓度图如图 7.7 所示（图中 1 mmHg＝133.32 Pa），结晶现象在温度过低或溶液的质量分数过高时都会出现，因此合理的放气范围是热泵正常运行的必要条件。在设计热泵操作工况时，溴化锂水溶液的质量分数应当在 45%～65%。为提升溴化锂溶液工质对性能，已经使用了不同的添加剂，乙二醇是成功的添加剂之一。当溴化锂和乙二醇的混合物质量比在 1∶4.5 时，能将溴化锂的溶解度从 70%提高到 80%左右，这在许多研究中都得到了广泛应用。

溴化锂溶液对普通金属有腐蚀作用，机组的运行安全、寿命及效率都与溶液的腐蚀性有很大的关系。在化学性质方面，溴化锂溶液对普通金属而言仍属于

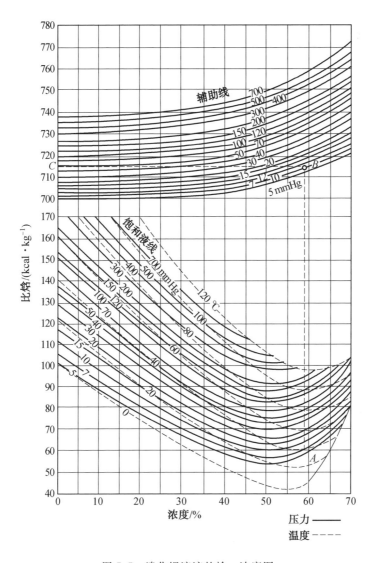

图 7.7　溴化锂溶液的焓－浓度图

一种有较强腐蚀性的介质。影响其腐蚀性的因素主要有以下几方面。

（1）在有氧气存在的情况下,腐蚀会加强。

（2）当溶液温度低于 165 ℃时,对金属的腐蚀性较小;但是在温度超过165 ℃时,对部分金属的腐蚀会急剧增大,如碳钢、金铜。常压下,溶液质量分数降低,腐蚀性也会加剧,但是在低压下,腐蚀性几乎不受质量分数的影响。

（3）当 pH 值为 9.0～10.5 时,碱性相对较弱,对金属的腐蚀不大。

（4）当整个系统的真空度较高且含氧量很少时，溶液对金属的腐蚀性几乎不受质量分数的影响。但是当发生泄漏时，系统内的含氧量升高，真空度下降。由于稀溶液中的氧溶解度比浓溶液大，因此在对金属的腐蚀性方面稀溶液要比同状态下浓溶液高。

防止溶液对金属的腐蚀主要有两种方法：一种方法是可以确保机组的高真空度，在机组停机时充入氮气，使机组一直处于高度真空状态；另一种方法是在溶液中加入有效的缓蚀剂，使其在换热管和设备表面形成细密的保护膜，比较常见的缓蚀剂有钼酸锂、铬酸锂和三氧化二砷等。

3. 溴化锂溶液热物理性质及关联式

工质的热物性参数是系统进行模拟计算的主要参照数据。因此，选取工质热物理关联式并进行适当的修正尤为重要。本书在计算时有一些数据必须通过查找溴化锂溶液的物性参数表加以校正。为方便计算并更准确地分析影响因素，分析热泵流程，编写如下物性参数。

（1）饱和水蒸气的压力。

$$p = e^{[9.4865 + 3892.7/(42.6676 - t - 273)]} \tag{7.1}$$

式中，p 为温度为 t 时饱和水蒸气的压力，单位为 Pa。

（2）溴化锂溶液的焓。

$$h = \sum_0^4 A_n X + t \sum_0^2 B_n X^n + t^2 \sum_0^2 C_n X^n + t^3 \sum_0^3 D_n X^n \tag{7.2}$$

式中，A_n、B_n、C_n、D_n 为回归系数（表 7.3）；h 为温度为 t 时溴化锂溶液的焓，单位为 kJ/kg；X 为溴化锂溶液的质量分数。

表 7.3　回归系数 1

n	0	1	2	3	4
A_n	−571.177 15	7 507.234	−3 037.366 8	28 037.366 8	−11 610.75
B_n	4.07	−5.123	2.297	—	—
C_n	4.96×10^{-4}	3.145×10^{-3}	-4.69×10^{-3}	—	—
D_n	-3.996×10^{-6}	$1.461 83 \times 10^{-6}$	4.189×10^{-6}	—	—

（3）饱和水的焓。

$$h_w = 4.186 8(1.001t - 0.01 + 100) \tag{7.3}$$

式中，h_w 为饱和水的焓，单位为 kJ/kg。

（4）溴化锂溶液的露点温度。

$$t_d = t' \sum_0^3 A_n X^n + \sum_0^3 B_n X^n \qquad (7.4)$$

式中，A_n、B_n 为回归系数（表 7.4）；t' 为在压力为 p 时，水的饱和温度，单位为 ℃；t_d 为在压力为 p 时，溴化锂溶液的饱和温度，单位为 ℃。

表 7.4　回归系数 2

n	0	1	2	3
A_n	0.770 033	0.014 545 5	$-2.639\ 06 \times 10^{-4}$	$2.276\ 09 \times 10^{-6}$
B_n	140.877	$-8.557\ 49$	0.167 09	$-8.826\ 41 \times 10^{-4}$

（5）饱和水蒸气的焓。

$$h_v = 1\ 997.845\ 6 + 0.985\ 8 \times 10^{-2} p \left(\frac{t}{100}\right)^2 + 0.300\ 3 \left(\frac{t}{100}\right)^3 -$$

$$58.502\ 4p \Big/ \left(\frac{t}{100}\right)^3 - 256\ 652.903\ 4p \Big/ \left(\frac{t}{100}\right)^{11} \qquad (7.5)$$

式中，h_v 为饱和水蒸气的焓，单位为 kJ/kg。

（6）溴化锂溶液的浓度。

$$X = \sum_0^3 A_n t'^n + t_d \sum_0^3 B_n t'^n + t_d^2 \sum_0^2 C_n t'^n + t_d^3 \sum_0^3 D_n t'^n \qquad (7.6)$$

式中，A_n、B_n、C_n、D_n 为回归系数（表 7.5）。

表 7.5　回归系数 3

n	0	1	2	3	4
A_n	0.310 57	-1.282×10^{-2}	$-1.731\ 2 \times 10^{-4}$	5.33×10^{-7}	—
B_n	1.232×10^{-2}	3.846×10^{-4}	$-7.145\ 7 \times 10^{-8}$	-5.73×10^{-9}	—
C_n	$-1.916\ 6 \times 10^{-4}$	-3.334×10^{-6}	5.312×10^{-8}	$-3.601\ 2 \times 10^{-10}$	$1.025\ 7 \times 10^{-12}$
D_n	$1.638\ 6 \times 10^{-6}$	$-2.150\ 5 \times 10^{-8}$	1.505×10^{-10}	-4.678×10^{-13}	

7.2.3　溴化锂吸收式热泵系统设计

第二类溴化锂吸收式热泵主要的换热组成部件有蒸发器、吸收器、冷凝器、发生器、节流阀及溶液泵，通过冷凝和吸收两个过程制热，并且在发生器与吸收器之间放置了溶液热交换器，以达到进一步提高效率的目的。当废热串联进入蒸发器和冷凝器时，溴化锂第二类吸收式热泵余热回收系统结构示意图如图7.8所示，系统中各符号说明见表7.6。

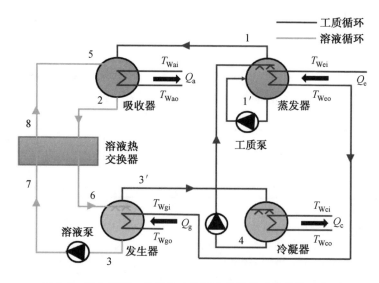

图 7.8　溴化锂第二类吸收式热泵余热回收系统结构示意图

表 7.6　系统中各符号说明

符号	说明
1	蒸发器中产生的水蒸气
$1'$	泵入蒸发器的冷却水
2	吸收器排除的溴化锂稀溶液
$3'$	溴化锂浓溶液在发生器中沸腾产生的水蒸气
3	发生器中浓缩的溴化锂浓溶液
4	冷凝器中冷凝后的冷却水
5	溴化锂浓溶液
6	节流后的溴化锂稀溶液
7	溴化锂稀溶液
8	溴化锂浓溶液
T_{Wei}/T_{Weo}	蒸发器进入/流出的废热水温度
T_{Wci}/T_{Wco}	冷凝器进入/流出的冷却水温度
T_{Wai}/T_{Wao}	吸收器进入/流出的热水温度
T_{Wgi}/T_{Wgo}	发生器进入/流出的废热水温度
Q_a	吸收器吸收热量
Q_e	蒸发器放出热量
Q_c	冷凝器放出热量
Q_g	发生器吸收热量

整个装置的循环主要分为溶液循环和工质循环两部分,具体循环如下。

(1)溶液循环部分。

温度较高的溴化锂稀溶液流出吸收器之后,在溶液热交换器中与从发生器流出来的低温浓溶液进行换热降温,经溶液阀进入发生器内闪蒸,降温变为饱和溶液。在发生器中,当驱动热源被加热后产生工质蒸气,发生过程结束时其变为溴化锂浓溶液。溴化锂浓溶液经浓溶液泵升压,在溶液换热器内吸收来自吸收器中稀溶液的热量而升温,然后进入吸收器吸热变为吸收压力的饱和溶液,再在吸收器中与来自蒸发器的蒸气混合,并放出热量给被加热水。在吸收过程结束后,溴化锂溶液变为稀溶液,准备开始进行下一轮循环。

(2)工质循环部分。

工质蒸气由发生器产生后,进入冷凝器,被低温冷源吸热后冷凝成饱和水,在工质泵升压后变为过冷液,进入蒸发器后先被驱动热源升温为饱和液,再进一步吸热汽化为工质蒸气,在吸收器中被吸收,同时随着稀溶液循环返回到发生器,准备开始下一轮循环。

装置中压力与温度的变化关系如图 7.9 所示。其中,循环 2－7－6－3－8－5－2 为制冷循环,循环 1－2－7－6－4－1 为动力循环。焓与质量分数关系如图 7.10 所示。可以看出,发生器和冷凝器的压力较低,吸收器和蒸发器的压力则相对较高。由于在相同压力下,水的温度比饱和溴化锂溶液温度低,因此冷凝器内温度最低,吸收器内温度最高。其结果为中温热源通过蒸发器和发生器,被转化成吸收器中的高温热量和冷凝器中的低温热量,从而达到获得高品位热能的目的。

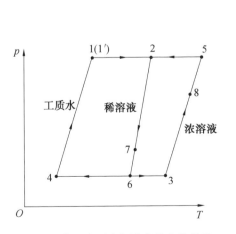

图 7.9　装置中压力与温度的变化关系

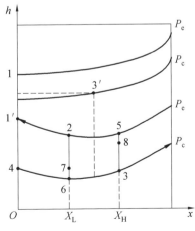

图 7.10　焓与质量分数关系

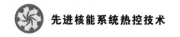

7.2.4 溴化锂第二类吸收式热泵系统建模

1. 设计条件假设

第二类溴化锂吸收式热泵循环特别复杂,涉及流体的相变,若按实际情况进行计算,系统模型十分复杂,大大增加了计算量,建模和求解都将难以进行。因此,在使系统保持一定精度条件下,做如下假设:

①系统处于稳定流动和热平衡状态;

②忽略和环境热交换,环境温度为 25 ℃;

③吸收器、发生器出口处的溴化锂溶液为饱和状态;

④吸收器、发生器出口处的工质水为饱和状态;

⑤忽略节流过程前后焓值变化;

⑥忽略泵功。

2. 建立计算模型

根据以上假设条件,联系第二类溴化锂吸收式热泵系统中各换热部件在运行时满足质量守恒和能量守恒,建立如下模型。

(1)整个系统。

由质量平衡有

$$m_2 X_L = m_3 X_H \tag{7.7}$$

式中,m 为循环流体的质量流量,单位为 kg·h^{-1};X_H 为溴化锂稀溶液质量分数;X_L 为溴化锂浓溶液质量分数。

由能量平衡有

$$Q_e + Q_c = Q_a + Q_g \tag{7.8}$$

(2)主要设备能量平衡方程。

蒸发器能量平衡方程为

$$Q_e = D(h_1 - h_4) = m_{We} C_p (T_{Wei} - T_{Weo}) \tag{7.9}$$

式中,D 为冷剂水的循环量,单位为 kg·h^{-1};C_p 为液体的比热容,单位为 kJ·kg^{-1}·℃$^{-1}$。

冷凝器能量平衡方程为

$$Q_c = D(h_3 - h_4) = m_{Wc} C_p (T_{Wci} - T_{Wco}) \tag{7.10}$$

吸收器能量平衡方程为

$$Q_a = m_H h_8 + D h_1 - m_L h_2 = m_{Wa} C_p (T_{Wai} - T_{Wao}) \tag{7.11}$$

发生器能量平衡方程为

$$Q_{g}=m_{H}h_{3}+Dh_{3'}-m_{L}h_{3}=m_{Wg}C_{p}(T_{Wgi}-T_{Wgo}) \tag{7.12}$$

溶液交换器能量平衡方程为

$$Q_{H}=m_{H}(h_{8}-h_{3})=m_{L}(h_{2}-h_{7}) \tag{7.13}$$

（3）主要设备质量平衡方程。

吸收器质量平衡方程为

$$m_{1}+m_{8}=m_{2} \tag{7.14}$$

发生器质量平衡方程为

$$m_{3}+m_{3'}=m_{7} \tag{7.15}$$

（4）溶液交换器传热效率。

$$\eta_{ex}=\frac{t_{8}-t_{3}}{t_{2}-t_{3}} \tag{7.16}$$

（5）各设备传热温差方程。

蒸发器传热温差方程为

$$t_{1}=T_{Weo}-\Delta t_{e} \tag{7.17}$$

冷凝器传热温差方程为

$$t_{4}=T_{Wco}-\Delta t_{c} \tag{7.18}$$

吸收器传热温差方程为

$$t_{2}=T_{Wao}-\Delta t_{a} \tag{7.19}$$

发生器传热温差方程为

$$t_{3}=T_{Wgo}-\Delta t_{g} \tag{7.20}$$

3. 常用参数

（1）性能系数 COP。

COP 表示余热利用的水平，本书中有用的余热主要指吸收器放出的热量。废热热量作为驱动热源，是系统消耗的热量，其体公式为

$$COP=\frac{Q_{a}}{Q_{e}+Q_{g}} \tag{7.21}$$

（2）循环倍率 a。

循环倍率 a 是指溴化锂第二类吸收式热泵系统中溴化锂稀溶液的质量流量与冷剂水的质量流量之比，即

$$a=\frac{m_{L}}{D}=\frac{\omega_{H}}{\omega_{H}-\omega_{L}} \tag{7.22}$$

（3）放气范围 ΔX。

放气范围 ΔX 是指溶液质量分数在吸收器进出口的差值，即溴化锂浓溶液

的质量分数与稀溶液的质量分数之差,有

$$\Delta X = X_H - X_L \tag{7.23}$$

(4)温升能力 ΔT。

温升能力 ΔT 是指溴化锂稀溶液温度与发生器出口溴化锂浓溶液温度和蒸发温度平均值之间的差值,即

$$\Delta T = t_2 - \frac{t_3 + t_1}{2} \tag{7.24}$$

4. 参数计算

已知废热源串联进入蒸发器和发生器,进入蒸发器、出发生器以及冷水进入和流出吸收器的温度已知,工质对为水-溴化锂。假设热水的产率为 10 t/h,各循环点参数计算如下。

(1)蒸发器。

假设发生器与蒸发器降温之比为 ν,则可推导出驱动热源出蒸发器温度,即

$$(T_{Weo} - T_{Wgo}) : (T_{Wei} - T_{Weo}) = \nu \tag{7.25}$$

$$T_{Weo} = \frac{\nu T_{Wei} + T_{Wgo}}{1 + \nu} \tag{7.26}$$

取工质蒸发温度(t_1)比驱动温度低 6 ℃,计算公式为

$$t_1 = t_{1'} = T_{Weo} - 6 \tag{7.27}$$

计算此温度下工质的蒸发压力,以及饱和液、饱和气的焓。

(2)吸收器。

取吸收器中的吸收压力近似等于蒸发器中工质的蒸发压力,取吸收器内溴化锂稀溶液最低温度比热水在吸收器出口处高 4.5 ℃,则吸收器出口处溴化锂稀溶液温度为

$$t_2 = T_{Wao} - 4.5 \tag{7.28}$$

通过查表得到稀溶液的浓度 X_L,并计算此处溴化锂溶液的焓值。

(3)发生器。

设定溴化锂浓溶液 X_H 与稀溶液 X_L 之差的最佳值。发生器中溶液的最高温度比驱动热源出口温度低 14.2 ℃,即

$$t_3 = T_{Wgo} - 14.2 \tag{7.29}$$

由浓溶液温度和已知浓度查表,得到发生压力 $P_c = P_4 = P_3$,查表得点 3 处焓值。发生器进口处稀溶液压力为 P_c,浓度为 X_L,查表得到 t_6 及此处焓值。

发生器中产生的工作蒸气的参数平均温度为

$$t_{3'} = (t_3 + t_6)/2 \tag{7.30}$$

计算此时压力。

(4)冷凝器。

近似认为冷凝集中工质的冷凝压力约等于发生器中浓度压力的发生压力，查表得到 t_4 及此处焓值。

(5)剩余点处温度。

吸收器进口处浓度为 X_H，查表可得 t_5 及此处焓值。

由溶液换热器回收率的定义可得

$$h_7 = h_2 - \eta_{ex}(h_2 - h_6) \tag{7.31}$$

由溶液换热器中浓溶液吸热与稀溶液放热的平衡可得

$$h_8 = h_3 + \frac{a}{a-1}(h_2 - h_7) \tag{7.32}$$

查表得到点 7 及点 8 的温度。

7.2.5　循环流程

1. 计算流程

要说明第二类溴化锂吸收式热泵余热回收系统的参数及公式有很多，需要根据循环流程，对设备内部和进出口参数进行一步一步的计算。当改变工作条件时，系统内的各项性能参数及装置的热负荷也会随之变化。计算流程如图 7.11 所示。在设计时，既要保证满足放气范围的要求，又要校核整个系统的热负荷，即当系统处于稳定状态时，输出系统与输入系统的能量相等。

2. 计算实例

装置采用图 7.3 所示结构，提供热网水温为 85 ℃，热水产率为 10 t/h，三回路回水温度为 65 ℃，驱动热源为工艺废水，工质对采用水－溴化锂，以最优 COP 为目标进行计算，计算获得模型的稳态结构，计算算例如下。

(1)算例 1。

参数如下：蒸发器、发生器、吸收器进口温度 T_{Wei}、T_{Wai}、T_{Wgi} 设置为 65 ℃；蒸发器出口温度 T_{Weo} 为 60 ℃；吸收器出口温度 T_{Wao} 为 85 ℃；发生器出口温度 T_{Wgo} 为 45 ℃；溶液热交换器效率 η_{ex} 设置为 0.8。算例 1 计算结果见表 7.7。

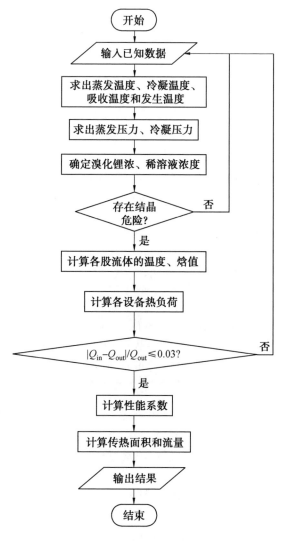

图 7.11　计算流程

表 7.7　算例 1 计算结果

状态点	温度/℃	压力/Pa	浓度	焓/(kJ·kg^{-1})
1	57.0	17 342	0	3 020.8
1′	57.0	17 342	0	657.5
2	89.5	17 342	0.524	389.8

续表7.7

状态点	温度/℃	压力/Pa	浓度	焓/(kJ·kg⁻¹)
3	42.0	969.1	0.584	279.6
3′	37.3	969.1	0	3 225.4
4	6.5	969.1	0	445.9
5	97.4	17 342	0.584	386.9
6	31.2	969.1	0.524	267.7
7	44.5	—	0.524	292.2
8	97.0	—	0.584	388.5

计算得到模型吸收器热负荷为 233.3 kW,蒸发器热负荷为 229.4 kW,发生器热负荷为 251.0 kW,冷凝器热负荷为 247.1 kW,COP 为 0.489,能量平衡误差为 1.9%,证明了模型的可行性。

(2)算例 2。

改变算例 1 中蒸发器出口废热水的温度 T_{weo} 为 50 ℃。算例 2 计算结果见表 7.8。

表 7.8　算例 2 计算结果

状态点	温度/℃	压力/Pa	浓度	焓/(kJ·kg⁻¹)
1	47	10 645.2	0	3 003.0
1′	47	10 645.2	0	615.6
2	89.5	10 645.2	0.576	373.1
3	42	922.6	0.596	279.6
3′	39.5	922.6	0	3 252.5
4	5.8	922.6	0	442.9
5	92.6	10 645.2	0.596	376.0
6	38.4	922.6	0.576	273.1
7	47.5	—	0.576	293.1
8	86.5	—	0.596	362.3

计算得到模型吸收器热负荷为 233.3 kW,蒸发器热负荷为 257.5 kW,发生器热负荷为 259.1 kW,冷凝器热负荷为 283.3 kW,COP 为 0.431,能量平衡误差为 0.9%。

（3）算例 3。

改变算例 1 中发生器出口废热水的温度 T_{wgo} 为 50 ℃，算例 3 计算结果见表 7.9。

表 7.9　算例 3 计算结果

状态点	温度/℃	压力/Pa	浓度	焓/(kJ·kg^{-1})
1	52	13 645.9	0	3 011.9
1′	52	13 645.9	0	636.6
2	89.5	13 645.9	0.550	379.8
3	47	966.4	0.610	289.7
3′	41.295	966.4	0	3 264.5
4	6.47	966.4	0	445.8
5	102.2	13 645.9	0.610	393.0
6	35.59	966.4	0.550	270.7
7	46.2	—	0.550	292.5
8	98.5	—	0.610	386.5

计算得到模型吸收器热负荷为 233.3 kW，蒸发器热负荷为 222.3 kW，发生器热负荷为 255.2 kW，冷凝器热负荷为 244.2 kW，COP 为 0.500，能量平衡误差为 0.2%。

（4）算例 4。

改变算例 1 中吸收器出口热水温度 T_{wao} 为 80 ℃，算例 4 计算结果见表 7.10。

表 7.10　算例 4 计算结果

状态点	温度/℃	压力/Pa	浓度	焓/(kJ·kg^{-1})
1	52	13 654.9	0	3 011.9
1′	52	13 654.9	0	6 366
2	84.5	13 654.9	0.526	378.3
3	42	958.8	0.586	279.6
3′	36.6	958.8	0	3 221.0
4	6.3	13 654.9	0	445.0
5	96.3	958.8	0.586	384.4
6	31.3	958.8	0.526	267.2
7	42	—	0.526	289.4
8	93	—	0.586	378.6

计算得到模型吸收器热负荷为 291.7 kW,蒸发器热负荷为 284.0 kW,发生器热负荷为 314.8 kW,冷凝器热负荷为 307.2 kW,COP 为 0.493,能量平衡误差为 0.6%。

7.3 热泵余热回收系统热力结果分析

7.3.1 工况参数对性能的影响

1. 蒸发器出口废热水温度对性能系数 COP、ΔT、ΔX 及 a 的影响

当三回路回水温度为 65 ℃,热泵提供热水温度为 85 ℃,发生器出口温度分别为 45 ℃和 47.5 ℃时,研究蒸发器出口废热水温度对系统性能的影响。蒸发器的蒸发温度与其出口的废热热水温度直接相关,所以改变蒸发温度对以上各参数有一定的影响,在曲线中有所体现。

蒸发器出口废热水温度对性能系数、放气范围和循环倍率的影响如图 7.12～7.14所示。

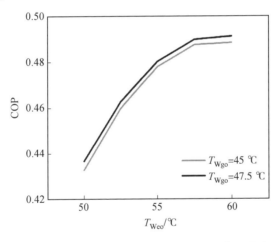

图 7.12 蒸发器出口废热水温度对性能系数的影响

提高蒸发温度使得 COP 增大的幅度先上升,然后逐渐平缓,ΔX 呈线性增大,a 则呈非线性降低,且幅度趋于平缓。这是因为蒸发温度的升高造成了蒸发器压力升高,吸收压力也随之升高,说明当吸收温度恒定时,溴化锂稀溶液的质量分数在吸收器出口处下降,使吸收器的吸收容量提高。

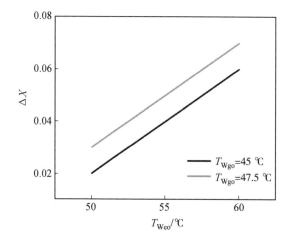

图 7.13　蒸发器出口废热水温度对放气范围的影响

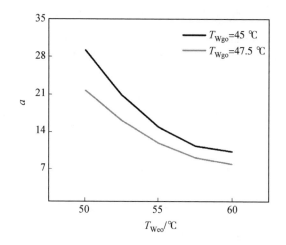

图 7.14　蒸发器出口废热水温度对循环倍率的影响

图 7.15 所示为蒸发器出口废热水温度对温升能力的影响。图中 ΔT 的趋势呈线性减小,这是因为在其他条件不变时,温升能力随着蒸发温度的升高而有所降低。

在此基础上,提出了进行热泵系统设计时可以采用提高蒸发器出口废热水温度的方法来改善系统的运行性能。但是,如果废热水的温度过高,则会影响到系统的温升能力,从而导致废热水的回收效率下降。

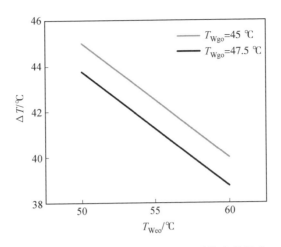

图 7.15　蒸发器出口废热水温度对温升能力的影响

2. 发生器出口废热水温度对 COP、ΔT、ΔX 及 a 的影响

当三回路回水温度为 65 ℃，发生器出口温度为 45 ℃，吸收器出口热水温度分别为 85 ℃ 和 90 ℃ 时，研究发生器出口废热水温度对系统性能的影响。因为发生温度与发生器出口处废热水温度有直接关系，所以改变发生温度对上述各参数有一定的影响，并在曲线上有所体现。发生器出口废热水温度对性能系数、放气范围、循环倍率和温升能力的影响如图 7.16～7.19 所示。

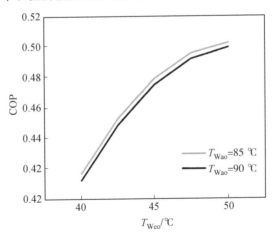

图 7.16　发生器出口废热水温度对性能系数的影响

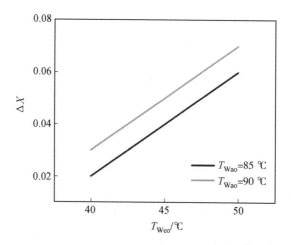

图 7.17　发生器出口废热水温度对放气范围的影响

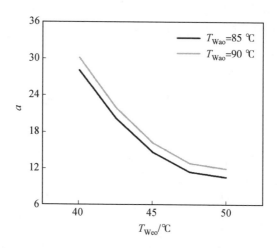

图 7.18　发生器出口废热水温度对循环倍率的影响

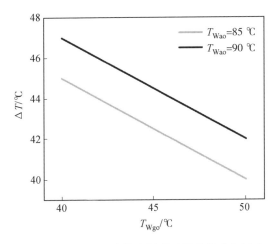

图 7.19　发生器出口废热水温度对温升能力的影响

在其他条件相同的情况下,改变发生温度对系统性能系数、放气范围和循环倍率的影响。结果表明,在其他条件相同的情况下,系统的 COP 随着发生温度升高而逐渐升高,a 呈非线性减小,ΔX 呈线性增大,说明发生器出口溴化锂浓溶液的质量分数因发生温度的上升而增加,使得发生器的发生效果增强,扩大了放气范围,降低了循环倍率,系统的性能系数也随之升高。ΔT 呈线性减小,是因为系统的温升能力随着吸收器出口的废热水温度升高而下降,利用效率降低。

通过以上分析可知,与蒸发器一样,热泵在设计时应该综合考虑发生器出口废热水的温度对系统性能系数和温升能力的影响。

3.吸收器出口热水温度对 COP、ΔT、ΔX 及 a 的影响

当三回路回水温度为 65 ℃,发生器出口温度为 45 ℃,冷凝器出口冷却水分别为 8 ℃和 10 ℃时,研究吸收器出口热水温度系统性能的影响。第二类溴化锂吸收式热泵系统向热网输出的热水即为从吸收器出口排出的热水。由于吸收温度与吸收器出口热水温度有直接联系,因此吸收温度对以上参数的影响在曲线中有所体现。吸收器出口热水温度对性能系数、放气范围、循环倍率和温升能力的影响如图 7.20~7.23 所示。

可以得出,吸收器出口处的溴化锂稀溶液质量分数因为吸收温度的升高而增大,降低了吸收器的吸收效率,因此循环倍率升高,放气范围减小,系统的性能系数降低。图 7.23 中,ΔT 呈线性增大,这是因为当其他参数恒定时,系统的温升能力随着吸收器出口的热水温度升高而变大。

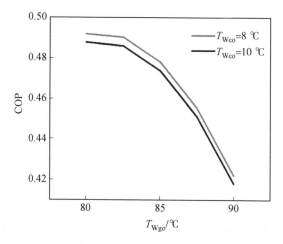

图 7.20 吸收器出口热水温度对性能系数的影响

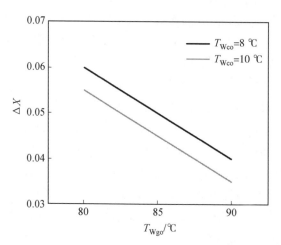

图 7.21 吸收器出口热水温度对放气范围的影响

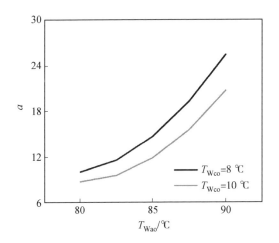

图 7.22　吸收器出口热水温度对循环倍率的影响

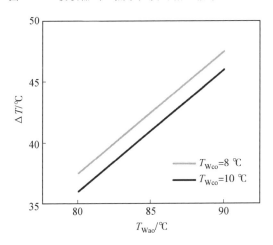

图 7.23　吸收器出口热水温度对温升能力的影响

在进行热泵系统设计时,在满足提供的热水温度达到使用要求的情况下,应使热水的温度降低,从而保证系统的性能系数。当吸收器出口热水温度升高时,余热的利用效率将得到更好的提升,但是要考虑到此时会降低一部分系统的性能系数。

4. 冷凝器出口冷却水温度对 COP、ΔT、ΔX 及 a 的影响

当热泵提供热水温度为 85 ℃,发生器出口废热水温度为 45 ℃,蒸发器出口热水温度分别为 55 ℃ 和 60 ℃ 时,研究冷凝器出口冷却水温度对系统性能的影响。由于冷凝温度与出口冷却水温度有直接关系,因此冷凝温度对上述参数的

先进核能系统热控技术

影响在曲线中也有所体现。冷凝器出口冷却水温度对性能系数、放气范围、循环倍率和温升能力的影响如图 7.24～7.27 所示。

在其他条件相同的情况下,改变冷凝温度对系统性能系数、放气范围和循环倍率的影响。可以看出,随着冷凝温度升高,系统的 COP 逐渐减小,ΔX 线性减小,a 非线性增大。这表明冷凝压力随着冷凝温度的增加而增加,从而引起发生压力的增大。在发生温度恒定时,发生器出口溴化锂浓溶液的质量分数随着发生能力减弱而降低,循环倍率上升。图 7.27 中,ΔT 保持不变,这是因为在其他设计条件不变时,发生器内的传热温差会因为冷凝温度降低而增大,但对吸收器内的吸收温度没有什么影响,冷凝器出口冷却水的温度不会影响系统的温升能力。

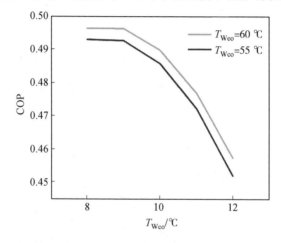

图 7.24 冷凝器出口冷却水温度对性能系数的影响

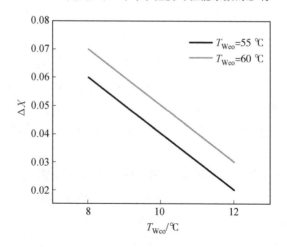

图 7.25 冷凝器出口冷却水温度对放气范围的影响

272

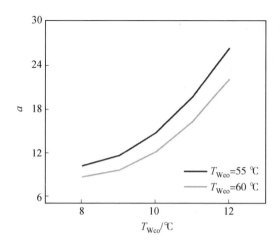

图 7.26　冷凝器出口冷却水温度对循环倍率的影响

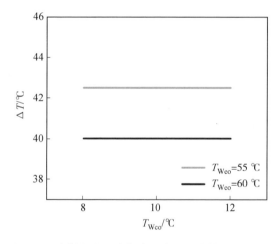

图 7.27　冷凝器出口冷却水温度对温升能力的影响

　　通过上述分析可知,在设计热泵时,可采用降低冷却水温度的方法来改善系统的性能。但需要注意,当温度过低时,由于溴化锂溶液质量分数相差太大,因此发生器出口浓溶液的质量分数会升高,从而产生结晶现象。此外,废热水的温度影响着发生器的温度,但其温升也不会发生变化。因此,在进行系统设计时,应该严格控制溶液发生的起始温度和结晶温度在一定的范围内,防止结晶的形成。

7.3.2 主要设备换热面积计算

1. 主要部件传热系数

吸收式热泵装置的五大部件是吸收器、发生器、蒸发器、冷凝器及溶液热交换器。机组中换热器的形式随着制冷机和吸收式热泵在我国的迅速发展和大量应用而变得越来越多样化。针对第二类溴化锂吸收式热泵系统，采用降膜式传热技术可以实现低温差、低液相条件下的高热流密度、高质量传热，尤其是沿水平圆管内壁上的降膜流动具有更好的液体传热性能。因此，采用水平降膜传热设备为第二类溴化锂吸收式热泵系统的主要设备换热，而采用常见的套管式换热器作为溶液热交换器，其中所有的换热管都采用紫铜管。

传热系数 K 的取值与诸多因素相关，而由于降膜式传热是传热、传质和流动三个环节相互影响、相互耦合的过程，过程非常复杂，因此换热系数难以直接测定。例如，流体的流速、不凝性气体的多少、喷淋雾化的程度、换热管的布置情况等都会影响取值大小。在设计计算传热面积和流速时，通常先设定一个 K 的经验值，完成计算后再次返回计算 K 值来检验所选值的合理性，若误差较大，则应当进行修正，然后重新进行计算。各换热器设备设计的 K 值见表 7.11。

表 7.11 各换热器设备设计的 K 值

换热设备	K 的取值范围/$(W \cdot m^2 \cdot ℃^{-1})$	K 的取值/$(W \cdot m^2 \cdot ℃^{-1})$
吸收器	1 000～1 300	1 200
发生器	1 000～2 000	1 500
蒸发器	2 000～3 000	2 200
冷凝器	3 000～5 000	3 500
溶液热交换器	400～600	500

2. 设备传热面积计算

在进行第二类溴化锂吸收式热泵余热回收系统设计计算时，如何准确地计算每一种换热器的传热面积，关键在于确定其合理的传热系数。本书根据索柯洛夫近似特性方程对换热器进行换热设计，即

$$\frac{Q}{\Delta} = \frac{1}{\dfrac{\alpha}{GC_L} + \dfrac{\beta}{GC_s} + \dfrac{1}{KA}} \tag{7.33}$$

式中，A 为传热面积，单位为 m^2；Q 为传热量，单位为 W；K 为传热系数，单位为

$W \cdot m^{-2} \cdot °C^{-1}$；$\Delta$ 为换热器中进行热交换的冷热两流体间最大温差,单位为 $°C$；α、β 为常数,不同流动状态下的 α 和 β 值见表7.12。

表7.12 不同流动状态下的 α 和 β 值

流动方式	顺流	逆流	交错流	
α	0.65	0.35	0.425	0.5
β	0.65	0.65	0.65	0.65
备注	—	—	两种流体均做 交叉流动	一种流体做 交叉流动

经简化后的公式为

$$A = \frac{Q}{K(\Delta - \alpha \Delta t_\alpha - \beta \Delta t_\beta)} \tag{7.34}$$

式中,Δt_α 为换热器中温度变换较小流体温度变化,单位为 $°C$；Δt_β 为换热器中温度变换较大流体温度变化,单位为 $°C$。

若只有一种流体发生相变,则 $\Delta t_\alpha = 0$,式(7.34)变为

$$A = \frac{Q}{K(\Delta - \beta \Delta t_\beta)} \tag{7.35}$$

各主要部件的传热面积分别计算如下。

(1)蒸发器。

冷却水与废热水之间的换热在蒸发器内进行,壳程的冷却水侧发生相变,具体表现为废热水的热量在壳程中被冷却水吸收,冷却水蒸发形成冷剂蒸气。因此,设冷剂水为流体 α,$\Delta t_\alpha = 0$,在经过蒸发器后废热水温度降低,将提供热量的废热水作为流体 β。根据式(7.35)得蒸发器的传热面积为

$$A_e = \frac{Q_e}{K_e\left[(T_{Wei} - t_1) - 0.65(T_{Wei} - T_{Weo})\right]} \tag{7.36}$$

式中,A_e 为蒸发器传热面积,单位为 m^2；K_e 为蒸发器传热系数,单位为 $W \cdot m^{-2} \cdot °C^{-1}$。

(2)吸收器。

在吸收器中,物质与热量的传递同时进行。浓密的溴化锂浓溶液被喷淋到管束上,在管束上形成一层薄薄的液体膜,然后依次流至下方的管束。浓溶液的一层薄膜包覆在管的表面,且水蒸气围绕在四周。管内冷却水通过流动带走溶液热量,使得溶液薄膜表面的饱和压力比管束周围水蒸气的压力低,水受到压强作用渗入溶液中,形成了溴化锂稀溶液。在这个过程中,主要放出蒸发热量和吸

收热量,说明溴化锂溶液侧在此换热设备中发生了部分相变。为利用式(7.34)计算吸收器的传热面积,有必要计算溶液侧的等价比热。吸收器换热量除以稀溶液的循环量 G_1,并将 $G_1 = CR \cdot D$ 代入整理得

$$Q_a/G_1 = \left[\frac{(CR-1)h_8}{CR}\right] + \frac{h_1}{CR} - h_2 = (h_8 - h_2) + \frac{h_1 - h_8}{CR} \tag{7.37}$$

由图 2.2 所示,将进入吸收器的溶液加热至 t_5,所述的吸收作用从点 5 开始,最终流出吸收器的溶液的温度为 t_2。这种情况下,换热带走的热量主要是通过吸收过程放出的,此时放出的热量只占总传热量的 3%~6%。这样,由吸收器中溶液所放出的热量大约等于从温度 t_5 到 t_2 时溶液所放出的热量。因此,溶液在吸收器的等价比热表达式为

$$C_A = \frac{(h_8 - h_2) + \dfrac{h_1 - h_8}{CR}}{t_5 - t_2} \tag{7.38}$$

当 $G_{w1} C_{w1} < G_1 C_A$ 时,有

$$A_a = \frac{Q_a}{K_a \left[(t_5 - T_{wai}) - 0.5(t_5 - t_2) - 0.65(T_{wao} - T_{wai})\right]} \tag{7.39}$$

当 $G_{w1} C_{w1} > G_1 C_A$ 时,有

$$A_a = \frac{Q_a}{K_a \left[(t_5 - T_{wai}) - 0.5(T_{wao} - T_{wai}) - 0.65(t_5 - t_2)\right]} \tag{7.40}$$

式中,A_a 为吸收器换热面积,单位为 m^2;K_a 为吸收器换热系数,单位为 $W \cdot m^{-2} \cdot ℃^{-1}$;$G$ 为吸收器循环热水的流量,单位为 $kg \cdot h^{-1}$。

(3)发生器。

在发生器中,在管束上用溴化锂稀溶液喷淋,在表面形成一层薄薄的液膜,其余的溶液流到下排管束。管内废热水放出热量,被覆盖在管子上的液膜吸收,经过蒸发浓缩后形成水蒸气和溴化锂浓溶液。因此,溶液侧在发生器中也发生着部分的相变,计算过程同吸收器。

进入发生器后,溴化锂稀溶液的温度因节流作用而降至 t_6,发生过程结束,浓溶液在发生器出口处的温度为 t_3。因此,溶液的发生过程在发生器中主要体现在溴化锂溶液的换热量,这时可以把加入所有发生器内的热量都投入溶液中,使其温度从 t_6 上升到 t_3。溶液在发生器中的等价比热可以表示如下。

当 $G_{w2} C_{w2} < G_1 C_A$ 时,有

$$A_g = \frac{Q_g}{K_g \left[(T_{wgi} - t_6) - 0.5(t_3 - t_6) - 0.65(T_{wgi} - T_{wgo})\right]} \tag{7.41}$$

当 $G_{w2} C_{w2} > G_1 C_A$ 时,有

$$A_{\mathrm{g}}=\frac{Q_{\mathrm{g}}}{K_{\mathrm{g}}\left[\left(T_{\mathrm{Wgi}}-t_6\right)-0.5\left(T_{\mathrm{Wgi}}-T_{\mathrm{Wgo}}\right)-0.65\left(t_3-t_6\right)\right]} \qquad (7.42)$$

式中，A_{g} 为发生器换热面积，单位为 m^2；K_{g} 为发生器换热系数，单位为 $\mathrm{W \cdot m^{-2} \cdot {}^{\circ}\!C^{-1}}$。

（4）冷凝器。

在冷凝器中，两种流体之间的传热主要是由制冷剂蒸气在过热时释放出的热量转化为液态水而产生的相变。发生器出来的水蒸气进入冷凝器后变成过热蒸气，因为它的显热相较于潜热来说很小，所以可以把它看作这个压力下的干饱和蒸气进入冷凝器。因此，选制冷剂蒸气为流体 α，$\Delta t_\alpha = 0$。冷凝器中冷却水为流体 β。得到冷凝器的换热面积为

$$A_{\mathrm{c}}=\frac{Q_{\mathrm{c}}}{K_{\mathrm{c}}\left[\left(t_4-T_{\mathrm{Wci}}\right)-0.65\left(T_{\mathrm{Wco}}-T_{\mathrm{Wci}}\right)\right]} \qquad (7.43)$$

式中，A_{c} 为冷凝器换热面积，单位为 m^2；K_{c} 为冷凝器换热系数，单位为 $\mathrm{W \cdot m^{-2} \cdot {}^{\circ}\!C^{-1}}$。

（5）溶液热交换器。

由于在溶液热交换器中主要由溴化锂稀溶液和浓溶液进行换热，因此可以用式（7.34）计算。在设计系统时，该装置采用了套管式换热器，溴化锂浓溶液和稀溶液是以逆流的形式进行热交换的，故常数 α 取 0.35。因为稀溶液的流量和比热都大于浓溶液，也就是它的 GC 值较大，所以得到溶液热交换器的换热面积为

$$A_{\mathrm{ex}}=\frac{Q_{\mathrm{ex}}}{K_{\mathrm{ex}}\left[\left(t_2-t_3\right)-0.35\left(t_2-t_7\right)-0.65\left(t_8-t_3\right)\right]} \qquad (7.44)$$

式中，A_{ex} 为冷凝器换热面积，单位为 m^2；K_{ex} 为冷凝器换热系数，单位为 $\mathrm{W \cdot m^{-2} \cdot {}^{\circ}\!C^{-1}}$。

（6）机组总传热面积。

$$A=A_{\mathrm{e}}+A_{\mathrm{a}}+A_{\mathrm{c}}+A_{\mathrm{g}}+A_{\mathrm{ex}} \qquad (7.45)$$

7.3.3　热泵余热回收系统优化设计

1. 响应面分析

单个因素对于第二类溴化锂吸收式热泵余热回收系统的影响在 7.3.1 节中已进行了详细分析，但还未对系统综合性的参数设计进行评价。为更全面地探究其对系统 COP 的影响，得到经济性更高的设计面积，现进行响应面优化实验。

根据单因素实验结果，给定温度范围见表 7.13。

表 7.13　温度范围

	蒸发温度	吸收温度	发生温度	冷凝温度
最低温度/℃	50	80	40	8
最高温度/℃	60	90	50	12

(1)性能系数 COP。

运用 Design－export 13 软件对性能系数 COP 进行分析,得到二次多项式回归方程为

$$COP = 0.477\,5 + 0.027\,9T_{We} + 0.034\,5T_{Wg} - 0.018\,9T_{Wa} - 0.005\,5T_{Wc} -$$
$$0.013\,8T_{We}T_{Wg} + 0.011\,9T_{Wg}T_{Wa} - 0.019\,4T_{We}^2 - 0.012\,2T_{Wg}^2 -$$
$$0.001\,6T_{Wa}^2 + 0.027\,8T_{Wc}^2 \tag{7.46}$$

式中,T_{We} 为蒸发温度,单位为℃;T_{Wg} 为发生温度,单位为℃;T_{Wa} 为吸收温度,单位为℃;T_{Wc} 为冷凝温度,单位为℃。

回归模型 1 方差分析结果见表 7.14。可以看出,当 $P<0.01$ 时,模型极其显著,失拟项不显著(即 $P=0.866\,0>0.05$),表示方程的拟合程度较好。由 P 值可知,一次项 T_{We}、T_{Wg},二次项 T_{We}^2、T_{Wc}^2 都极其影响热泵系统性能。由 F 值可以看出,在四个影响因素中,发生温度对系统性能影响最大,蒸发温度和吸收温度次之,冷凝温度影响最小。决定系数 $R^2=0.828\,4$,说明实际值与预测值相关性较高。因此,该方程可以较好地反映在热泵系统设计中各因素与响应值的关系,并预测最佳性能系数。

表 7.14　回归模型 1 方差分析结果

方差来源	平方和	自由度	均方	F 值	P 值	显著性
模型	0.017 8	10	0.001 8	8.69	$<0.000\,1$	＊＊
T_{We}	0.002 0	1	0.002 0	9.54	0.006 3	＊＊
T_{Wg}	0.003 8	1	0.003 8	18.50	0.000 4	＊＊
T_{Wa}	0.001 3	1	0.001 3	6.13	0.023 5	＊
T_{Wc}	0.000 1	1	0.000 1	0.371 3	0.549 9	
$T_{We}T_{Wg}$	0.000 1	1	0.000 1	0.268 0	0.611 0	
$T_{Wg}T_{Wa}$	0.000 2	1	0.000 2	0.867 2	0.364 1	
T_{We}^2	0.001 1	1	0.001 1	5.60	0.029 3	＊
T_{Wg}^2	0.000 4	1	0.000 4	1.98	0.176 8	

续表 7.14

方差来源	平方和	自由度	均方	F 值	P 值	显著性
T_{Wa}^2	7.557×10^{-6}	1	7.557×10^{-6}	0.037 0	0.849 7	
T_{Wc}^2	0.001 3	1	0.001 3	6.46	0.020 4	*
残差	0.003 7	18	0.000 2	—	—	
失拟项	0.001 8	12	0.000 2	0.483 8	0.866 0	
纯误差	0.001 9	6	0.000 3	—	—	
总和	0.021 4	28	—	—	—	
R^2	0.828 4	—	—	—	—	
R_{Adj}^2	0.733 0	—	—	—	—	

注：* 表示差异显著（$P<0.05$）；* * 表示差异极其显著（$P<0.01$）。

运用 Design－export 13 软件做出四种影响因素交互作用对第二类溴化锂吸收式热泵余热回收系统 COP 影响的等高曲线图和响应曲面图,如图 7.28 所示。在响应曲面图上,等高线位于水平方向且整体呈现椭圆形,表示两因素间有显著的交互作用,并且响应曲面越陡峭,反映出该因素对热泵性能系数影响越大。通过综合分析,可以得出蒸发温度与发生温度、蒸发温度与吸收温度的交互作用显著。

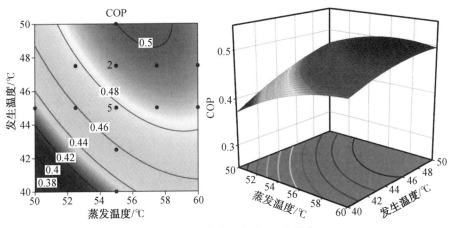

(a) 蒸发温度和发生温度对COP的影响

图 7.28　四种影响因素交互作用对第二类溴化锂吸收式热泵余热回收系统 COP 影响的等高曲线图和响应曲面图

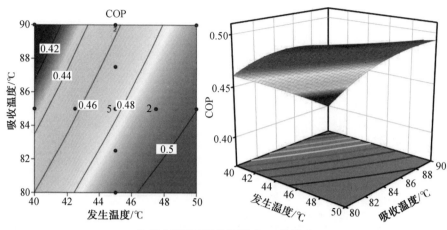

(b)发生温度和吸收温度对COP的影响

续图 7.28

（2）换热面积 A。

运用 Design—export 13 软件对第二类溴化锂吸收式热泵余热回收系统换热面积 A 进行分析，得到二次多项式回归方程为

$$A = 47.71 - 13.17T_{we} + 16.88T_{wa} - 14.73T_{wg} + 19.60T_{wc} -$$
$$0.268\ 1T_{we}T_{wg} + 5.73T_{wa}T_{wg} + 2.47T_{we}^2 - 9.83T_{wa}^2 -$$
$$9.44T_{wg}^2 - 6.04T_{wc}^2 \qquad (7.47)$$

回归模型 2 方差分析结果见表 7.15。表中数据显示，当 $P < 0.000\ 1$ 时，模型极其显著，失拟项不显著（即 $P = 0.385\ 2 > 0.05$），表示方程的拟合程度较好。由 P 值可知，所有一次项和二次项 T_{wa}^2 和 T_{wg}^2 都极其影响热泵换热面积。由 F 值可以看出，在四个影响因素中，发生温度对换热面积影响最大，冷凝温度和吸收温度次之，蒸发温度影响最小。决定系数 $R^2 = 0.937\ 0$，说明实际值和预测值相关性较高。因此，该方程可以较好地反映在热泵系统设计换热面积时各因素与响应值的关系，并预测最佳性能系数。

表 7.15　回归模型 2 方差分析结果

方差来源	平方和	自由度	均方	F 值	P 值	显著性
模型	3 982.22	10	398.22	26.76	$< 0.000\ 1$	＊＊
T_{we}	433.39	1	433.39	29.12	$< 0.000\ 1$	＊＊
T_{wa}	1 071.55	1	1 071.55	72.00	$< 0.000\ 1$	＊＊
T_{wg}	711.81	1	711.81	47.83	$< 0.000\ 1$	＊＊

续表 7. 15

方差来源	平方和	自由度	均方	F 值	P 值	显著性
T_{Wc}	960.54	1	960.54	64.54	＜ 0.000 1	＊＊
$T_{We}T_{Wg}$	0.022 5	1	0.022 5	0.001 5	0.969 4	
$T_{Wa}T_{Wg}$	46.58	1	46.58	3.13	0.093 8	
T_{We}^2	16.61	1	16.61	1.12	0.304 8	
T_{Wa}^2	264.40	1	264.40	17.76	0.000 5	＊＊
T_{Wg}^2	244.15	1	244.15	16.40	0.000 8	＊＊
T_{Wc}^2	59.31	1	59.31	3.99	0.061 3	
残差	267.90	18	14.88	—	—	
失拟项	224.12	14	16.01	1.46	0.385 2	
纯误差	43.79	4	10.95	—	—	
总和	4 250.13	28	—	—	—	
R^2	0.937 0	—	—	—	—	
R^2_{Adj}	9 019	—	—	—	—	

注：＊表示差异显著(P＜0.05)；＊＊表示差异极其显著(P＜0.01)。

运用 Design－export 13 软件做出四种影响因素交互作用对第二类溴化锂吸收式热泵余热回收系统换热面积 A 影响的等高曲线图和响应曲面图,如图 7.29 所示。等高曲线位于水平方向,两图均呈现出椭圆形,表示两因素间有显著的交互作用。蒸发温度和发生温度的响应曲面陡峭,反映出该交互作用对热泵余热回收系统换热面积影响更大。

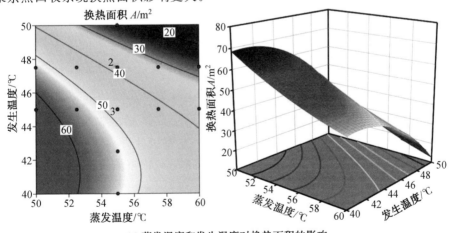

(a)蒸发温度和发生温度对换热面积的影响

图 7.29　四种影响因素交互作用对第二类溴化锂吸收式热泵余热回收系统换热面积 A 影响的等高曲线图和响应曲面图

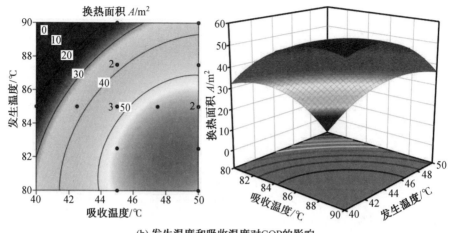

(b)发生温度和吸收温度对COP的影响

续图 7.29

(3)评价参数 EP。

对于经济性的影响,要综合考虑溴化锂热泵系统的性能系数和面积,因此设定一个评价参数 EP 为

$$EP = \frac{COP}{A} \quad (7.48)$$

EP 越大,对于系统经济性越好。

运用 Design－export 13 软件对第二类溴化锂吸收式热泵余热回收系统评价参数 EP 进行分析,得到二次多项式回归方程为

$$EP = 0.010\ 1 + 0.003\ 6T_{we} + 0.006\ 8T_{wa} + 0.005\ 3T_{wg} - 0.006\ 9T_{wc} +$$
$$0.001\ 9T_{we}T_{wg} - 0.002\ 1T_{wa}T_{wg} - 0.000\ 3T_{we}^2 + 0.004\ 9T_{wa}^2 +$$
$$0.003\ 1T_{wg}^2 + 0.005\ 3T_{wc}^2 \quad (7.49)$$

回归模型 3 方差分析结果见表 7.16。表中数据显示,当 $P < 0.000\ 1$ 时,模型极其显著,失拟项不显著(即 $P = 0.440\ 1 > 0.05$),表示方程的拟合程度较好。由 P 值可知,所有一次项和二次项 T_{wa}^2、T_{wg}^2、T_{wc}^2 都极其影响热泵评价参数。由 EP 值可以看出,在四个影响因素中,吸收温度对 EP 影响最大,冷凝温度和发生温度次之,蒸发温度影响最小。决定系数 $R^2 = 0.955\ 9$,说明实际值和预测值相关性较高。因此,该方程可以较好地反映在考虑热泵系统经济性时各因素与响应值的关系,并预测最佳性能系数。

表 7.16　回归模型 3 方差分析结果

方差来源	平方和	自由度	均方	F 值	P 值	显著性
模型	0.000 5	10	0.000 1	39.02	< 0.000 1	* *
T_{We}	0.000 0	1	0.000 0	23.58	0.000 1	* *
T_{Wa}	0.000 2	1	0.000 2	128.05	< 0.000 1	* *
T_{Wg}	0.000 1	1	0.000 1	66.58	< 0.000 1	* *
T_{Wc}	0.000 1	1	0.000 1	87.54	< 0.000 1	
$T_{We}T_{Wg}$	1.168×10^{-6}	1	1.168×10^{-6}	0.859 3	0.366 2	
$T_{Wa}T_{Wg}$	6.068×10^{-6}	1	6.068×10^{-6}	4.46	0.048 9	*
T_{We}^2	2.202×10^{-7}	1	2.202×10^{-7}	0.161 9	0.692 1	
T_{Wa}^2	0.000 1	1	0.000 1	47.47	< 0.000 1	* *
T_{Wg}^2	0.000 0	1	0.000 0	19.77	0.000 3	* *
T_{Wc}^2	0.000 0	1	0.000 0	33.81	< 0.000 1	* *
残差	0.000 0	18	1.360×10^{-6}	—	—	
失拟项	0.000 0	14	1.432×10^{-6}	1.29	0.440 1	
纯误差	4.433×10^{-6}	4	1.108×10^{-6}	—	—	
总和	0.000 6	28	—	—	—	
R^2	0.955 9			—	—	
R_{Adj}^2	0.931 4			—	—	

注：* 表示差异显著($P<0.05$)；* * 表示差异极其显著($P<0.01$)。

运用 Design—export 13 软件做出四种影响因素交互作用对第二类溴化锂吸收式热泵余热回收系统评价参数 EP 影响的等高曲线图和响应曲面图，如图 7.30 所示。蒸发温度和发生温度的响应曲面陡峭，反映出该因素对热泵性能系数影响较大。

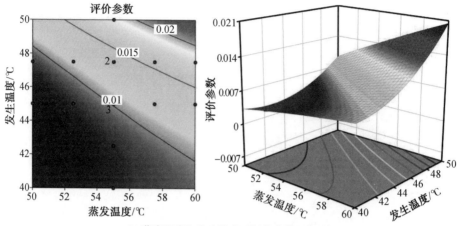

(a) 蒸发温度和发生温度对评价参数的影响

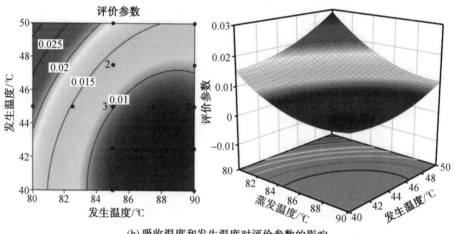

(b) 吸收温度和发生温度对评价参数的影响

图 7.30　四种影响因素交互作用对第二类溴化锂吸收式热泵余热回收系统评价参数 EP 影响的等高曲线图和响应曲面图

2. 遗传算法

　　实际优化设计问题大多数是多元非线性函数求极值问题,通常是在极值点附近用泰勒展开式得到二次多项式的方法来逼近,以此达到简化复杂优化问题的目的。如果目标函数是多元函数,则主要有两大类优化方法:第一类是解析法,如梯度法、牛顿法、共轭梯度法等;第一类是直接法,如坐标轮换法、模式搜索法、方向加速法等。运用上述传统方法进行复杂的热泵系统在优化时存在以下困难:若没有一定的原则或理论进行初值选取,会带有很大的偶然性;如果在选代过程中直接或间接地涉及牛顿迭代,参数很有可能会超出相应的应用范围,造成发散;当进行多参数组合的优化时,容易出现不收敛或不能保证收敛到全局最佳值。

GA 是在 20 世纪六七十年代提出的。GA 主要是基于达尔文进化论和孟德尔遗传学说,通过模仿自然选择和繁殖的过程进行群体搜索策略和个体的信息交换。GA 优化过程如图 7.31 所示,主要步骤为对参数进行初始化,在适应度评估后随机产生一个规定长度的初始种群,然后进行选择、交叉、变异等过程,直到输出满足条件的结果为止。

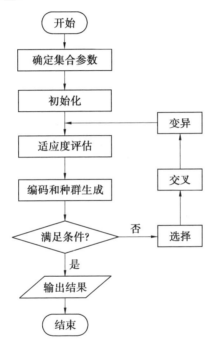

图 7.31　GA 优化流程

GA 可以为涉及搜索、优化控制、生物科学、机器学习等各种问题提供优质的解决方案,其重点是交叉和选择。一些最优解所需的要素包含在种群中的个体中,个体在选择和交叉时将这些要素传递给下一代,与此同时可能结合这些要素和其他最优解的基本要素产生遗传压力,从而使得种群中包含构成最佳解决方案要素的个体越来越多。

GA 在求解时较容易形成通用算法程序。在很多情况下,优化问题有局部的最大值和最小值。这些值代表的解比周围的解要好,但并不是最佳的解。大多数传统的搜索和优化算法,特别是基于梯度的搜索和优化,非常容易陷入局部最大值,而 GA 更有可能找到全局最大值。这是因为该算法使用了一组候选解,而不是单一的候选解,并且在许多情况下,交叉和变异操作可能会导致候选解与之前的解不同。构造 GA 的理论假设是当前问题是由多个要素组成的最佳解,当更多这类要素组合在一起时,会更接近问题的最优解。

3. 遗传算法对热泵系统优化

本书将利用遗传算法对第二类溴化锂吸收式热泵余热回收系统进行优化。前面通过给定四个温度范围,分别以性能系数和换热面积比值为优化目标,得到了二次多项式回归方程。经过分析,这些方程的拟合程度较好。因此,可以利用 Design—export 13 所拟合的实际公式进行遗传算法优化分析。

(1)最大性能系数 COP。

以最大性能系数为目标函数,具体公式为

$$
\begin{aligned}
COP = &-2.450\ 69 + 0.116\ 02T_{we} + 0.040\ 54T_{wg} - 0.014\ 11T_{wa} - 0.141\ 90T_{wc} - \\
&0.000\ 55T_{we}T_{wg} + 0.000\ 48T_{wg}T_{wa} - 0.000\ 78T_{we}^2 - \\
&0.000\ 49T_{wg}^2 - 0.000\ 067T_{wa}^2 + 0.006\ 96T_{wc}^2
\end{aligned} \tag{7.50}
$$

经过遗传算法优化,得到最大性能系数时的参数,见表 7.17。

表 7.17　最大性能系数时的参数

蒸发温度 T_{we}/℃	吸收温度 T_{wa}/℃	发生温度 T_{wg}/℃	冷凝温度 T_{wc}/℃	COP
57.49	82.56	48.33	9.45	0.546 4

(2)最小面积 A。

以最小面积为目标函数,具体公式为

$$
\begin{aligned}
A = &-2\ 666.376\ 05 - 13.019\ 83T_{we} + 59.891\ 05T_{wa} + 12.138\ 02T_{wg} + \\
&39.975\ 84T_{wc} - 0.010\ 72T_{we}T_{wg} + 0.229\ 18T_{wa}T_{wg} + \\
&0.098\ 81T_{we}^2 - 0.393\ 11T_{wa}^2 - 0.377\ 48T_{wg}^2 - 1.508\ 76T_{wc}^2
\end{aligned} \tag{7.51}
$$

经过遗传算法优化,得到最小换热面积时的参数,见表 7.18。

表 7.18　最小换热面积时的参数

蒸发温度 T_{we}/℃	吸收温度 T_{wa}/℃	发生温度 T_{wg}/℃	冷凝温度 T_{wc}/℃	换热面积/m²
59.42	81.76	51.39	8.62	35.49

(3)评价参数 EP。

以最小评价参数为目标函数,具体公式为

$$
EP = 1.704\ 09 - 0.001\ 513T_{we} - 0.030\ 659T_{wa} - 0.007\ 445T_{wg} -
$$

$$0.030\ 016T_{Wc}+7.7\times10^{-5}T_{We}T_{Wg}-8.3\times10^{-5}T_{Wa}T_{Wg}-$$
$$1.1\times10^{-5}T_{We}{}^2+0.000\ 194T_{Wa}{}^2+0.000\ 125T_{Wg}{}^2+0.001\ 328T_{Wc}{}^2 \tag{7.52}$$

经过遗传算法优化,得到最大 EP 时的参数,见表 7.19。

表 7.19　最大 EP 时的参数

蒸发温度 T_{We}/℃	吸收温度 T_{Wa}/℃	发生温度 T_{Wg}/℃	冷凝温度 T_{Wc}/℃	COP
58.04	81.75	43.26	8.79	0.028

7.3.4　溴化锂吸收式热泵结构分析

单效溴化锂吸收式热泵机组主要由九个部分组成,除各种换热器外,还辅以液泵和制冷泵、抽气装置、控制装置、安全装置等。前面已经对第二类溴化锂吸收式热泵系统回收 SPLTHR 余热的方案进行了计算,并得到了该系统的工作状态参数。下面按照上述得到最优评价参数的数据模型进行简单结构的计算。

1. 换热设备传热管数

通过计算得到的换热面积,可以计算每个换热设备的换热管数量,有

$$n=\frac{A}{\pi d_0 L} \tag{7.53}$$

式中,n 为换热设备所需总管数;L 为传热管的有效长度,单位为 m;d_0 为传热管外径,单位为 m。

在以上计算热负荷和换热器循环水量基础上,本书初步设计换热设备中传热管的有效长度为 4 m,外径为 25 mm,壁厚为 2 mm。由上一节得出的结果可知,在评估参数最佳时,利用式(7.53)计算得到各装置的传热管数量,见表 7.20。

表 7.20　传热管数量

换热设备	外径/m	有效长度/m	管数
吸收器			12
发生器			14
蒸发器	0.025	4	14
冷凝器			24
溶液热交换器		6×3	7

其中,溶液热交换器截面示意图如图 7.32 所示,在该换热器的管程和壳程

中分别流过溴化锂稀溶液和浓溶液。

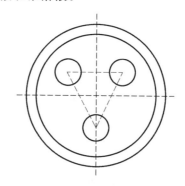

图 7.32　溶液热交换器截面示意图

2. 结构分析

决定机组结构的主要是蒸发器、吸收器、发生器及冷凝器的组合。按照这四种换热器的组合方式,可以将结构分为单筒型和双筒型。

(1)单筒型结构。

单筒型就是将蒸发器、吸收器、发生器及冷凝器放置于一个筒体,将整个筒体一分为二,形成两个压力区,即发生－冷凝压力区和蒸发－吸收压力区,各压力区之间通过管道及节流装置相连。单筒型结构布置方式如图 7.33 所示。

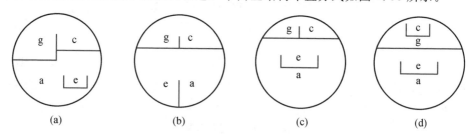

(a)　　　　　　(b)　　　　　　(c)　　　　　　(d)

图 7.33　单筒型结构布置方式

a—吸收器;c—冷凝器;e—蒸发器;g—发生器

图 7.33(a)所示为单筒型较早的布置结构,该布置内部结构分散,使得蒸发器冷剂蒸气通道的面积减小,形式落后。图 7.33(b)所示的配置也是比较早期的布置方式,该结构虽然使蒸发器与吸收器之间的流通面积增加,但是由于发生器气流上升高度小,因此溴化锂溶液容易进入冷凝器中,对冷却水造成污染。

图 7.33(c)、图 7.33(d)所示为前两种布置的改进方式。图 7.33(c)将蒸发器和吸收器改左右布置为上下布置,减少了这两种换热器间的管数,留有管排气道,降低了管间气阻。图 7.33(d)所示为目前热泵中应用最广的布置结构,该布

置方式以图 7.33(c)为基础,将冷凝器和发生器改为上下布置,使发生器垂直方向上的管排数减少,溶液液位下降,随之发生器的换热效果提升。同样,冷凝器的管排数减少,传热系数提高。这种布置方式结构紧凑,减小了筒体的直径。

(2)双筒型结构。

双筒型将筒体上下排列,上筒体将压力大致相同的发生器和冷凝器安放在内,下筒体将蒸发器和吸收器放置在内。上下两筒体之间通过 U 形管连接,以维持两筒体间的压差。双筒型结构布置方式如图 7.34 所示。图 7.34 中的四种排布方式目前都有使用。

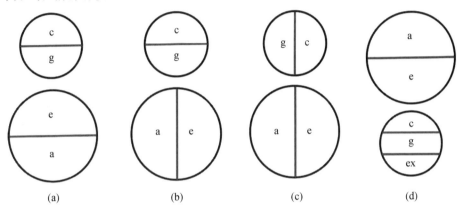

图 7.34　双筒型结构布置方式

a—吸收器;c—冷凝器;e—蒸发器;g—发生器;ex—溶液热交换器

在双筒型布置中,发生器和冷凝器一般为上下排列,这样可使纵向管排数减少,降低静液柱的影响,同时还可以将传热系数提高。若将其左右排列,则能够使结构紧凑,减小气流的阻力。但是,在设计时应当注意到挡液措施,避免对制冷剂造成污染。

吸收器与蒸发器左右排列可以留出充足的空间设置挡液板,而壳体可以取代蒸发水盘,使结构变得简单。把喷淋管设置在相同的高度上,使系统结构更加紧凑,因此在相同的喷淋密度下,可以降低溶液和冷却水的喷淋量,蒸发器泵和吸收器泵的功率和流量也因此而降低。冷却水可以排布成下进上出的形式,提高吸收效率,并且可以有效减少换热器垂直方向管数,提高传热效果。

(3)结构对比。

单筒型结构和双筒型结构有各自的优缺点,需要综合使用场景、制热量大小、运输条件、用户需求等各方面进行综合考虑。

对于单筒型结构,机组具有结构紧凑、密封性好、机组高度低等优点,并且不需要现场焊接管道。但是四个换热器在一个筒体内,高温的冷凝器、发生器与低温的吸收器、蒸发器碰撞,热损失较大。筒体内有较大温差,会造成热应力较大,发生应力腐蚀。相较于双筒型,单筒型筒体外径较大,安装面积大,对于运输和安装具有一定难度。

双筒型结构将温度差较大的换热器置于两个筒体内,减少了传热损失,使热应力减小,热腐蚀降低,且筒体较小,安装面积比单筒体有所降低。筒内结构比单筒体简单,制造难度降低。但两个筒体上下叠加在一起,整个机组的高度增大,如果在运输过程中将上下筒体拆开,就必须在现场重新安装和检漏,从而加大了工作量。

针对本书设计的第二类溴化锂吸收式热泵余热回收系统,选择使用双筒型结构进行布置,其上半分部为吸收器和蒸发器,下半部分为冷凝器和发生器。

3. 传热管的布置

根据上述计算得到的各换热器传热管数目,在各换热装置内的传热管排列如下:吸收器与蒸发器的传热管排列如图 7.35 所示,各传热管之间的纵距为 20 mm,横距为 15 mm;冷凝器布置如图 7.36 所示,冷凝器呈叉排状排列,管与管之间为 20 mm;发生器布置如图 7.37 所示,管之间水平距为 15 mm,纵距为 20 mm,下部的传热管可以浸没在溶液中,以使溶液能够充分混合。

图 7.35　吸收器与蒸发器
的传热管排列　　图 7.36　冷凝器布置　　图 7.37　发生器布置

4. 筒体设计

在各个换热器中传热管的布置形式和所占据空间的基础上设计了溴化锂第二类吸收式热泵机组筒体,该筒体的形状为长方体,用人字形挡液板将蒸发器与吸收器、冷凝器与发生器分隔开,筒体和传热管的布置截面如图 7.38 所示。

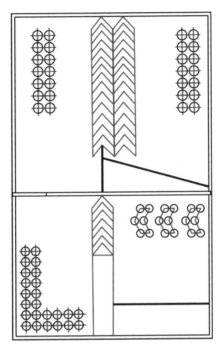

图 7.38　筒体和传热管的布置截面

5. 流速计算

各热交换器的热传导管中的流动速度 v 为

$$v = \frac{4M}{3\ 600\rho\pi n d_i^2}\qquad(7.54)$$

式中，M 为介质的质量流量，单位为 kg/h；d_i 为传热管内径，单位为 m；ρ 为管内介质密度，单位为 kg/m³。

从上面的计算中得到各换热部件的传热量 Q 及所选择的管径 d，并计算出各个换热部件中的流速，流速计算见表 7.21。

表 7.21　流速计算

换热设备	流速/($m \cdot s^{-1}$)
吸收器	1.364
发生器	1.343
蒸发器	1.081
冷凝器	0.882
溶液热交换器	4.839

因为在实际工作中,热泵使用冷却水需要的流量较大,所以选取冷却水流速约为 5 m/s。

7.4 热泵系统运行经济性分析

在实际生产过程中,热泵系统的设计不能仅追求较高的性能系数,还要兼顾投资成本,综合考虑项目设备的运行费用与收益是否平衡,让系统达到利用价值最大化。基于良好的经济性,将第二类溴化锂吸收式热泵应用于 SPLTHR 中,使得设备在投资较小的情况下得到较高的收益。这不仅可以帮助提高能源的利用效率,降低污染物排放,还可以带来较高的经济价值,将厂家的收入与系统的正常运转结合起来。下面对溴化锂第二类吸收式热泵进行经济方面的相关计算。

7.4.1 经济性分析

目前,中国城市的大部分城区采用的是燃气进行供暖,而并不是燃煤。由于 SPLTHR 自身固有的特点,因此其可以取代热电联产和就地锅炉,成为一种稳定的热源,承担基础的热负荷。SPLTHR 建造费用是燃煤锅炉的 2~3 倍,但是其寿命也延长了 2~4 倍(约到 60 年),运行的成本较为低廉。现有数据显示,400 MW 的 SPLTHR 经济性与燃煤供热系统相似,相较于燃气供热系统则便宜很多。因此,SPLTHR 在经济性方面具有很强的竞争力。此外,学习曲线的成本节约以及政府的补贴和政策支持使其更具有市场竞争力。

将热泵系统应用到集中供热系统中,工程的总投资包括热泵系统投资、水处理系统投资、余热水系统投资等方面。其中,每项投资中又主要包括建筑投资等方面。

1.静态投资回收期

静态投资回收期是指某一项目从初始投资到收回原始全部投资所花费的时间,它能很直观地反映出返本年限,在回收之前的净现金流的信息可直接用下式来进行计算,即

$$N = C/X \tag{7.55}$$

式中,N 为静态投资回收期;C 为投资成本;X 为当热泵产生相同热量时,采用冷却水消耗的费用与成本差值。

以选用 7 MW 热泵进行供热为例,设备的购置价格约为 300 万元,还需要管

道、阀门等配套投资的费用。因此,取设备总投资 $C=310$ 万元。以下数据计算选取上一章优化设计时最佳的设计参数。

设备吸收器制得供暖水可以为 14 万 m^2 小区住宅供热,冬季供暖价格按 25 元/m^2 进行计算,设备运行时间为 t,按照每年运行 3 000 h,采用吸收式热泵节省的费用为

$$
\begin{aligned}
C_1 &= 25 \times t \times M = 25 \times 3\,600 \times 1.4 \times 10^6 \\
&= 1.26 \times 10^{10} (\text{元}) \\
&= 1\,260 (\text{万元})
\end{aligned}
\tag{7.56}
$$

设备每年折旧率为 δ,有

$$
\delta = \frac{r \times (1+r)^n}{(1+r)^n - 1}
\tag{7.57}
$$

式中,r 为平均年利率,取 5%;n 为设备使用年限,取 20 年。计算得年折旧率为 0.080 2。

热泵的年折旧费 C_2 为

$$
\begin{aligned}
C_2 &= C \times \delta \\
&= 310 \times 0.080\,2 \\
&= 24.862 (\text{万元/年})
\end{aligned}
\tag{7.58}
$$

第二类溴化锂吸收式热泵利用废热水进行驱动,属于废热利用,因此此项费用可以忽略不计。冷凝器消耗冷却水的费用 C_3 即设备的操作费,工业冷却水的价格为 800 元/t,有

$$
\begin{aligned}
C_3 &= q \times t \times 5\,000 \\
&= 1\,800 \times 3\,600 \times 800 \\
&= 518.4 (\text{万元})
\end{aligned}
\tag{7.59}
$$

经以上计算,可得

$$
\begin{aligned}
X &= C_1 - C_2 - C_3 \\
&= 1\,260 - 24.862 - 518.4 \\
&= 716.738 (\text{万元})
\end{aligned}
\tag{7.60}
$$

静态投资回收期的计算结果为

$$
\begin{aligned}
N &= C/X \\
&= 310/716.738 \\
&= 0.432 (\text{年})
\end{aligned}
\tag{7.61}
$$

计算得第二类溴化锂吸收式热泵余热回收系统的投资回收期为 0.432 年。若考虑建设周期,则为 1.432 年。

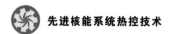

2. 动态投资回收期

动态投资回收期考虑了资金的时间价值,使其更符合实际,是一个常用的经济评价指标,可以反映出投资方式不同对项目的影响。动态投资回收期可以将初投资和运行费用两方面都考虑在内,计算公式为

$$P_t = \frac{C}{Z_d} \tag{7.62}$$

式中,P_t 为动态投资回收期;C 为项目投资总成本;Z_d 为年现金流量净额。

年现金流量净额计算公式为

$$Z_d = \frac{i \times (i+1)^n}{(i+1)^n - 1} \times C + B \tag{7.63}$$

式中,i 为利率,取 4%;B 为年运行费用,包括年折旧费和消耗冷却水的费用。代入式(7.63)中计算得年现金流量净额为 566.07 万元。

计算得动态投资回收期为

$$P_t = \frac{C}{Z_d}$$
$$= \frac{310}{566.07}$$
$$= 0.548(a) \tag{7.64}$$

计算得第二类溴化锂吸收式热泵余热回收系统的投资回收期为 0.548 a。考虑到建设周期,回收期为 1.548 a。

7.4.2 收益分析

采用热泵系统对余热资源进行回收,可以实现能源综合的利用效益。在 SPLTHR 余热回收中,应用热泵系统对环境的收益主要表现在节能收益和环保收益两方面。下面是具体计算。

1. 节能收益

从第二类溴化锂吸收式热泵每年能够节约天然气和标准煤的量这两个方面来评价余热回收系统的节能效益。

供暖期的节气量计算公式为

$$V = Q_暖 / q_气 \tag{7.65}$$

式中,V 为节省天然气量,单位为 m^3;$Q_暖$ 为年供暖量,单位为 GJ;$q_气$ 为天然气热值,取 36 MJ/m^3。

供暖期煤炭节约量为

$$M_煤 = Q_暖 / q_煤 \tag{7.66}$$

式中,$M_煤$ 为节省煤炭量,单位为 t;$q_煤$ 为煤炭热值,取 7 000 kCal/kg。

节能计算结果见表 7.22。一个 7 MW 的第二类溴化锂吸收式热泵在供暖期所提供的热量可以节约 839 880 m^3 的天然气,这些热量折合为标准煤,可以节约 103 t 煤炭。

表 7.22　节能计算结果

季节指标	节约天然气量/m^3	节约煤炭量/t
节能量	839 880	103

2. 环保效益

数据统计表明,每节约 1 m^3 的天然气,可以减少 1.78 kg 二氧化碳排放。每节约 1 kg 的煤炭,可以减少 2.418 kg 二氧化碳、0.074 kg 二氧化硫、0.037 kg 氮氧化合物、0.673 kg 碳粉尘和 0.337 kg 烟尘的排放。具体的计算公式为

$$\Delta m_{wi} = \Delta M \Delta R_{wi} \tag{7.67}$$

式中,Δm_{wi} 为污染物的消减量,单位为 t;ΔM 为标准煤,单位为 t;ΔR_{wi} 为污染物排放量,单位为 t;i 为 CO_2、SO_2、NO_x 和粉尘。

环保计算结果见表 7.23。一个 7 MW 的第二类溴化锂吸收式热泵代替天然气和煤炭进行供暖,在一个供暖期可以分别减少 1 495 t 和 249 t 二氧化碳的排放,对降低温室效应有很大的帮助。

表 7.23　环保计算结果

	减少 CO_2/t	减少 SO_2/t	减少 NO_x/t	减少粉尘/t
天然气	1 495.00	—	—	—
煤	249.05	7.62	3.81	104.03

参 考 文 献

[1] KANE T R, LIKINS P W, LEVINSON D A. Spacecraft dynamics[M]. New York: McGraw-Hill Book Co, 1983.

[2] SIEGEL R. Transient radiative cooling of a droplet-filled layer[J]. Journal of Heat Transfer, 1987, 109(1): 159-164.

[3] SIEGEL R. Transient radiative cooling of an absorbing and scattering cylinder[J]. Journal of Heat Transfer, 1989, 111(1): 199-203.

[4] SIEGEL R. Radiative cooling performance of a converging liquid drop radiator[J]. Journal of Thermophysics and Heat Transfer, 1989, 3(1): 46-52.

[5] SIEGEL R. Finite difference solution for transient cooling of a radiating-conducting semitransparent layer[J]. Journal of Thermophysics and Heat Transfer, 1992, 6(1): 77-83.

[6] GIBSON M A, OLESON S R, POSTON D I, et al. NASA's kilopower reactor development and the path to higher power missions[C]//2017 IEEE Aerospace Conference. Big Sky, MT, USA. IEEE, 2017: 1-14.

[7] XU G Y, DENG S M, ZHANG X S, et al. Simulation of a photovoltaic/thermal heat pump system having a modified collector/evaporator[J]. Solar Energy, 2009, 83(11): 1967-1976.

[8] PEI G, FU H D, ZHANG T, et al. A numerical and experimental study on a heat pipe PV/T system[J]. Solar Energy, 2011, 85(5): 911-921.

[9] PEI G，FU H D，ZHU H J，et al. Performance study and parametric analysis of a novel heat pipe PV/T system[J]. Energy，2012，37（1）：384-395.

[10] DENG Y C，QUAN Z H，ZHAO Y H，et al. Experimental research on the performance of household-type photovoltaic-thermal system based on micro-heat-pipe array in Beijing[J]. Energy Conversion and Management，2015，106：1039-1047.

[11] PEI G，FU H D，JI J，et al. Annual analysis of heat pipe PV/T systems for domestic hot water and electricity production[J]. Energy Conversion and Management，2012，56：8-21.

[12] DATE A，DATE A，DIXON C，et al. Theoretical and experimental study on heat pipe cooled thermoelectric generators with water heating using concentrated solar thermal energy[J]. Solar Energy，2014，105：656-668.

[13] REMELI M F，TAN L，DATE A，et al. Simultaneous power generation and heat recovery using a heat pipe assisted thermoelectric generator system[J]. Energy Conversion and Management，2015，91：110-119.

[14] REMELI M F，KIATBODIN L，SINGH B，et al. Power generation from waste heat using heat pipe and thermoelectric generator[J]. Energy Procedia，2015，75：645-650.

[15] DEMUTH S F. SP-100 space reactor design[J]. Progress in Nuclear Energy，2003，42（3）：323-359.

[16] BORETZ J，BELL J，PLEBUCH R，et al. Dual mode nuclear rocket system applications[C]//Proceedings of the 8th Joint Propulsion Specialist Conference. New Orleans，LA，USA. Reston，Virigina：AIAA，1972：AIAA1972-1092.

[17] KIRK W L，HEDSTROM J C. An investigation of dual-mode operation of a nuclear-thermal rocket engine[R]. New Mexico：Los Alamos National Laboratory，1991.

[18] BUDEN D，KENNEDY F，JACOX M. Bimodal nuclear power and propulsion - scoping the design approaches[C]//Proceedings of the Space Programs and Technologies Conference. Huntsville，AL，USA. Reston，Virigina：AIAA，1995：AIAA1995-3836.

[19] 沈翔瀛，黄吉平. 变换热学：热超构材料及其应用[J]. 物理学报，2016，

65(17)：106-132.

[20] 黄吉平. 热超构材料十年简史[J]. 物理，2018，47(11)：685-694.

[21] SCHITTNY R, KADIC M, GUENNEAU S, et al. Experiments on transformation thermodynamics：molding the flow of heat[J]. Physical Review Letters，2013，110(19)：195901.

[22] BANDARU P R, VEMURI K P, CANBAZOGLU F M, et al. Layered thermal metamaterials for the directing and harvesting of conductive heat [J]. AIP Advances，2015，5(5)：053403.

[23] KANG S, CHA J, SEO K, et al. Temperature-responsive thermal meta-materials enabled by modular design of thermally tunable unit cells[J]. International Journal of Heat and Mass Transfer，2019，130：469-482.

[24] YUAN Y Y, ZHANG K, DING X M, et al. Experimental validation of ultra-thin metalenses for N-beam emissions based on transformation optics [C]//2016 International Conference on Electromagnetics in Advanced Applications (ICEAA). Cairns, QLD, Australia. IEEE, 2016：460-462.

[25] WAN X, JIANG W X, MA H F, et al. A broadband transformation-optics metasurface lens [J]. Applied Physics Letters，2014，104 (15)：151601.

[26] WANG J, BI Y Q, HOU Q W. Three-dimensional illusion thermal device for location camouflage[J]. Scientific Reports，2017，7(1)：7541.

[27] HOU Q W, ZHAO X P, MENG T, et al. Illusion thermal device based on material with constant anisotropic thermal conductivity for location camouflage[J]. Applied Physics Letters，2016，109(10)：103506.

[28] PARHAM K, ATIKOL U, YARI M, et al. Evaluation and optimization of single stage absorption chiller using (LiCl $+$ H_2O) as the working pair [J]. Advances in Mechanical Engineering，2013，5：683157.

[29] HEARD C L, RIVERA W, BEST R. Characteristics of an ammonia/ lithium nitrate double effect heat pump-transformer[J]. Applied Thermal Engineering，2016，99：518-527.

[30] YIN J, SHI L, ZHU M S, et al. Performance analysis of an absorption heat transformer with different working fluid combinations[J]. Applied Energy，2000，67(3)：281-292.

[31] SUN Z L, LI J M, LIANG Y C, et al. Performance assessment of CO_2

supermarket refrigeration system in different climate zones of China[J]. Energy Conversion and Management, 2020, 208: 112572.

[32] 苏著亭, 杨继材, 柯国土. 空间核动力[M]. 上海: 上海交通大学出版社, 2016.

[33] MCGLEN R J, JACHUCK R, LIN S. Integrated thermal management techniques for high power electronic devices [J]. Applied Thermal Engineering, 2004, 24(8/9): 1143-1156.

[34] 钱学森. 星际航行概论[M]. 北京: 北京科学出版社, 1963.

[35] 许春阳. 俄罗斯计划开发兆瓦级核火箭发动机[J]. 研究堆与核动力, 2010, 36 (4): 1-2.

[36] TOURNIER J M. Reactor lithium heat pipes for HP-STMCs space reactor power system[C]//AIP Conference Proceedings. Albuquerque, New Mexico (USA). AIP, 2004: 781-792.

[37] PANDA K K, DULERA I V, BASAK A. Numerical simulation of high temperature sodium heat pipe for passive heat removal in nuclear reactors [J]. Nuclear Engineering and Design, 2017, 323: 376-385.

[38] KUZNETSOV G V, SITNIKOV A E. Numerical analysis of basic regularities of heat and mass transfer in a high-temperature heat pipe[J]. High Temperature, 2002, 40(6): 898-904.

[39] 田晓艳, 江新标, 陈立新, 等. 热管冷却双模式空间堆堆芯稳态热工水力分析程序开发[J]. 核动力工程, 2017, 38(5): 34-39.

[40] ZHANG W W, MA Z Y, ZHANG D L, et al. Transient thermal-hydraulic analysis of a space thermionic reactor[J]. Annals of Nuclear Energy, 2016, 89: 38-49.

[41] HERWIG H, GLOSS D, WENTERODT T. A new approach to understanding and modelling the influence of wall roughness on friction factors for pipe and channel flows[J]. Journal of Fluid Mechanics, 2008, 613: 35-53.

[42] KOCK F, HERWIG H. Local entropy production in turbulent shear flows: a high-Reynolds number model with wall functions [J]. International Journal of Heat and Mass Transfer, 2004, 47 (10/11): 2205-2215.

[43] REVELLIN R, BONJOUR J. Entropy generation during flow boiling of

pure refrigerant and refrigerant-oil mixture[J]. International Journal of Refrigeration, 2011, 34(4): 1040-1047.

[44] FALADE J A, ADESANYA S O, UKAEGBU J C, et al. Entropy generation analysis for variable viscous couple stress fluid flow through a channel with non-uniform wall temperature[J]. Alexandria Engineering Journal, 2016, 55(1): 69-75.

[45] JI Y, ZHANG H C, ZHANG Y N, et al. Estimation of loss coefficient for T-junction by an entropy production approach[C]//Proceedings of 2014 22nd International Conference on Nuclear Engineering, July 7-11, 2014, Prague, Czech Republic, 2014.

[46] ZHU X J, DU X, DING Y Q, et al. Analysis of entropy generation behavior of supercritical water flow in a hexagon rod bundle[J]. International Journal of Heat and Mass Transfer, 2017, 114: 20-30.

[47] DUAN L, WU X L, JI Z L, et al. Entropy generation analysis on cyclone separators with different exit pipe diameters and inlet dimensions[J]. Chemical Engineering Science, 2015, 138: 622-633.

[48] 李闯, 黄跃武. 基于流动和传热引起的熵产对螺旋板式换热器的多目标优化[J]. 制冷与空调(四川), 2017, 31(6): 555-560.

[49] WANG Y W, HUAI X L. Heat transfer and entropy generation analysis of an intermediate heat exchanger in ADS[J]. Journal of Thermal Science, 2018, 27(2): 175-183.

[50] 刘邦宇. AMTEC 热损失分析研究[D]. 哈尔滨: 哈尔滨工程大学, 2013.

[51] MENG T, CHENG K, ZENG C, et al. Preliminary control strategies of megawatt-class gas-cooled space nuclear reactor with different control rod configurations[J]. Progress in Nuclear Energy, 2019, 113: 135-144.

[52] DENG J L, WANG T S, ZHU E P, et al. Dynamic evaluation of a scaled-down heat pipe-cooled system during start-up/shut-down processes using a hardware-in-the-loop test approach[J]. Nuclear Sciense and Techniques, 2023, 34(11): 174-198.

[53] 马世俊, 杜辉, 周继时, 等. 核动力航天器发展历程(上)[J]. 中国航天, 2014(4): 31-35.

[54] 马世俊, 杜辉, 周继时, 等. 核动力航天器发展历程(下)[J]. 中国航天, 2014(5): 32-35.

[55] TANG S M，SUN H，WANG C L，et al. Transient thermal-hydraulic analysis of thermionic space reactor TOPAZ-Ⅱ with modified RELAP5 [J]. Progress in Nuclear Energy，2019，112：209-224.

[56] BEARD D，ANDERSON W G，TARAU C，et al. High temperature water heat pipes for kilopower system[C]//Proceedings of the 15th International Energy Conversion Engineering Conference. Atlanta，GA. Reston，Virginia：AIAA，2017：AIAA2017-4698.

[57] 闵桂荣，郭舜. 航天器热控制[M]. 2版. 北京：科学出版社，1998.

[58] 闵桂荣. 卫星热控制技术[M]. 北京：宇航出版社，1991.

[59] FESMIRE J E. Aerogel insulation systems for space launch applications [J]. Cryogenics，2006，46(2/3)：111-117.

[60] HRYCAK P. Influence of conduction on spacecraft skin temperatures[J]. AIAA Journal，1963，1(11)：2619-2621.

[61] OHTA K，GRAF R T，ISHIDA H. Evaluation of space radiator performance by simulation of infrared emission [J]. Applied Spectroscopy，1988，42(1)：114-120.

[62] TAGLIAFICO L A，FOSSA M. Liquid sheet radiators for space power systems[J]. Proceedings of the Institution of Mechanical Engineers，Part G：Journal of Aerospace Engineering，1999，213(6)：399-406.

[63] MATTICK A T，HERTZBERG A. Liquid droplet radiators for heat rejection in space[J]. Journal of Energy，1981，5(6)：387-393.

[64] WHITE K. Liquid droplet radiator development status[C]//Proceedings of the 22nd Thermophysics Conference. Honolulu，HI，USA. Reston，Virigina：AIAA，1987：AIAA1987-1537.

[65] CHAUDHARY K C，REDEKOPP L G. The nonlinear capillary instability of a liquid jet. Part 1. Theory[J]. Journal of Fluid Mechanics，1980，96(2)：257-274.

[66] ORME M，MUNTZ E P. New technique for producing highly uniform droplet streams over an extended range of disturbance wavenumbers[J]. Review of Scientific Instruments，1987，58(2)：279-284.

[67] 刘璇. 互换性与技术测量[M]. 上海：上海交通大学出版社，2016.

[68] MATTICK A T，HERTZBERG A. The liquid droplet radiator—an ultra-lightweight heat rejection system for efficient energy conversion in space

[J]. Acta Astronautica, 1982, 9(3): 165-172.

[69] MATTICK A T, HERTZBERG A. Liquid droplet radiator performance studies[J]. Acta Astronautica, 1985, 12(7/8): 591-598.

[70] SIEGEL R. Radiative cooling of a solidifying droplet layer including absorption and scattering[J]. International Journal of Heat and Mass Transfer, 1987, 30(8): 1762-1765.

[71] SIEGEL R. Transient radiative cooling of a layer filled with solidifying drops[J]. Journal of Heat Transfer, 1987, 109(4): 977-982.

[72] TOTANI T, ITAMI M, NAGATA H, et al. Performance of droplet generator and droplet collector in liquid droplet radiator under microgravity[J]. Microgravity Science and Technology, 2002, 13(2): 42.

[73] TOTANI T, KODAMA T, NAGATA H, et al. Thermal design of liquid droplet radiator for space solar-power system[J]. Journal of Spacecraft and Rockets, 2012, 42(3): 493-499.

[74] TOTANI T, KODAMA T, WATANABE K, et al. Numerical and experimental studies on circulation of working fluid in liquid droplet radiator [J]. Acta Astronautica, 2006, 59(1/2/3/4/5): 192-199.

[75] 马玉龙. 液滴辐射器辐射与蒸发特性的数值研究[D]. 合肥: 中国科学技术大学, 2010.

[76] 朱安文, 刘磊, 马世俊, 等. 空间核动力在深空探测中的应用及发展综述[J]. 深空探测学报, 2017, 4(5): 397-404.

[77] 欧阳自远, 李春来, 邹永廖, 等. 深空探测的进展与我国深空探测的发展战略[J]. Aerospace China, 2002, 3(12): 28-32.

[78] 朱安文, 刘飞标, 杜辉, 等. 核动力深空探测器现状及发展研究[J]. 深空探测学报, 2017, 4(5): 405-416.

[79] 张明, 蔡晓东, 杜青, 等. 核反应堆空间应用研究[J]. 航天器工程, 2013, 22(6): 119-126.

[80] 吴伟仁, 刘继忠, 赵小津, 等. 空间核反应堆电源研究[J]. 中国科学: 技术科学, 2019, 49(1): 1-12.

[81] 朱继洲. 核反应堆安全分析[M]. 西安: 西安交通大学出版社, 2004.

[82] CLOUGH J. Integrated propulsion and power modeling for bimodal nuclear thermal rockets [D]. College Park: University of Maryland, 2007.

[83] ABDELAZIZ E A，SAIDUR R，MEKHILEF S. A review on energy saving strategies in industrial sector［J］. Renewable and Sustainable Energy Reviews，2011，15(1)：150-168.

[84] CROUCHER M. Energy efficiency：is re-distribution worth the gains？［J］. Energy Policy，2012，45：304-307.

[85] CHARMEAU A. A hybrid fne-coarse mesh computational fluid dynamics and heat transfer model for advanced nuclear energy systems［D］. Gainesville：University of Florida，2007.

[86] 李华琪，江新标，陈立新，等. HP-STMCs 空间堆堆芯稳态热工特性分析［J］. 现代应用物理，2015，6(2)：144-150.

[87] 李华琪，江新标，陈立新，等. 空间堆堆芯热管蒸气流动计算方法研究［J］. 核动力工程，2014，35(6)：37-40.

[88] 胡攀，陈立新，王立鹏，等. 热管冷却反应堆燃料组件稳态热分析［J］. 现代应用物理，2013，4(4)：374-378.

[89] WANG C L，ZHANG D L，QIU S Z，et al. Study on the characteristics of the sodium heat pipe in passive residual heat removal system of molten salt reactor［J］. Nuclear Engineering and Design，2013，265：691-700.

[90] 谭拴斌，郭让民，杨升红，等. 钼铼合金的结构和性能［J］. 稀有金属，2003，27(6)：788-793.

[91] 庄骏，张红. 热管技术及其工程应用［M］. 北京：化学工业出版社，2000.

[92] 吴宗鑫，张作义. 世界核电发展趋势与高温气冷堆［J］. 核科学与工程，2000，20(3)：211-219.

[93] 刘志. 我国核电发展规模及技术选择问题研究［D］. 北京：清华大学，2011.

[94] 赵木，马波，董玉杰. 球床模块式高温气冷堆核电站特点及推广前景研究［J］. 能源环境保护，2011，25(5)：1-4.

[95] 郑晓霞，郑锡涛，缑林虎. 多尺度方法在复合材料力学分析中的研究进展［J］. 力学进展，2010，40(1)：41-56.

[96] 崔文政. 纳米流体强化动量与热量传递机理的分子动力学模拟研究［D］. 大连：大连理工大学，2013.

[97] 何雅玲，王勇，李庆. 格子 Boltzmann 方法的理论及应用［M］. 北京：科学出版社，2009.

[98] 郭照立，郑楚光. 格子 Boltzmann 方法的原理及应用［M］. 北京：科学出版

社，2009.

[99] 陶文铨. 数值传热学[M]. 西安：西安交通大学出版社，1988.

[100] 李静海，郭慕孙. 过程工程量化的科学途径：多尺度法[J]. 自然科学进展，1999 (12)：19-24.

[101] 苏光辉，秋穗正，田文喜，等. 核动力系统热工水力计算方法[M]. 北京：清华大学出版社，2013.

[102] 陈曦. 流动及传热过程的熵分析[D]. 成都：四川大学，2006.

[103] 李大鹏，孙丰瑞，焦增庚. 传热与流动系统熵产生的研究与进展[J]. 能源研究与信息，2000，16(3)：40-46.

[104] ONSAGER L, MACHLUP S. Fluctuations and irreversible processes [J]. Physical Review，1953，91(6)：1505-1512.

[105] 曹红军，阎昌琪，曹述栋，等. 用 RELAP5 对非能动堆芯应急冷却系统的瞬态分析[J]. 核动力工程，2003，24(S2)：60-63.

[106] 殷煜皓. AP1000 先进核电厂大破口 RELAP5 建模及特性分析[D]. 上海：上海交通大学，2012.

[107] GRUDEV P, PAVLOVA M. Simulation of loss-of-flow transient in a VVER-1000 nuclear power plant with RELAP5/MOD3.2[J]. Progress in Nuclear Energy，2004，45(1)：1-10.

[108] 赵冬建，路璐，史国宝. 超临界水堆子通道分析[J]. 原子能科学技术，2009，43(6)：543-547.

[109] NAVA-DOMINGUEZ A, RAO Y F, WADDINGTON G M. Assessment of subchannel code ASSERT-PV for flow-distribution predictions[J]. Nuclear Engineering and Design，2014，275：122-132.

[110] AMPOMAH-AMOAKO E, AKAHO E H K, NYARKO B J B, et al. Analysis of flow stability in nuclear reactor subchannels with water at supercritical pressures[J]. Annals of Nuclear Energy，2013，60：396-405.

[111] CONNER M E, BAGLIETTO E, ELMAHDI A M. CFD methodology and validation for single-phase flow in PWR fuel assemblies[J]. Nuclear Engineering and Design，2010，240(9)：2088-2095.

[112] 宋士雄，魏泉，蔡翔舟，等. 基于 CFD 方法的球床式高温气冷堆稳态热工水力分析[J]. 核技术，2013，36(12)：41-47.

[113] ANDERSON N, HASSAN Y, SCHULTZ R. Analysis of the hot gas flow in the outlet plenum of the very high temperature reactor using

coupled RELAP5-3D system code and a CFD code [J]. Nuclear Engineering and Design, 2008, 238(1): 274-279.

[114] 刘余, 张虹, 贾宝山. 核反应堆热工水力多尺度耦合模拟初步研究[J]. 核动力工程, 2010, 31(S1): 11-15.

[115] LI W, WU X L, ZHANG D L, et al. Preliminary study of coupling CFD code FLUENT and system code RELAP5 [J]. Annals of Nuclear Energy, 2014, 73: 96-107.

[116] BEJAN A, KESTIN J. Entropy generation through heat and fluid flow [J]. Journal of Applied Mechanics, 1983, 50(2): 475.

[117] FESTER V G, KAZADI D M, MBIYA B M, et al. Loss coefficients for flow of Newtonian and non-Newtonian fluids through diaphragm valves [J]. Chemical Engineering Research and Design, 2007, 85 (9): 1314-1324.

[118] KOCK F, HERWIG H. Local entropy production in turbulent shear flows: a high-Reynolds number model with wall functions [J]. International Journal of Heat and Mass Transfer, 2004, 47(10/11): 2205-2215.

[119] REVELLIN R, LIPS S, KHANDEKAR S, et al. Local entropy generation for saturated two-phase flow [J]. Energy, 2009, 34(9): 1113-1121.

[120] ORHAN M F, EREK A, DINCER I. Entropy generation during a phase-change process in a parallel plate channel [J]. Thermochimica Acta, 2009, 489(1/2): 70-74.

[121] 童钧耕. 管内流动传热传质的熵产分析[J]. 高校化学工程学报, 1991, 5(1): 33-37.

[122] 郭洋裕, 张昊春, 于海燕, 等. 低 Reynolds 数空气来流正庚烷液滴蒸发过程熵产特性[J]. 化工学报, 2014, 65(6): 1971-1977.

[123] WENTERODT T, REDECKER C, HERWIG H. Second law analysis for sustainable heat and energy transfer: the entropic potential concept [J]. Applied Energy, 2015, 139: 376-383.

[124] EBRAHIMI K, JONES G F, FLEISCHER A S. Thermo-economic analysis of steady state waste heat recovery in data centers using absorption refrigeration[J]. Applied Energy, 2015, 139: 384-397.

[125] 臧希年. 核电厂系统及设备[M]. 2 版. 北京：清华大学出版社，2010.

[126] 陈卓如. 工程流体力学[M]. 2 版. 北京：高等教育出版社，2004.

[127] 刘廷浩. 流量波动条件下阻力特性实验研究[D]. 哈尔滨：哈尔滨工程大学，2008.

[128] 张兆顺，崔桂香. 流体力学[M]. 2 版. 北京：清华大学出版社，2006.

[129] HERWIG H. The role of entropy generation in momentum and heat transfer[C]//Proceedings of 2010 14th International Heat Transfer Conference, Washington, DC, USA. 2011：363-377.

[130] AYA I, NARIAI H. Evaluation of heat-transfer coefficient at direct-contact condensation of cold water and steam[J]. Nuclear Engineering and Design, 1991, 131(1)：17-24.

[131] CHAN C K, LEE C K B. A regime map for direct contact condensation [J]. International Journal of Multiphase Flow, 1982, 8(1)：11-20.

[132] CHUN M H, KIM Y S, PARK J W. An investigation of direct condensation of steam jet in subcooled water[J]. International Communications in Heat and Mass Transfer, 1996, 23(7)：947-958.

[133] GULAWANI S S, JOSHI J B, SHAH M S, et al. CFD analysis of flow pattern and heat transfer in direct contact steam condensation[J]. Chemical Engineering Science, 2006, 61(16)：5204-5220.

[134] DAHIKAR S K, SATHE M J, JOSHI J B. Investigation of flow and temperature patterns in direct contact condensation using PIV, PLIF and CFD[J]. Chemical Engineering Science, 2010, 65(16)：4606-4620.

[135] SHAH A, CHUGHTAI I R, INAYAT M H. Numerical simulation of direct-contact condensation from a supersonic steam jet in subcooled water[J]. Chinese Journal of Chemical Engineering, 2010, 18(4)：577-587.

[136] TORABI M, ZHANG K L. Classical entropy generation analysis in cooled homogenous and functionally graded material slabs with variation of internal heat generation with temperature, and convective-radiative boundary conditions[J]. Energy, 2014, 65：387-397.

[137] AZIZ A. Entropy generation in pressure gradient assisted couette flow with different thermal boundary conditions[J]. Entropy, 2006, 8(2)：50-62.

[138] MAHIAN O, MAHMUD S, HERIS S Z. Analysis of entropy generation between co-rotating cylinders using nanofluids[J]. Energy, 2012, 44 (1): 438-446.

[139] PATANKAR S V. Numerical heat transfer and fluid flow[M]. Boca Raton: CRC Press, 2018.

[140] TAKASE K, OSE Y, KUNUGI T. Numerical study on direct-contact condensation of vapor in cold water[J]. Fusion Engineering and Design, 2002, 63: 421-428.

[141] 阎昌琪. 气液两相流[M]. 2 版. 哈尔滨: 哈尔滨工程大学出版社, 2010.

[142] 邢立森, 郭赟, 曾和义. 基于 RELAP5 的单通道自然循环流动不稳定性分析[J]. 原子能科学技术, 2010, 44(8): 958-963.

[143] 李佳. 自然循环过冷沸腾流动不稳定性起始条件的研究[D]. 重庆: 重庆大学, 2013.

[144] MANGAL A, JAIN V, NAYAK A K. Capability of the RELAP5 code to simulate natural circulation behavior in test facilities[J]. Progress in Nuclear Energy, 2012, 61: 1-16.

[145] 丁玉环. 基于复杂性熵的气液两相流特性分析[D]. 青岛: 青岛科技大学, 2014.

[146] 郑桂波, 金宁德. 两相流流型多尺度熵及动力学特性分析[J]. 物理学报, 2009, 58(7): 4485-4492.

[147] 王晓博. 千瓦级空间核反应堆电源发展现状[J]. 工程技术研究, 2017 (10): 1-3.

[148] 廖宏图. 空间核动力技术概览与发展脉络初探[J]. 火箭推进, 2016, 42 (5): 58-65.

[149] EL-GENK M S, TOURNIER J M P. "SAIRS"—scalable amtec integrated reactor space power system[J]. Progress in Nuclear Energy, 2004, 45(1): 25-69.

[150] TOURNIER J M. Reactor lithium heat pipes for HP-STMCs space reactor power system[C]//AIP Conference Proceedings. Albuquerque, New Mexico (USA). AIP, 2004: 781-792.

[151] POSTON D I, KAPERNICK R J, GUFFEE R M. Design and analysis of the SAFE-400 space fission reactor[C]//AIP Conference Proceedings. Albuquerque, New Mexico (USA). AIP, 2002: 578-588.

[152] MASON L, CASANI J, ELLIOTT J, et al. A small fission power system for NASA planetary science missions[J]. Journal of the British Interplanetary Society: JBIS, 2011, 64(3): 76-87.

[153] 谢荣建. 地球静止轨道热控系统中热管辐射散热器温控方案与性能研究[D]. 上海: 中国科学院大学(中国科学院上海技术物理研究所), 2017.

[154] 刘道, 张文文, 王成龙, 等. 空间堆辐射散热器设计分析[J]. 原子能科学技术, 2018, 52(5): 788-794.

[155] WANG L, XU Y X, YUAN R M, et al. Analysis of radiation performance for a combustion-end radiator of a TPV system[J]. Applied Mechanics and Materials, 2013, 448/449/450/451/452/453: 1353-1358.

[156] JEBRAIL F F, ANDREWS M J. Performance of a heat pipe thermosyphon radiator[J]. International Journal of Energy Research, 2015, 21(2): 101-112.

[157] HUNG SAM K F C, DENG Z M. Optimization of a space based radiator[J]. Applied Thermal Engineering, 2011, 31(14/15): 2312-2320.

[158] CHANG H. Optimization of a heat pipe radiator design[C]// Proceedings of the 19th Thermophysics Conference. Snowmass, CO, USA. Reston, Viriginal: AIAA, 1984: AIAA1984-1718.

[159] WANG Y X, PETERSON G P. Optimization of micro heat pipe radiators in a radiation environment[J]. Journal of Thermophysics and Heat Transfer, 2002, 16(4): 537-546.

[160] ZHANG W W, WANG C L, CHEN R H, et al. Preliminary design and thermal analysis of a liquid metal heat pipe radiator for TOPAZ-II power system[J]. Annals of Nuclear Energy, 2016, 97: 208-220.

[161] KIM H K, JO Y, CHOI S. Multi-objective optimization of node-based spacecraft radiator design[J]. Journal of Spacecraft and Rockets, 2014, 51(5): 1695-1708.

[162] 李劲松, 杨庆新, 牛萍娟, 等. 基于遗传算法及 MATLAB 仿真的大功率 LED 散热器优化设计与分析[J]. 电工技术学报, 2013, 28(S2): 213-220.

[163] 黄晓明, 师春雨, 孙佳伟, 等. 翅片式热管散热器自然对流换热特性分析与多目标结构优化[J]. 热科学与技术, 2018, 17(5): 359-365.

[164] 李桂云, 屠进. 高温热管工质的选择[J]. 节能技术, 2001, 19(1): 42-44.

[165] LIU C C, OU C L, SHIUE R K. The microstructural observation and wettability study of brazing Ti-6Al-4V and 304 stainless steel using three braze alloys[J]. Journal of Materials Science, 2002, 37(11): 2225-2235.

[166] HAMADA T, FURUYAMA M, SAJIKI Y, et al. Structures and electric properties of pitch-based carbon fibers heat-treated at various temperatures[J]. Journal of Materials Research, 1990, 5(3): 570-577.

[167] ZHANG W W, LIU X, TIAN W X, et al. Conceptual design of megawatt class space heat pipe reactor power system[J]. Yuanzineng Kexue Jishu/Atomic Energy Science and Technology, 2017, 51(12): 2160-2164.

[168] 杨世铭, 陶文铨. 传热学[M]. 4版. 北京: 高等教育出版社, 2006.

[169] 李敏强, 寇纪淞, 林丹, 等. 遗传算法的基本理论与应用[M]. 北京: 科学出版社, 2002.

[170] 邢继, 高力, 霍小东, 等. "碳达峰、碳中和"背景下核能利用浅析[J]. 核科学与工程, 2022, 42(1): 10-17.

[171] 王以清. 溴化锂吸收式热泵的研究及应用[J]. 电力与能源, 2000(3): 177-179.

[172] 陈华, 向毅文. 核能供热新星: 泳池式低温堆简介[J]. 区域供热, 2018(1): 19-23.

[173] ZHANG Y X, CHENG H P, LIU X M, et al. Swimming pool-type low-temperature heating reactor: recent progress in research and application [J]. Energy Procedia, 2017, 127: 425-431.

[174] HOU M W, XU J X, ZENG X B, et al. Experimental study on the passive residual heat removal system of swimming pool-type low-temperature heating reactor[J]. Nuclear Engineering and Design, 2022, 386: 111583.

[175] 张乐, 贾玉文, 段天英, 等. 低温堆供热控制研究[J]. 原子能科学技术, 2023, 57(1): 165-174.

[176] 张进华, 秦强, 赵香龙, 等. 低品位工业余热利用技术及研究进展[J]. 能源科技, 2022, 20(4): 86-92.

[177] 许玮玮, 唐晓东, 李小红, 等. 低温余热回收升级利用技术综述[J]. 广州化工, 2011, 39(23): 34-36.

[178] 王梦颖."双碳"目标下低温余热利用技术研究进展[J].当代石油石化,2023,31(1):44-49.

[179] WANG M Y, DENG C, WANG Y F, et al. Exergoeconomic performance comparison, selection and integration of industrial heat pumps for low grade waste heat recovery[J]. Energy Conversion and Management, 2020, 207: 112532.

[180] TAN Z M, FENG X, WANG Y F. Performance comparison of different heat pumps in low-temperature waste heat recovery[J]. Renewable and Sustainable Energy Reviews, 2021, 152: 111634.

[181] 黄逊青.国外热泵热水器市场现状与发展[J].电器,2010(8):46-49.

[182] 徐震原,王如竹.空调制冷技术解读:现状及展望[J].科学通报,2020,65(24):2555-2570.

[183] PEREIRA D S I, BUGAREL R. Optimal working conditions for an absorption heat transformer—Analysis of the H_2O/LiBr theoretical cycle[J]. Heat Recovery Systems and CHP, 1989, 9(6): 521-532.

[184] YU M X, CHEN Z R, YAO D, et al. Energy, exergy, economy analysis and multi-objective optimization of a novel cascade absorption heat transformer driven by low-level waste heat[J]. Energy Conversion and Management, 2020, 221: 113162.

[185] 程瑞,宣永梅,贡欣,等.钢厂电站循环冷却水余热回收系统设计及分析[J].洁净与空调技术,2017(2):65-69.

[186] 薛岑,由世俊,张欢,等.利用蒸汽双效溴化锂吸收式热泵回收热电厂余热的研究[J].暖通空调,2014,44(1):101-104.

[187] 舒斌,刘舒巍,贺国念.吸收式热泵对热电联产机组的降耗作用[J].重庆电力高等专科学校学报,2021,26(6):10-12.

[188] 纪强,韩宗伟,张孝顺,等.吸收式热泵研究进展及应用现状[J].暖通空调,2020,50(10):14-23.

[189] JEONG S, KANG B H, KARNG S W. Dynamic simulation of an absorption heat pump for recovering low grade waste heat[J]. Applied Thermal Engineering, 1998, 18(1/2): 1-12.

[190] YANG S, QIAN Y, WANG Y F, et al. A novel cascade absorption heat transformer process using low grade waste heat and its application to coal

to synthetic natural gas[J]. Applied Energy, 2017, 202: 42-52.

[191] KEIL C, PLURA S, RADSPIELER M, et al. Application of customized absorption heat pumps for utilization of low-grade heat sources [J]. Applied Thermal Engineering, 2008, 28(16): 2070-2076.

[192] 赵政权, 巩亮, 张克舫, 等. 低温区余热源驱动的第二类吸收式热泵温升特性研究[J]. 东北电力大学学报, 2021, 41(4): 113-122.

[193] 胡玉峰, 黄辰光, 曾志环. 溴化锂吸收式热泵在电厂的应用[J]. 能源与节能, 2022(9): 162-165.

[194] 王虹雅, 周勃, 黄诗雯, 等. 双效溴化锂吸收式热泵余热回收系统数值模拟研究[J]. 制冷与空调(四川), 2021, 35(1): 32-36.

[195] 吴永飞, 沈致和. 烟气型双效溴化锂制冷机的可视化设计[J]. 低温与超导, 2012, 40(3): 73-77.

[196] 杨筱静. 蒸汽型双效溴化锂吸收式热泵机组性能及优化研究[D]. 天津: 天津大学, 2012.

[197] 张学峰. 应用热泵技术回收及利用电厂烟气余热的研究[D]. 北京: 北京工业大学, 2018.

[198] 赵迪, 赵武臣. 单效与双效第二类吸收式热泵的比较分析[J]. 自动化应用, 2019(6): 37-39.

[199] 郑贤德. 制冷原理与装置[M]. 北京: 机械工业出版社, 2000.

[200] 张昌. 热泵技术与应用[M]. 3版. 北京: 机械工业出版社, 2019.

[201] 刘国强. 溴化锂第二类吸收式热泵的设计与仿真研究[D]. 天津: 天津大学, 2007.

[202] 陈光明, 陈曙辉. 国外吸收制冷研究进展[J]. 制冷, 1998, 17(4): 21-27.

[203] 陈东, 谢继红. 热泵热水装置[M]. 北京: 化学工业出版社, 2009.

[204] 吴业正. 制冷原理及设备[M]. 2版. 西安: 西安交通大学出版社, 1997.

[205] 唐玉宝. 遗传算法在可调热泵结构优化设计中的应用研究[D]. 西安: 陕西科技大学, 2014.

[206] 焦华. 第二类吸收式热泵在炼厂余热领域的应用[D]. 大连: 大连理工大学, 2012.

[207] 李晓琳, 茹秋瑾, 冯建栋. 地源热泵系统节能及环保效益分析[J]. 能源与节能, 2016(3): 112-114.

[208] FAGHRI A, THOMAS S. Performance characteristics of a concentric

annular heat pipe: part Ⅰ—experimental prediction and analysis of the capillary limit[J]. ASME. J. Heat Transfer, 1989,111(4):844-850.

[209] REAY D A, KEW P A. Heat pipes theory, design and applications [M]. 5th ed. Butter Worth—Heinemann,2006.

名词索引

B

饱和气液两相流动 5.5

C

池式低温堆系统 7.1

D

堆芯热管热工特性 2.2
堆芯热管内部熵产特性 2.4

H

HP－BSNR 系统堆芯热管 4.2
HP－BSNR 系统燃料组件 4.3
HP－BSNR 系统推进剂 4.4
核能系统 1.1

J

经济性分析 7.4

Q

穷举法 6.3

R

燃料组件的热工特性 2.3
热泵余热回收系统 7.3
热管式辐射冷却器 6.1
热控技术 1.2

S

SAIRS－C 系统 2.1
双模式空间堆 4.1
水力构件 5.2

X

稀薄液滴层 3.3
先进核能系统 1.1
溴化锂吸收式热泵 7.2

Y

液滴层 3.2
液滴辐射器 3.1
液滴系统 3.4
遗传算法 6.4
余热回收技术 7.1

Z

蒸气直接接触冷凝现象 5.3
自然循环系统 5.4